新时代大学数学教学改革新动能

主编　田立新

江苏大学出版社
JIANGSU UNIVERSITY PRESS
镇　江

图书在版编目(CIP)数据

新时代大学数学教学改革新动能 / 田立新主编. --
镇江 ：江苏大学出版社，2023.12
ISBN 978-7-5684-2058-7

Ⅰ. ①新… Ⅱ. ①田… Ⅲ. ①高等数学—教学改革—
研究—高等学校 Ⅳ. ①O13

中国国家版本馆 CIP 数据核字(2023)第 217360 号

新时代大学数学教学改革新动能
Xin Shidai Daxue Shuxue Gaige Xin Dongneng

主　　编/田立新
责任编辑/李菊萍　仲　蕙
出版发行/江苏大学出版社
地　　址/江苏省镇江市京口区学府路 301 号(邮编：212013)
电　　话/0511-84446464(传真)
网　　址/http://press.ujs.edu.cn
排　　版/镇江市江东印刷有限责任公司
印　　刷/江苏凤凰数码印务有限公司
开　　本/787 mm×1 092 mm　1/16
印　　张/17
字　　数/392 千字
版　　次/2023 年 12 月第 1 版
印　　次/2023 年 12 月第 1 次印刷
书　　号/ISBN 978-7-5684-2058-7
定　　价/66.00 元

前　言

大学数学如何改革才能适应新时代的要求，是当前数学教育教学领域学者普遍关注的问题. 为此，江苏大学数学科学学院的一线教师开展了关于数学专业改革及大学数学课程建设的数学教育教学思想大讨论. 从数学专业建设及课程建设的实际出发，从教育部教指委对新时代数学专业、大学数学公共基础课程的新要求出发，针对教学改革与实践、课程建设与探索、专业建设与拔尖人才培养、数学研究生教育改革与实践、数学教学数字化改革、国际化推进与实践等问题展开了讨论，并以专题研讨的形式编写了本书.

有关教学改革与实践的 14 篇论文以新时代数学人才培养的机遇与挑战为背景，探讨在数学专业、工科背景下，大学数学、数学师范生培养、课程思政等的教学改革、课程改革、考试改革的新思路、新实践、新举措.

有关课程改革与探索的 23 篇论文围绕数学的延展课程，对数学教学的现状进行了深入分析. 同时，这些论文还探索了新的教学改革模式，旨在提升数学教学的质量和效果. 除此之外，这些论文还提出了一系列课程思政建设方案，以强化对数学课程与思想政治教育的融合.

有关专业建设和拔尖人才的培养与探索的 9 篇论文分析了数学专业建设的现状，并对其改革发展进行了探索，如：对金融数学与数据计算及应用等专业的人才培养的探索，对碳核算与应用微专业实践的融合探究，以及对大学生数学竞赛的回顾和思考等.

有关研究生教育改革与实践的 3 篇论文着重探讨了数学类研究生课程建设的现状，对相关课程提出了改革措施，同时也对研究生培养进行了思考与探索.

有关融合信息技术教学改革的 3 篇论文对数学师范生教育数字化转型进行了研究，同时也对 WeBWorK 系统在高校数学教学及信息融合课程中的相关教学案例设计进行了探讨.

有关国际化课程改革与实践的 4 篇论文分析了新时代数学与应用数学专业中外合作办学路径的优化措施，同时对来华留学生的教学改革与课程探索，以及中外合作办学项目与课程思政的协调机制进行了探讨.

新时代大学数学改革涉及面广且面对的问题需要理论上多积淀、实践上多体验、方法上多协同，本书旨在抛砖引玉，许多方面还需要进一步研究和在深化实践中寻找更佳的答案. 希望本书的出版能为大学数学更好地发展尽绵薄之力.

田立新

2023 年 7 月 31 日

目　录

教学改革与实践

课程改革与探索

专业建设和拔尖人才的培养与探索

研究生教育改革与实践

融合信息技术教学改革

国际化课程改革与实践

教学改革与实践

数学人才培养的机遇与课程策略

田立新
（江苏大学数学科学学院）

摘　要　本文从数学科学是重大科技创新的基础出发，结合数学在历次工业革命中发挥的巨大作用，提出了以下几个观点。首先是数学人才培养应坚持立德树人，培养学生的正确价值追求。其次是提出数学人才培养的必然抉择，即新动能、新活力和新方法。最后是数学人才培养的课程策略：夯实数学基础，做实交叉准备；拓展课程内容，开拓学生交叉意识；研制融合课程，强化交叉领域知识.
关键词　数学人才　机遇　课程策略

数学是研究现实世界中的数量关系和空间形式的科学. 数学是一切自然科学的基础，为其他科学提供语言、观念和方法；数学是一切重大技术发展的基础. 回顾科学的发展历程，我们不难发现，几乎所有的重大发现都与数学的发展和进步相关. 发展数学科学和培养数学人才无疑是保持我国科技可持续发展的重要战略需求.

1　问题的提出

近代有四个时间节点对人类文明的进步至关重要，每个时间节点都是科学技术突飞猛进的时期.

第一次工业革命始于18世纪60年代，标志是蒸汽机作为动力机被广泛使用，这次工业革命开创了以机器代替手工劳动的时代，极大地提高了生产力. 18世纪的数学以牛顿和莱布尼茨的微积分为主流，而微积分的应用解决了运动和能量之间的转换运算，瓦特借此进行了蒸汽机的改良. 第二次工业革命始于19世纪中期，这一阶段的技术以发电机、电动机为主体，依靠电磁理论，而电磁理论的研究离不开数学分析及应用. 法国数学家、物理学家泊松、安培等人用微积分奠定了电磁学的数学基础，德国数学家高斯为电磁理论的发展做出巨大贡献. 假如没有格林、高斯等数学家提出的位能理论，就没有偏微分方程这个数学工具，麦克斯韦也就不可能提出著名的麦克斯韦方程组. 第三次工业革命又被称为第三次科技革命，这次变革不只在工业生产上取得了巨大的效益，也使平民的生活发生了翻天覆地的改变. 1834年，数学家巴贝奇最早提出计算机的概念，另一位数学家图灵提出“理想计算机”的理论，从数学上证明了制造计算机的可能性. 著名数学家冯·诺依曼的存储程序和设计思想为计算机的发展指明了方向. 在原子能技术、空间技术、生物工程、电子计算机等技术领域，都需要数学这门科学作为先导. 第四次工业革命（或工业 4.0）一般认为是从 2010 年左右开始的，其技术更具有颠覆性、革命性和爆炸性. 混合现实、人工智能和量子计算等重要技术，以及 5G 技术、大数据、物联网、生物工程、可控核聚变等，将从各个层面改变行业与社会的面貌. 在第四次工业革命进程中，数学理论方面的推动作用不胜枚举，如：5G 标准来源于土耳其教授的一篇数学论文；现代信息科技时代的基础理论（香农定律）亦来自克劳德·艾尔伍德·香农（Claude Elwood Shannon）于 1948 年发表的一篇数学论文；人工智能革命起源于 1956 年约翰·麦卡锡和马文·明斯基提出的"人工智能"基本思想……

可以预见，在不远的将来，随着数学研究的愈发深入，我们还会迎来更大的科学技术突破. 数学，成为人类文明的参与者；数学，成为人类文明的见证者. 培养和留住高水平的数学人才是我国数学学科发展的一个关键因素. 数学人才培养的核心是构建科学合理的培养体系问题，主要需要厘清两个问题：撬动学生追求知识的动力和手段是什么，什么样的知识和课程体系对数学人才最有价值.

2　立德树人，培养学生对数学学习的正确价值追求

大学是发现有志于从事学术研究的人才，尤其是从事基础学科研究的人才，培养他们的学习兴趣和正确的价值追求的地方.

2.1　理解数学是支撑科技可持续发展的重要战略需求的一门基础学科

任何成熟的科学研究都需要用数学的语言来描述，需要在相应模型的框架下表达研究者解决问题的思想和方法. 回顾科学的发展历史，可以看到，几乎所有重大的科学发现都与数学的发展和进步相关，这使数学成为人类科学思维的一种表达形式. 例如，电子计算机的发明及当今计算技术的发展都以数学为其理论基础；在现代的自然科学、工程技术和人文社会科学中，人们越来越多地利用观察和试验的手段获取数据，利用数据分析的方法探索科学规律.

2.2　理解数学在经济和金融研究中的地位更加凸显

经济学家可以和自然科学家一样，通过"假设具有驱动"来研究经济问题，通过构建数学模型，把所研究的问题清晰地抽象出来，使研究不再随意性. 诺贝尔经济学奖获得者的背景充分说明各种现代经济理论都以数学为基本工具，都力图用数学理论来描述宏观经济或微观经济的发展规律.

2.3　理解数学在科学研究、高新技术、经济金融等领域的研究中的重要地位

发达国家将保持在数学研究方面的领先地位作为它们的战略需求. 在这样的形势下，发展数学学科、培养适应新形势的数学人才对保持我国科技可持续发展具有重大现实意义.

2.4　理解当前数学的机遇与挑战

以人工智能、大数据、物联网、太空技术、生物技术、量子科技等为代表的重大颠覆性技术创新引发了新产业、新业态、新模式，从而带来人们生产方式、生活方式、思维方式的

显著改变.这也为中国高等教育带来了弯道超车的战略机遇——打造符合第四次工业革命挑战的教育新形态,为数学人才培养带来了新的机遇与挑战.

3 数学人才培养的必然抉择——“新动能、新活力、新方法”

数学学科发展的趋势推动人才培养的变革.数学发展的动力既来源于内部,即解决自身发展的问题,也来源于外部,即解决现实世界的问题.当今数学发展的主要趋势是数学各分支的融合,数学与其他科学更加自觉地交叉,为数学人才培养提供了新的动能、活力与方法.

数学各分支学科之间相互交叉和融合,研究问题和研究方法上也是如此,重大突破集中反映了学科交叉发展的趋势.代数、分析、几何、拓扑,甚至随机的方法结合在一起,使不同领域的数学家又重新意识到他们正在从事着一项共同的事业.

数学发展的实践证明,数学虽有不同的分支,但实质上它们密切相关,是一个不可分割的整体.正如著名数学家希尔伯特(D. Hilbert)所说:“数学科学是一个不可分割的有机整体,它的生命力在于各个部分之间的联系.”充分认识数学的这种内部统一性对于制定适应新形势的数学人才培养方案至关重要.

课程体系重构从宏观看要现代化,从中观看要实践实训智能化,从微观看要落实在数学能力全程培养上,这些都将成为数学专业改革的新动能.科学研究深度融合教学改革,充满鲜活生命力的教材和信息技术整合内容成为数学专业改革的新活力.新专业实践体系更加贴近应用型人才培养,深度学习成就拔尖人才成为数学专业改革的新方法.

4 数学人才培养的课程策略——交叉

随着时代的发展,数学科学对其他领域的影响持续加深,数学在从数据转化为知识的过程中处于基础且核心的地位,核心数学和应用数学正向其他高度数学化的学科领域拓展.核心数学和应用数学的壁垒日益消除,多学科交叉使现代数学的发展呈现勃勃生机,成为当代数学科学发展的重要特征.在这种全新的形势下,如何培养具有跨领域特点的数学人才并建立数学交叉学科发展的新机制,成为一个紧迫的问题.

4.1 夯实数学基础,做实交叉准备

应用数学的本质是数学,真正有价值的结果在于其普遍性和深远影响力,因此数学人才首先要具有扎实的数学基础,才有可能和其他领域交叉.核心数学和应用数学之间的区别越来越模糊,今天已经很难找到一个与应用不相关的数学领域.数学科学分享具有共性的经验和思维过程,将一个分支领域的观点和思想应用于另一个分支领域.数学科学覆盖以不同方式应用的基本概念、结果及持续的探索,这些是联系各分支领域数学家的基础,对整个数学科学事业的发展非常重要.

强化基础训练,做实交叉准备.数学人才培养要合理分配各年级的学习内容,在强调基础训练的同时,引导学生尽快进入现代数学领域.例如,要积极探索数论、解析几何、线性代数、近世代数、代数学的教学改革.要关注数学科学覆盖范围的主要驱动力,一个是

建立在数学科学概念和方法的基础上的计算模拟，另一个是企业产生的呈指数级增长的数据量. 科学、工程和工业的许多领域都关注建立和评估数学模型，并通过分析大量的观测数据和计算数据对模型进行研究. 这些工作的本质也是数学.

4.2 拓展课程内容，开发学生的交叉意识

科学发展史表明，多学科交叉导致重大科学发现，这既是新兴学科的生长点，也是研究中最活跃的部分. 设置课程内容时充分考虑高性能科学与工程计算已逐渐成为科学研究的重要手段，“以数据为中心”的科学发现已初见端倪，数学与其他学科的发展的联系越来越紧密，数学在科学的交叉和解决其他领域的科学问题中应当发挥更大的作用. 另外，一些新的科学问题并不是用现有的数学理论与方法就可以解决的，在交叉融合中创造出新的概念、理论与方法，与实际问题紧密结合，也为数学自身的发展提供了不竭动力.

课程内容的选取迫切需要数学领域和专业领域专家们通力合作，开发出融入实际问题的课程内容，找出其中蕴含的数学原理，共同提炼出数学模型及问题，挖掘新的数学思想和方法.

4.3 研制融合课程，强化交叉领域知识

要实现数学与其他科学的交叉，需要从实际问题中提炼数学模型及问题. 只有具备很强的数学基础理论和足够的相关领域的知识的人才，才能够对相关领域的科学问题进行数学建模，从事理论分析，完成数值计算，最终解释实际现象. 北京师范大学在探索中形成了自己的模式，将传统的“高等代数”和“近世代数”融合为“代数学基础”，增加主思想环上的模和伽罗瓦理论；将“数学分析”中的单变量和多变量函数合并，用 Lebesgue 积分取代 Riemann 积分，改变实数理论、指数函数的讲授方式，开设“数学分析”实验课.

20 世纪 90 年代后期，“人类基因组计划”接近完成，大量数和计算的方法被用来解释生物过程，而当时的生物信息学者几乎都是自学. 为了弥补人才的不足，美国的一些大学将数学系、物理系、计算机系和生物系组合成立新的生物信息专业，开始培养学生，同时研制出各类培训课程. 这个经验告诉我们，数学与其他学科交叉研究的良好发展需要改革教学模式，开发出交叉融合的课程，从单纯培养数学家的方式转变为培养复合交叉型数学人才的方式.

参考文献

[1] 国家自然科学基金委. 未来中国十年科学发展战略 · 数学[M]. 北京：科学出版社，2012.

[2] 王晓斐. 巴黎综合理工学院早期的分析课与数学人才培养[J]. 自然科学史研究，2021，40(4)：503-517.

[3] 朱宇璇，左浩德. 第四次工业革命中的数学教育：面向未来的思维能力[J]. 数学教育学报，2022，31(3)：94-102.

[4] 顾沛. 培养基础性数学人才的实践[J]. 中国高教研究，2001(4)：53-54.

机遇与挑战[①]

——教学数字化转型的思考

陈文霞　田立新

（江苏大学数学科学学院）

摘　要　现代教育技术的快速发展极大地拓宽了学习时空和教育边界，催生了数字化教育新形态；数字化支持下推动教学改革促进了高等学校数学课程的转型，加快了提升工科学生实践能力的数学改革，引领了对专业人才的培养.

关键词　数字化　教学　改革

教育部2022年工作要点明确指出："实施教育数字化战略行动.强化需求牵引，深化融合、创新赋能、应用驱动，积极发展'互联网+教育'，加快推进教育数字转型和智能升级."

信息技术促进教育教学改革的研究和实践在近几十年已经取得了长足进步，多媒体教学、混合教学和在线教学等在高等院校普遍开展，促进了教学结构、教学模式和教学方法的转变.然而，人类社会已经迈入数字社会新阶段，教育面临着数字化转型的系统性挑战.2020年新冠疫情在全球蔓延，给各国教育造成持续且深远的影响.大部分教学活动被迫在线上进行，传统教育加速向数字化转型.这不仅给教师带来许多技术、内容和教学方面的挑战，而且也增加了人们接受教育的难度.因此，实施教育数字化战略行动势在必行.教育数字化转型是将数字技术整合到教育领域的各个层面，推动教育组织转变教学范式、组织架构、教学过程、评价方式等的全方位的创新与变革，从供给驱动变为需求驱动，实现教育优质公平与支持终身学习，从而形成具有开放性、适应性、柔韧性、永续性特点的良好教育生态.

1　在数字化支持下推动教学改革

随着各类教育大数据应用系统的不断涌现，世界各国都在积极利用数字技术改变传统教学方法，为学生提供个性化、定制化的学习支持服务，体现在：

（1）数据驱动大规模因材施教.通过深入挖掘与分析数据，提升课前教研、课堂教

---

① 本文得到江苏省高等教育学会教改项目（2021JSJG063，2021JDKT046），教育部产学合作协同育人项目（202102090021），江苏大学教改课题（2019JGYB011），江苏大学一流课程重点培育项目和江苏大学第二批课程思政示范项目（重点项目）支持.

学、课后作业的针对性和科学性.

（2）数据驱动全过程全要素评价.通过教育数字化转型,加强教育评价数据治理.建立学生成长、教师发展的数字画像.基于大数据优化评价模型,重构教育评价机制.改进结果评价,强化过程评价,探索增值评价.

（3）数据驱动大规模个性化自主探究学习范式.跨年级、跨班级、跨学科、跨时空的学习共同体取代传统班级成为常态化的基本教学单位.基于数字空间,根据教或学的需要,特定学习共同体可以随时建立、随时解散,充分满足专业性与个性化结合的学习要求.通过更适合的学习生态,为每个学生提供更加适合的大学数学教育.通过为每个学生提供适合的教育,实现更高质量的大学数学课教育服务均衡.

（4）数字技术驱动专业教育教学场景创新.发展基于人工智能的探究式、个性化教学,基于增强现实和虚拟现实等技术的沉浸式、体验式教学,基于新一代通信技术的远端多点协作式教学,基于区块链技术的优质资源分享机制,基于元宇宙技术的游戏化学习范式(学习者既可以与学习游戏中的情境元素进行人机交互,也可以在教育元宇宙中与老师、同学交互,使交互体验更贴近真实情境),建构教育教学新生态,基于人机协同赋能教师.

（5）数字技术驱动系统建设教育数字资源.教育数字资源比普通教育资源的内涵和外延丰富,既包括教材、教案、教辅、习题、教学(课上与课下)实录等,也包括数字化的工具、平台、应用等.广义上,包括数字化教育体系下一切服务学生学习的人员、软件、硬件和环境等.狭义上,既包括图形、文字、语音、视频,也包括基于虚拟现实、增强现实等数字化技术的呈现形式.

2 推进数字化背景下的大学数学课程转型

2.1 数字化支持下的大学数学教学转型

数字技术的快速发展,促使课程与教学突破时间限制,由同步教学发展至同步、异步的按需选择.教学既可以是学生在教师指导下,在同一时间进行相同内容的同步学习;也可以是学生依据自身需求,在相同或不同时间对适宜内容进行自定步调的异步学习.当前,同步混合教学逐渐常态化,传统课堂和在线课堂被整合在同一时空下,教师与学生能够不受距离限定开展实时交互.

教师依据实际情况判断异地学生来到校园的灵活程度,明确整个学期面授与在线教学的时间分配比例,借助丰富的技术手段灵活开展同步或异步教学.例如,受到疫情的影响,很多学生无法返回校园,因此可以借助视频教学系统进行远程同步学习,或借助学习管理系统进行异步学习,实现多地教与学的联动.

在行动过程中,将课程内容场景化,为学生提供沉浸式、交互式的虚拟现实教学体验;通过学情诊断分析和资源智能推送,教师开展分层、精准教学,促使学生的自主学习、个性化学习与移动学习贯穿整个教学过程.

2.2 促进大学生数字化素养全面发展

提升学生数字素养与技能是高等教育素质教育的重中之重.大学生数字素养包括基本的数字技术知识与技能,信息与数据素养,利用数字技术进行交流与协作的能力,数字内容创作的能力,数字安全和数字伦理的意识,借助数字技术进行持续学习、解决问题、反思和自我提升的能力,数字化专业知识和能力等.其中,信息与数据素养是指学生对信息与数据进行获取、分析、解读、评估和应用的意识与能力.依托本院数据计算与应用专业资源,融合计算机技术,在大学数学教学中融入提升大学生数字化素养的内容,支持学生发展出融合数字素养的岗位专业知识和能力,即数字化专业知识和能力.主动对接专业院校,帮助学生了解特定职业所需的核心数字技术,利用数字技术完成特定职业的工作,解释和评估特定领域的数字信息和数据,借助数字技术进行交流协作、解决问题和处理工作.

2.3 数字化背景下面向工科学生提升实践能力的数学实验改革

数字化实验系统(DIS)是指由数据采集器、传感器、计算机及相关数据处理软件等构成的集数据采集和数据处理于一体的新型实验系统.

2.3.1 利用大学数学数字化数学实验促进学生对抽象知识的理解与应用

数字化数学实验给学生学习大学数学提供了一个深入把握数学概念、命题、思想、方法的平台,一个表达和检验自己数学创造思维和探索精神的试验场.学生通过软件模拟抽象的数学知识的形成过程,更加直观地理解知识,揭示数学的本质.通过编程实验增强学生的实践能力,开拓学生的思维.

2.3.2 利用数字化资源培养学生的实践探究能力

结合长三角区域人才需求及本校涉农专业的特点,构建"校企协同、过程持续、动态监督、卓越成果"的数字人才产教融合实践能力提升教学体系,依托专业背景资源,开发数学软件,实施数学建模,解决现实或模拟现实的专业问题.

通过开设校选课程,数字化数学实验内容既要充分考虑专业教育的基础知识和主干知识,又要强调工程教育的基础性和通用性.

3 数字化引领专业人才培养

数字化发展对人才培养提出了新要求,提升师生的信息素养与数字技能已成为实现教育现代化、建成教育强国的重要内容.应帮助教师探索线上线下相结合的分层分类研修培训机制,提高教师对信息技术的应用能力、教研员的信息化指导能力和教育管理者的信息化领导能力.

专业是高校人才培养的基本单元,当前数字经济、数字技术快速发展,驱动社会对人才需求发生变化,专业规划与设置也需要发生相应的转变.数字时代,专业之间的交流日益扩大,专业内涵不断延伸,促进了交叉专业的产生与发展.为应对数字经济、人工智能和企业生产智能化、数字化的蓬勃发展,人才培养需要更加重视数字化给职业发展带来的新挑战,关注并适应职业更新换代过程中对新技术的要求,将数字能力作为课程与教学的一项核心目标.

专业数字化转型的目标是为社会提供可用人才.需要从专业人才培养方案、专业教学资源、专业建设环境与平台、专业实验实践教学基地等方面进行推进.

数学类专业人才培养:以数据计算与应用为核心,辐射应用数学和金融数学专业.加强数字素养培养与技能类课程建设,推动数字素养融入专业课程,开展数字技能,促进学生关注物理世界与数字世界的关联、主动迎接和融入数字科学与技术的发展.课程内容与社会生产、生活以及最新科技的联系更加紧密,系统的、优质的、动态的数字化开放教学资源成为课程内容的重要来源.课程内容的设置基于实际问题,呈现形式为多种媒体的融合,且在课程实施过程中不断有新的教学内容动态生成.

师范专业人才培养:未来教师的数字素养体现在四个维度,分别为数字意识、计算思维、数字化学习与创新、数字社会责任.数字意识要求教师具备内化的数字敏感性及主动寻获和利用信息的能力.计算思维要求教师具备借助计算机分析问题、解决问题的思维能力,使得教师能够科学分解复杂问题、抽象构建解决问题的模型、关注方法和效率.数字化学习与创新要求教师积极利用数字技术、科学选择数字资源,不断创新教学模式,开展个性化教学和创新人才培养.

"师范生虚拟仿真技能训练室"可为全方位教学提供支持,帮助未来教师利用 VR、AR 等技术为师范生营造有利于知识建构的学习情境.通过学习分析、人工智能等技术为师范生提供个性化和精准化的学习支持服务,并优化其学习过程.

4 教师——数字化素养提升工程

《"十四五"国家信息化规划》首次明确提出"开展终身数字教育",强调要"发挥在线教育、虚拟仿真实训等优势,深化教育领域大数据分析应用,不断拓展优化各级各类教育和终身学习服务".教育数字化的快速发展和不断渗透为终身学习奠定了良好的资源与技术基础.一方面,通过依托校内外的开放数字教育资源,基于全民学习需求与能力监测数据,为学习者提供实时、便捷的学习内容推介和学习方法指导,支持开展适合自身需求的自主学习;另一方面,通过建设国家和省级互通的学分银行体系,将个人学历教育、培训、职业经历和非正规、非正式学习活动等学习成果存入账户,形成个人终身学习数字档案,实现终身学习成果的认定、累积和转换.

数字素养与学科能力是教师的"双核要素",是教师发展的双翼.加强教学实境中的数字技术应用能力培养,可以提升教师的数字胜任能力.教师所拥有的数字素养是给学生传授 21 世纪核心能力的先决条件,在此基础上教师还需要具备将数字技术融入教学的素养.

教师可以通过基于开放教育资源自主学习、基于在线社区与学习共同体教学实践交流与反思、基于自适应学习系统的教学能力个性化发展等方式,实现数字化教学能力的自主提升.基于开放教育资源的自主学习是指教师自主制定学习目标、规划学习任务、选择学习资源,并对学习过程进行自我监控和反思.

高等教育教师数字化教学能力发展是一个复杂的系统工程，既涉及国家和地区的高等教育发展程度及教师教学能力发展的政策，也涉及社会对教师教学能力发展的认识与支持，还涉及大学对教师的定位及组织管理模式，以及教师自身数字化的能力基础与内在动机. 教师数字化教学能力的发展需要政府部门、社会组织、高等院校、教师等多方协同与努力.

教育数字化是国际焦点问题，是我国“数字中国”“数字经济”战略的明确要求，同时也是维护教育公平、提升教育水平的必由之路. 全面推动教育数字化转型是当今教育改革发展的重要主题，对于支撑教育高质量发展意义重大，值得引起高度重视和广泛关注.

参考文献

[1] 吴砥，李环，尉小荣. 教育数字化转型：国际背景、发展需求与推进路径[J]. 中国远程教育，2022(7)：21-27，58.

[2] 祝智庭，胡姣. 教育智能化的发展方向与战略场景[J]. 中国教育学刊，2021(5)：45-52.

[3] 余清臣. 教育实践的技术化必然与限度：兼论技术在教育基本理论中的逻辑定位[J]. 教育研究，2020，41(6)：14-26.

[4] 吴岩. 数字赋能，示范引领，打造高质量教育体系“先行区”[R]. 北京：教育部计算机类、软件工程、网络空间安全专业和大学计算机课程教指委，2022.

[5] 王素，姜晓燕，王晓宁. 各国出台国家数字化发展战略，全球“数字化”教育在行动[N]. 中国教育报，2019-11-15(5).

[6] 杜亮亮. 技术推动下高等教育的变革与创新：2017《美国国家教育技术计划》(高等教育版)解读及启示[J]. 数字教育，2018(3)：87-92.

[7] 施锦诚，孔寒冰，吴婧姗，等. 数据赋能工程教育转型：欧洲数字化战略报告分析[J]. 高等工程教育研究，2021(1)：17-23.

[8] 任一菲. 法国“数字化校园”教育战略规划概览及启示[J]. 世界教育信息，2018，31(18)：14-17.

“概率论与数理统计”课程教学的思考

张正娣
（江苏大学数学科学学院）

摘　要　概率论与数理统计是一门非常重要的公共基础课，在高等学校人才培养中占有非常重要的地位，为学生学习后续专业课程奠定了必要的数学基础. 同时，该课程内容广泛应用于社会、经济、科学等领域，为定量分析随机现象及随机数据提供了数学方法. 本文结合教学经验，进行了以下三个教学模式的探讨：概念教学，注重挖掘内涵；案例教学，培养应用意识；实验教学，激发探索能力. 并从这三个方面阐述了如何提高概率论与数理统计的课堂教学效率.

关键词　概率论与数理统计　课堂教学　案例教学　实验教学

1　引言

概率论与数理统计是高等院校理工类、经管类的重要数学基础课程之一，也是许多新发展的前沿学科的基础，比如控制论、信息论、可靠性理论、人工智能等，其课程内容不仅有严密的数学理论知识，更与生活实践和科学试验有着紧密的联系，其理论与方法已广泛应用于工业、农业、军事和科学技术. 从历届学生对这门课程的反应来看，学生普遍觉得该课程比之前的数学课程难，即使考了高分的同学也觉得没有掌握课程的内涵. 究其原因有以下几点：第一，学生之前学的数学课程针对确定性问题，且与初等数学关联性较强。例如，高等数学主要学习极限、微积分、微分方程、级数等知识，它与中学数学有着密切联系，通过讲解由常量到变量、由有限到无限、由静态到动态的思想方法，学生在概念上比较容易理解和接受；线性代数中的线性方程组、线性变换等概念都可以通过初等数学中相应的低维概念加以理解. 而概率论与数理统计处理的是随机事件，学生要养成用“不确定性”的思维方法解决问题的习惯往往比较困难，如果套用确定性的思维方法就容易出错. 第二，高等数学、线性代数的解题思路和计算技巧通过大量练习可以熟练掌握，这一点和初等数学的学习方法一致，而概率论与数理统计的学习更注重对概念的理解，涉及的计算技巧虽不多，却正是广大学生所忽略的. 所以我们不能把高等数学和线性代数等课程的教学方法照搬到概率论与数理统计的学习中，而应按照课程自身的特点进行教学. 第三，我们选用的教材比较陈旧，传统的教学内容偏重于数学理论而轻于应用实例，内容不符合新时代各学科共同发展的教学要求，以教师讲授为主的传统教学方法也很难激发学生的学习兴趣,不利于培养学生的应用创新能力.

基于以上问题,结合多年概率论与数理统计课程的教学实际,以激发学生的学习兴趣与热情、培养学生应用概率统计方法解决实际问题的能力为目标,对该课程的教学进行了思考,谈几点具体的认识.

2 概念教学

在理论教学过程中要抓住对概念引入内涵的讲解.例如概率的公理化定义,其中包括事件的公理化表示(集合论)和概率的公理化表示(测度论),这实际上是一个抽象过程,它提取了现实世界中三种概率定义(实际上可以看成具体情况下的概率计算公式,即概率的统计定义、古典定义、集合定义)的共性,使得抽象之后的概率可以脱离现实问题背景.这和距离的定义类似,即满足正定性、对称性、三角不等式的函数都叫距离,这个时候的距离就不止包含我们所熟知的欧氏距离了.再如,为什么要引进"随机变量"这一概念,正如小学数学从一个苹果加 2 个苹果等于 3 个苹果抽象到"1+2=3",对于具体的随机试验中的具体随机事件,计算其概率毕竟是局部的,随机变量的引进及随机变量分布的概念使原先不同随机试验的随机事件的概率都可转化为随机变量落在某一实数集合的概率.不同的随机试验可由不同类型的随机变量来刻画,比如某医院一定时间间隔内出生的婴儿数、某电信交换台一定时间内的服务次数均可看成服从泊松分布,电子产品的寿命一般服从指数分布,人和动物的身高及体重可以看成服从正态分布.实际上,通过随机变量及分布的概念对实际问题中具体的随机试验进行分类,将随机事件用数量化的方式表达,便于用数学分析的方法来研究随机现象.只要将一维随机变量讲透彻了,接下来讲解多维随机变量及其分布时抓住相关概念和前一章的联系,学生就很容易接受.据了解,许多同学在学习数理统计过程中往往抱怨公式太多,有很多的内容需要记忆,事实上讲清楚原理很重要,例如,矩估计的原理是用样本矩估计总体矩;极大似然估计是建立在极大似然基础上的一个统计方法,极大似然原理的直观想法是,一个随机试验如果有若干个可能的结果,且在一次试验中某事件出现了,那么可以认为试验条件对该事件的出现有利,也即出现的概率最大;抽样分布概括起来只有八个公式需要记忆,且这些公式之间有着紧密联系,教学的关键在于解释区间估计和假设检验的统计意义,促使学生在理解的基础上灵活运用这八个公式.

3 案例教学

概率论与数理统计是一门实用性极强的课程,在教学中要紧扣它的实际背景,让学生理解概率统计方法的直观含义,了解数理统计能解决哪些实际问题,从而激发学生的学习兴趣,培养其应用数学方法解决实际问题的能力.比如结合贝叶斯公式可以进行"狼来了"故事的概率解释,通过概率计算让学生清楚地看到故事中的孩子一步步失去村民信任的过程;对于教材中"血清检测某种疾病"的例子,可以加以拓展,在课堂中抛出"为什么这种检测方法在医院可用,而不能在体检等普测中使用?""为什么测谎仪可以作为判断嫌疑人犯罪的辅助手段,而不能对普通人使用?”等问题;在讲解教材中“任意两个人的生日在同一天的概率”的例子之前,可以现场统计一下班级学生生日的情况,然后给出计算,说明随机事件发生的概率有的和我们直观的一样,有的和我们日常感觉的大不一样,引导学生建立“不确定性”的思维,理性思考问题,善于用数据说话. 强化学生应用数学解决实际问题的意识和能力,比如在讲二项分布、大数定律时,很多教材选用保险利润计算的例题,我们可以借助生活中的现象让学生思考“很多人或多或少都被推销过买各种保险,你们有没有想过为什么每一个险种都有份数任务的规定? 这个份数是怎样算出来的?”;用“范进中举”“星期二男孩”“三门问题”等概率小故事引入条件概率和数学期望等概念;讲述连续型随机变量的分布函数时,引入“神舟十六号”返回舱的着陆点的分布;利用概率分析东京奥运会中乒乓球 7 局 4 胜和 5 局 3 胜两种赛制的优劣;利用单正态总体的均值假设检验方法讨论工艺改进问题;等等.

4 实验教学

概率论与数理统计课程有其鲜明的应用特色,现有的传统教学模式是“重理论,轻实际,重讲授,轻应用”,尽管有些教师在教学中附加讲解和应用一些信息技术,但仍未能摆脱以教师为中心的教学模式,没有真正地以学生为主体来进行教学,这种在实践和运用环节培养上的欠缺,使得学生缺乏独立分析和解决实际问题的能力。因此,在概率论与数理统计教学中融入实验,提高学生对数学软件的实践应用能力,已成为近几年教学改革的一种必然趋势. 可以选择学生广泛使用的 Excel、Matlab 和 SPSS 软件作为试验平台,在课堂上让学生完成相应理论的实验. 比如,随机试验的实验——模拟抛硬币试验、蒲丰投针试验、蒙特卡罗试验等,随机事件概率的计算,区间估计,假设检验,等等. 学生利用学到的理论知识,在教师的指导下强化数学理论和数学思维,并运用现代计算机技术提高分析问题和解决实际问题的能力.

5 结束语

时代的发展对高等教育带来了新挑战,教学理念必须由原来的“以教师为中心、以教为中心”向“以学生为中心、以学为中心”的模式转变,教学目标必须从“以知识传授为主”向“以培养学生的创新能力为主”转变. 课堂教学作为培养学生的主阵地,改革刻不容缓. 概率论与数理统计是大学生首次接触到的讲授不确定问题的课程,对于已经习惯了确定性数学学习方法的学生来说,这种学习方式无疑具有一定难度. 因此,在教学工作中,需要结合该课程的特点来提高教学效果. 除了文中的三点思考,还有很多具体的问题值得进一步探讨,如改进教学模式、将课程思政融入课堂教学等.

参考文献

[1] 朱翼隽. 概率论与数理统计[M]. 2 版. 镇江:江苏大学出版社,2015.
[2] 魏宗舒. 概率论与数理统计[M]. 3 版. 北京:高等教育出版社,2020.

新工科背景下大学数学深度学习的策略[①]

傅　敏　陈文霞

（江苏大学数学科学学院）

摘　要　新工科背景下大学数学应顺应时代要求，在课堂教学中积极倡导深度学习，在实践中探讨如何以学生为主体确立数学深度学习目标、如何立足学生发展改善教学方式，探讨注重能力发展的数学思想方法，改进教学评价的教学策略.

关键词　新工科　深度学习　策略

新工科背景下大学数学的教学需要逐渐贯彻深度学习，而深度学习要求学生积极主动地探究并理解所学知识，积极反思并把握知识之间的联系，大胆创新和勇于实践，根据实际情形进行知识改造和重组，并将新知识迁移、应用到新的问题中，从而解决问题. 为此，本文针对大学数学深度学习，探讨以下几点策略.

1　以学生为主体，确立数学深度学习目标

布鲁姆根据人的全面发展理论将教育目标划分为三个不同的层次，即认知、情感和动作技能，这样的目标具有连续性、累积性和发展性. 大学数学深度学习以培养和发展学生的高阶思维能力为宗旨，因此确立符合深度学习理念的教学目标在整个教学环节中就显得尤为重要. 当前在教学设计中应用广泛的是布鲁纳的三维目标，可是在实际教学中，三维目标的设定多流于形式，具体表现为知识技能目标僵化，技能与方法目标形式化，情感态度与价值观标签化，导致三维目标并没有落到实处. 因此，教师在教学设计中，不能仅仅停留在经历、了解和接受事实性知识等简单层面，而是要将三维目标进行完美融合，将过程性目标和结果性目标整合，将教学过程与方法贯穿学生的能力发展，将情感态度与价值观融入学生的日常学习活动. 这样的三维教学目标才能丰富学生的数学体验，促进学生对知识体系的建立和数学思维能力的提高，最终拓展学生的发展空间. 例如，高等数学中微积分是非常重要的一部分，微积分学是研究变量和函数的重要工具和媒介. 在拉格朗日中值定理的教学设计中，教师不仅要向学生讲授定理内容，还要深入剖析定理

① 本文得到江苏省高等教育学会教改项目（2021JSJG063，2021JDKT046），教育部产学合作协同育人项目（202102090021），江苏大学教改课题（2019JGYB011）支持.

的条件、本质和意义.因而可以确立以下教学目标:

(1)理解并掌握拉格朗日中值定理的内容及其条件;

(2)通过学习罗尔中值定理,类比学习拉格朗日中值定理,进一步探索罗尔中值定理和拉格朗日中值定理的关系,培养学生分析、概括问题和学习迁移的能力;

(3)经历探究过程,体会数学知识的融会贯通,感受数学的科学价值和数学文化的魅力,增强数学学习的求知欲和自信心.

这样的三维目标不仅可以增强学生在数学课堂中的深度体验,还可以促进学生的知识技能、数学思想和价值观的全面发展.

在教学设计过程中,教师还应该关注教学重点和教学难点,这也是备课的一部分,教学重点和教学难点不仅要体现在教学目标上,还应该体现在实际的教学情境中,也就是在教学过程中教师要针对本节课的核心知识有意识、有目的地设计一些核心问题.一方面可以引起学生的注意,激发他们的学习兴趣,使其对数学知识进行深入探究;另一方面可以促进教学目标的实现,达到很好的课堂效果.

2 立足学生发展,改善教学方式

与传统的教学方式相比,深度学习教学方式应是一种探究式的教学,深度学习的教学要实现从传递式到探究式的转变,要将轻过程、重结论的注入式教学转换成易于让学生自主参与知识形成过程的教学.

2.1 学生自主探究与教师指导相结合

相对于中学生而言,大学生可以自主安排的时间明显多一点,且课程安排得没有那么紧,这就需要学生做好充分的课前准备,其中最重要的环节就是课前预习.

数学是一门逻辑性较强的学科,知识网络错综复杂,要想达到预期的学习效果,课前预习就显得尤为重要.预习内容不能仅仅局限于数学教材,也需要了解与课题相关的数学史.数学不仅具有科学价值,还具有文化价值.学生要充分利用学习资源,查找与课题有关的资料,这样有利于形成知识框架、拓宽知识视野和激发学生的学习兴趣.在这一环节,学生有疑问时可以尝试自主探索,或者与同学和老师交流,进行思维的交流与碰撞.正式上课时,教师不能将着重点放在讲解上面,而是要时刻关注学生的反应,对于一些重要的知识可以与学生共同交流探讨.课后,对于一些难点,教师要耐心地、有针对性地进行指导.只有将学生自主探究与教师指导相结合,才能改善学生的数学体验,提升课堂效果,帮助学生更好地理解知识.

2.2 拒绝单一化教学,注重知识间的联系

在数学教学过程中,教师不能为了教而教,需要有大局意识,不能将课程材料孤立起来,而是要重视数学知识间的横向联系和纵向联系,在相互联系中使学生所学知识更加条理化、网络化.数学内容是由完整的知识框架体系构成的,知识之间往往有着密切的关联,因此在教学过程中,教师要抓住主要的知识脉络,将各个知识联系起来,形成鲜明的知识体系,这样可以使学生的思维不局限于某个知识点,与整体知识联系起来.

2.3　提倡变式教学,促进数学深度学习

穷则变,变则通,通则久. 变式教学是一种传统的、典型的教学方式. 无论是新课教学,还是复习课、习题课教学,为了提高学生数学思维的敏捷性、灵活性,选择变式教学都是很有必要的. 在数学教学过程中,变式往往通过问题情境和思维角度的不断变化来实现,变的只是数学知识的非本质属性,其本质属性并没有改变. 变式教学是教师指导学生从"变"的现象中发现、探索、总结出事物"不变"本质的过程. 在这一过程中,教师要善于发现学生思维的转折点,将教学过程转变为思维过程,让学生多方面、多角度地理解和掌握数学概念、公式和定理的本质. 习题课过程中,变式教学的主要形式是题组教学,因此教师要充分利用题组教学,例如在设计问题时考虑一题多变、一题多解、多题一解等. 题组教学能够帮助学生发现数学知识中的"易变点",拓宽学生的知识面,锻炼其数学思维,从而提高学生对数学学习的兴趣,增强学生的自信心,极大地提升课堂教学效率,使学生有效学习.

2.4　倡导"合作式"学习,促进师生互动

新工科背景下提倡高校加强对学生能力的培养. 传统的教学模式只是单纯地教授学生知识,学生只能做到举一反一,而深度学习则要求在数学教学过程中使学生做到举一反三. "合作式学习"是指学生之间或者师生之间在共同学习目标的推动下任务分配和责任分工都很明确的一种互助型学习. 教学过程中,教师应该尽可能地给学生提供自主探索、合作探究、共同交流的机会,适当地给予学生关心和指导,帮助他们顺利地解决问题. 合作式学习注重培养学生的能力和主动参与学习互动的意识,以增强其学习的责任感,提高团队协作意识,培养集体荣誉感.

3　关注能力发展,贯彻数学思想方法

大学数学教学过程中,教师不仅要关注如何提高学生的知识和技能水平 ,还应该重视教学过程中对数学思想与数学方法的渗透,以达到培养学生的数学思维能力、提高学生的数学综合素质的目的. 数学知识总体上可以分为两个层次,分别是表层知识和深层知识. 表层知识是指一些数学概念、性质、定理、公理、公式法则等基本知识和基本技能,深层知识是指隐藏在表层知识中的数学思想和数学方法. 数学思想和数学方法是数学学科中的隐性内容,学生只有在理解和掌握了表层知识后,才能进一步了解和学习深层知识. 因此,教师在教授表层知识的过程中要有意识地融入相关的深层知识,一方面可以使学生对表层知识的掌握实现质的飞跃,另一方面有利于学生理解和感悟数学思想和数学方法,提高数学学习的能力.

数学建模是指采用形式化的数学语言概括数学中的数与形,是解决数学问题的有效手段. 模型思想就是一种很重要的数学思想. 模型思想主要针对数学知识的内在关系结构,直接指向数学对象的核心部分. 培养和发展学生的模型思想,有利于学生探究知识的本质,进而引发深度思考. 模型思想是数学与外界事物联系的桥梁,是数学知识理论和数学应用实践联系的基本途径,对学生的思维发展有着重要的意义. 数学模型解决的是一

类问题,而不是单个问题,这也是数学模型的优势所在. 同类的数学问题有着相同的模型结构,对数学问题进行分析探索、模型建构的过程也是积累数学活动经验和感悟数学思想方法的过程. 数学模型强调数学的内在架构,突出数学结构的形式化表达,对学生而言就是一种简约化的理性思维训练.

在数学思想方法的引导下,学生可以发现知识的本质. 将数学思想方法的教学与表层知识的讲授融为一体,有利于发展学生的数学思维能力,帮助他们形成良好的数学学习习惯.

4 改进教学评价,提高师生双方的积极性

新工科背景下改变大学数学教学模式、教学理念的同时,也要改进教学评价. 教学评价主要从评价主体、评价的实施和评价手段这几个方面改进.

4.1 推动双向评价,促进师生双方共同发展

教学评价是教学过程中至关重要的环节,传统的教学评价大多是针对学生的评价,新工科背景下数学教学评价不仅要为学生的发展服务,还要考虑到教师队伍的建设,为教师的发展服务. 对于教师的评价,一方面可以采取公开课听课、评课的方式让教师之间形成评价体系,明确教学活动中存在的问题并及时改进;另一方面可以从学生的角度对教师进行评价,通过学生的反应及时修改或调整教学计划. 对于学生的评价,评价的主体可以是教师,教师的评价客观公正地反映了学生的学习状态,但是要想实现深度学习,教师还需要引导学生持续地、及时地进行自我评价,以达到全面了解自己的学习状况和反思学习成果的目的,之后学生可根据自身的实际情况及时做出调整. 学生的自我评价应该贯穿教学过程的始终,学生通过自评可以清晰地认识到自身存在的问题,然后不断地调整或改变学习方法,端正学习态度,从而实现深度学习.

4.2 教学评价实现结果性向过程性的转变

传统的教学评价往往是在学习结束后进行,且只对学习的结果进行评价,评价内容局限于学生作业的好坏和分数的高低. 这种评价方式具有很强的功利性,只注重结果,忽略了学生的精神成长过程. 深度学习应该提倡过程性评价,对学生的评价不能仅限于对分数和知识技能的系统评估,而要重视学生的思维过程、学习态度和情绪情感的变化与发展,让评价伴随整个学习过程,帮助学生认清自己的学习现状,培养学生的批判性思维能力,提高学生的深度思考能力,发展学生的创新和实践能力,加强其团队协作意识,帮助其形成科学的世界观基础.

4.3 实现评价手段的多样化

目前高校对学生的评价大多是通过课程考试来实现的,这种方式只显示了学生对知识的掌握程度,不能体现他们的其他能力水平,因此,高校应该采取多种方式的评价手段. 比如,在课堂教学中,可以采用课堂评价观察法. 这种方法能在课堂这一动态的环境中让教师更好地了解学生的发展潜力和可能存在的问题,也让教师对学生有更为全面的了解,方便以后开展教学活动. 针对不同层次的学生,教师在条件允许的情况下可以因材

施教,促进教学效果达到最佳.

参考文献

[1] 杨天才,张善文.周易[M].北京:中华书局,2011.

[2] 吴佑华.深度学习:让数学课堂学习真正发生[J].数学教学研究,2018,37(5):2-9.

[3] 卜彩丽,冯晓晓,张宝辉.深度学习的概念、策略、效果及其启示——美国深度学习项目(SDL)的解读与分析[J].远程教育杂志,2016(5):75-82.

[4] 何克抗.深度学习:网络时代学习方式的变革[J].教育研究,2018(5):111-115.

数学实验教学中的几点体会及认识

韩　敦
（江苏大学数学科学学院）

摘　要　数学实验是高校理工科大学开设的重要课程. 本文基于最近几年的教学成果,就如何帮助高校理工科学生学习数学实验及如何激发理工科大学生的数学实验学习兴趣给出一些体会及观点.

关键词　数学实验　教学过程　理工科大学生

数学实验是学生通过学习 Matlab、Mathematica、Maple 及 Lingo 等数学软件,结合所学的数学知识,构建相关数学模型,编写相关计算机程序,然后数值解析或者可视化解决现实生活中问题的一门课程. 数学实验的学习是学生培养数学思维来解决现实问题的有效途径. 因此对于大学数学教师,如何有效地激发理工科大学生的学习兴趣、帮助理工科大学生进行数学实验的学习、提高理工科大学生的数学学习效率是一个迫切需要解决的问题.

1　数学基础的学习

数学实验的学习离不开数学基础的学习. 高等数学、线性代数、概率论与数理统计、随机过程及动力系统等数学课程是理工科学生学习数学实验的基础. 在数学基础的学习过程中,教师需要把抽象的数学问题及概念具体化、实际化,让学生认识到学习数学概念及定理的重要性. 同时,在这些基础课程的学习中,让学生自己编写程序实现相关的计算,把数学实验的教学理念融入数学基础课程的学习中. 例如,在学习不定积分和定积分后,可以让学生运用 Matlab 软件计算简单的可积分方程.

在大学数学基础课程的学习中,学生需要主动地学习相关知识,不断地培养个人的自学能力、分析问题的能力及解决问题的能力. 虽然大学生的某些束缚和压力减少了,但是如果他们放松了自己或者缺失了学习的信心,对以后的学习就会有很大影响.

2　相关软件的学习

数学实验是一门新兴的数学课程,需要掌握很多数学软件知识和理论知识,对于刚刚接触数学实验课程的学生来说难度较大. 为了让学生更好地接受和学习这门课程,应该从简单问题入手,让学生产生自信,然后循序渐进,一步一步学习更多知识、解决更有难度的实际问题.数学软件(如 Matlab、Mathematica、Maple 及 Lingo 等)是数学实验中必须要学习的基础软件.在数学软件的教学过程中,需要让学生掌握不同软件的基础数据类型及基础语言,比较不同数学软件语言之间的差异.计算机语言是相通的,学生通过深度学习一门数学软件语言,可以很容易地学习其他数学软件.例如在 Matlab 中支持的数据类型包括逻辑(logical)、字符(char)、数值(numeric)、元胞数组(cell)、结构体(structure)、表格(table)及函数句柄(function handle),学生通过自由深入地学习这些数据类型,掌握不同数据类型的运用方式,学好数学实验.

在数学软件的学习过程中,教师需要介绍不同数学软件的差异和优劣,分析何种模型可以用何种数学软件.特别地,在讲述数学题目时,需要运用数学软件实现可视化结果,然后让学生进行实际操作.

3 数学问题背景的阐述

在数学实验的教学中,对数学问题背景的说明是激发学生学习的关键.虽然一个问题可以用不同的方式来阐述,但是教师需要用更贴近实际的说明来描述抽象的数学问题.例如:把四脚椅子往不平的地面上一放,通常只有三只脚着地,往往不稳定,然而只要稍挪动几次,就可以四脚着地,那么椅子能在不平的地面上放稳吗?这个问题的本质是高等数学中的函数零点问题.然而如果教师直接阐述数学问题,而不探讨数学问题背后的实际问题,就会降低理工科学生学习的积极性,特别是一些工科学生的学习积极性.

4 数学模型的构建

数学模型的构建通常包含 5 个步骤:① 提出问题; ② 选择建模方法; ③ 推导模型的公式; ④ 求解模型; ⑤ 回答问题.例如:用长 8 米的角钢切割钢窗用料 100 套.每套钢窗包括长 2 米的料 2 根、3 米的料 2 根、5 米的料 1 根.试确定使用角钢最少的切割方案.这个问题是一个实际的数学优化问题,教学时首先需要引导学生运用数学语言描述问题中的相关变量,然后运用相关的优化知识构建数学模型.在数学实验中数学模型构造的教学中,教师需要引导学生发散思维,从不同的角度分析问题,构造出不同的数学模型,再从不同的数学模型中选择最合适的.在明确了用数学语言表述的问题后,需要选择一个或者多个数学方法来获得解.许多问题(尤其是运筹优化、微分方程的题目)一般都可以表述成一个已有的标准求解形式.这里可以引导学生查阅相关领域的文献,获得具体的方法.数学实验中的模型及分析方法有很多,例如,云模型、Logistic 回归、主成分分析、支持向量机(SVM)、K-均值(K-Means)、近邻法、朴素贝叶斯判别法、决策树方法、人工神经网络(如 BP、RBF、Hopfield 及 SOM 等)、正则化方法及 kernel 算法等.

5 实际问题的解决

数学实验是一门用数学方法解决实际问题或者实现数学课本中一些定理及理论的课程.在数学实验的学习中,需要引导学生发现并解决实际问题.培养学生的学习兴趣是非常重要的教学工作，教授学生通过多种方式来解决问题，其中一个较好的方法就是可视化结果．我们可以使用 Matlab、R 等软件来绘制与数据有关的图，使用 Visio 或者 PPT 绘制流程图等．例如，我们试图解决这样一个实际问题：已知建筑工地的位置［用平面坐标$(a,\ b)$表示，距离单位为千米］及水泥日用量 d(吨)．有两个临时料场位于 $P\ (5,1)$，$Q\ (2,\ 7)$，日储量各有 20 吨．从 A，B 两个料场分别向各工地运送多少吨水泥，可以使总的吨公里数最小．两个新的料场应建在何处，节省的吨公里数有多大？

数学实验是理工科大学生学习的一门重要课程．大学数学教师需要引导好学生，培养学生独立学习的能力和解决问题的能力．

参考文献

［1］焦光虹．数学实验［M］．北京：科学出版社，2010．

［2］白秀琴．高校数学实验教学的现状与改进研究［J］．电脑知识与技术，2018，14(26)：155-156．

融入课程思政的 BOPPPS 模式在"概率论与数理统计"教学中的应用研究

高安娜　孙　梅　沈春雨
（江苏大学数学科学学院）

摘　要　概率论与数理统计是高等学校中一门非常重要的数学类公共基础课.本文在教育部全面推进高校课程思政建设的背景下，研究了概率论和数理统计的育人价值，并在此基础上引入了 BOPPPS 模式，以"贝叶斯公式"为例，详细阐述了融入课程思政的 BOPPPS 模式的具体操作过程，表明该教学模式可以同时有效实现知识、能力和素养三个教学目标.

关键词　概率论与数理统计　课程思政　BOPPPS 模式　育人价值

概率论与数理统计是高等学校理工类、经管类专业的一门重要基础课，也是这些专业学生考研的数学科目之一.概率论与数理统计的研究对象是自然界和人类社会中的随机现象，这和其他学科以确定性现象为研究对象有着本质的不同.挖掘这门课程中的思政元素并融入课堂教学中，其根本目标在于推进概率论与数理统计的知识性与教育性的一体化建设，这给教师的教学和学生的学习都提出了极大的挑战.

1　"概率论与数理统计"的育人价值

2020 年 5 月，教育部发布了《高等学校课程思政建设指导纲要》，明确指出落实立德树人根本任务必须将价值塑造、知识传授和能力培养三者融为一体，全面推进课程思政建设就要将价值观引导寓于知识传授和能力培养之中.概率论与数理统计包括两部分，其中概率论是一门研究随机现象的统计规律的数学学科，而数理统计则是一门通过收集整理分析数据等手段以达到推断考察对象本质、预测未来的学科.概率论与数理统计的教学除了使学生掌握这门学科的基本概念、基本理论和方法，以及培养学生运用概率统计方法分析和解决实际问题的能力之外，更重要的是要不断挖掘概率论与数理统计中的思政元素，从而体现出这门课程的育人价值.

在概率论与数理统计的发展历程中除了有宝贵的数学理论知识外，还涌现出一批不畏艰难、勇攀高峰的科学家们和有趣的科研故事.由于概率论中许多知识来自日常生活，因此概率论的方法可以解决人们日常所见的很多问题，从而使得学生可以从数学角度获得生活常识和人生哲理.随着概率论与数理统计的发展,21世纪以来,这门学科已经渗透到其他各个学科,成为自然科学与社会科学中信息处理必不可少的分析工具.2022年1月16日出版的《求是》杂志第2期发表了习近平总书记的重要文章《不断做强做优做大我国数字经济》,随着互联网和多媒体技术的发展和广泛使用,面对大数据时代,概率论与数理统计将发挥重要的作用.以上分析表明概率论与数理统计中蕴含着丰富的思政元素,因此教师在课程教学过程中要有意识地通过对概率论与数理统计知识和方法的讲解来培养学生严谨细致的工作态度和精益求精的科研精神,注重培养学生的批判性思维和数字化思维,提升创新能力,使学生具有科学的世界观、人生观和价值观,践行社会主义核心价值观,具有爱国主义精神,富有责任心和社会责任感.

2 BOPPPS教学模式的来历、含义和步骤

要将"概率论与数理统计"的课程思政元素融入课堂教学中,就需要教师反思之前的教学模式和方法,意识到其已与当下的教育需求不适配,因而需要重构课程实践的范式.课程思政建设需采取科学、恰当、有机的融合机制对课程知识进行教育性建构.《高等学校课程思政建设指导纲要》中也指出要创新课堂教学模式,推进现代信息技术在课程思政教学中的应用,激发学生的学习兴趣,引导学生深入思考.基于此,BOPPPS教学模式就十分契合当下知识性与教育性一体化的教学育人需求.

BOPPPS教学模式最初由加拿大教师技能培训机构(Instructional Skills Workshop,ISW)创建,用于对教师的资格认证,现在它已经被许多国家的高校和产业培训机构采用.近几年我国高校开始尝试将其应用到教学课堂中.苏联教育家苏霍姆林斯基曾说过:"人的内心里有一种根深蒂固的需要——总是感到自己是发现者、研究者、探寻者."BOPPPS教学模式以建构主义理论和学习认知规律为理论依据,强调学生的深度参与和教师的及时反馈.在整个教学过程中,该模式兼顾了"以学生为中心"的学习主体地位和"以教师为主导"的组织课堂地位,是能够促进学生自我学习和提高教师有效教学的实践性教学模式.具体地,BOPPPS教学模式包括课程引入(bridge-in)、学习目标(objective/outcome)、课前摸底(pre-assessment)、参与式学习(participatory learning)、课后测验(post-assessment)和总结(summary)六个教学步骤,其中参与式学习是最重要的一个环节.BOPPPS教学模式还可以和雨课堂、蓝墨云班课、超星学习通等线上教学软件有机结合,实现高效优质的线上线下混合式教学.

3 举例说明"概率论与数理统计"的教学设计

下面以"贝叶斯公式"这节内容为例,说明如何按照BOPPPS教学模式进行融入课程思政的课堂教学.

3.1 课程引入

播放一段马航MH370失联客机的新闻,新闻中讲到搜救人员利用了一种数学方法——贝叶斯理论来确定每次搜索失联客机的地点,那么这里提到的贝叶斯理论到底是

一种什么方法呢?

3.2 学习目标

(1) 知识目标:了解贝叶斯公式的背景来源和基本思想;掌握贝叶斯公式的定义以及应用贝叶斯公式解决实际问题的基本方法.

(2) 能力目标:认识到生活中贝叶斯公式应用的普遍性以及学好本节课的重要性,培养学生运用贝叶斯公式的逆向概率思想处理实际问题的能力,培养学生的运算能力、逻辑推理能力,以及分析数据和解决问题的能力.

(3) 素养目标:通过本节课的学习,了解科学研究的不易和科学家们的钻研精神,感受生活中的实际问题是如何一步一步转化成数学问题的.培养同学之间相互沟通与合作学习的能力,培养创新意识、严谨求实的研究品质和诚信务实的道德品质.

3.3 课前摸底

通过蓝墨云班课发布测试题,让学生提交答案,并统计完成质量.

测试题:设某工厂的一、二、三 3 个车间生产同一种产品,产量依次占全厂的45%,35%,20%,且各车间的次品率依次为4%,2%,5%.问从待出厂产品中检查出一个次品的可能性是多少?

这个题目主要考查学生对上节课的内容——全概率公式的掌握情况,一方面是用来复习旧知识,另一方面也是为讲授新知识做铺垫.因为贝叶斯公式的分母本质上就是全概率公式,所以要想学好贝叶斯公式,前提之一是要掌握好全概率公式.

解:设所有产品构成样本空间,A 为“取到一个次品”,B_i 为“所取产品由第 i 个车间生产”,$i=1,2,3$. 由题设知,$P(B_1)=45\%$,$P(B_2)=35\%$,$P(B_3)=20\%$,$P(A|B_1)=4\%$,$P(A|B_2)=2\%$,$P(A|B_3)=5\%$,所以

$$P(A)=\sum_{i=1}^{3}P(B_i)P(A|B_i)=0.45\times0.04+0.35\times0.02+0.2\times0.05=0.035.$$

答:从待出厂产品中检查出一个次品的可能性是3.5%.

复习全概率公式之后,可以在这个例题的基础上再追加一个问题.

引例:在上面的测试题的基础上,现从待出厂产品中检查出一个次品,问该产品由哪个车间生产的可能性最大?

分析:根据前面所设的数学符号和已知条件,将该问题转化成数学问题,建立数学模型.

$$P(B_1|A)=\frac{P(AB_1)}{P(A)}=\frac{P(B_1)\times P(A|B_1)}{P(A)}=\frac{45\%\times4\%}{3.5\%}\approx0.514,$$

$$P(B_2|A)=\frac{P(AB_2)}{P(A)}=\frac{P(B_2)\times P(A|B_2)}{P(A)}=\frac{35\%\times2\%}{3.5\%}=0.2,$$

$$P(B_3|A)=\frac{P(AB_3)}{P(A)}=\frac{P(B_3)\times P(A|B_3)}{P(A)}=\frac{20\%\times5\%}{3.5\%}\approx0.286.$$

所以该产品由第一车间生产的可能性最大.

这里追加一个问题的目的是引出今天的主题——贝叶斯公式,将学生的旧知识与新学习的内容自然连接起来,既基于学生原有的认知结构,又是原有认知结构的自然发展和完善,一步一步引导学生通过思考与探索解决新提出的问题.

从这个例子可以看出,贝叶斯公式的作用之一是确定导致某个事件发生的最可能的原因.此外也为了对比分析全概率公式和贝叶斯公式的不同点,尤其是在求概率的思维方式上的不同,全概率公式是已知导致某一结果发生的所有可能的原因,从思维上来讲是一个正向的思维,而贝叶斯公式是已知结果来推断原因,因此从思维上来看是一个逆向的思维,所以贝叶斯公式也叫作逆概公式.

3.4 参与式学习

(1)根据引例中的分析将问题一般化,介绍贝叶斯公式的定义.

设试验 E 的样本空间为 Ω,A 为 E 的事件,$B_1,B_2,\cdots,B_n$ 为 Ω 的一个划分,且 $P(A)>0$,$P(B_i)>0,i=1,2,\cdots,n$,则

$$P(B_i|A)=\frac{P(B_i)P(A|B_i)}{\sum_{j=1}^{n}P(B_j)P(A|B_j)},\ i=1,2,\cdots,n.$$

说明:定义中要求 $P(A)>0,P(B_i)>0,i=1,2,\cdots,n$ 是因为 $A,B_1,B_2,\cdots,B_n$ 在条件概率中作为条件.

提问:贝叶斯公式的本质是什么?

分析:在定义中 A 是发生的某一结果,而 $B_1,B_2,\cdots,B_n$ 是导致结果 A 发生的所有可能的原因,如果进一步把分母的全概率公式求和的形式展开,就得到

$$P(B_i|A)=\frac{P(B_i)P(A|B_i)}{P(B_1)P(A|B_1)+\cdots+P(B_i)P(A|B_i)+\cdots+P(B_n)P(A|B_n)}$$

仔细观察上式中的分子与分母,不难发现,分子就是分母的第 i 项,分母是利用全概率公式得到的导致 A 发生的全部原因的概率之和.而贝叶斯公式要求的是已知在 A 这一结果发生的条件下,A 是由第 i 个原因导致的可能性,它等于第 i 个原因占所有原因的比例,这就是贝叶斯公式的本质.

(2)融入课程思政,介绍贝叶斯公式的由来,感受科学研究的不易.

贝叶斯公式的提出者叫托马斯·贝叶斯,他是18世纪英国的一名牧师,也是一名业余的数学家.1763年,在他去世2年后,有关贝叶斯公式的著作才发表,题名为《机会问题的解法》,但在当时并没有受到人们的重视.直到11年后,法国数学家拉普拉斯再一次总结了这一结果,至此人们才意识到贝叶斯公式的重要性.

将数学史融入数学教学,不仅可以让学生体会到知识从无到有的生成过程,还可以让学生感受到贝叶斯虽是业余数学家,但是他对数学有着极大的热爱,他的数学经验的形成经历了很长一段时间,十分不易.

(3)指导学生分组合作探讨贝叶斯公式的应用问题,提高学生的学习兴趣、数学建模能力和解决实际问题的能力.

例题:现有一台测谎仪,在测谎仪检测一个说谎的人的条件下机器也显示他在说谎的概率为0.88,在测谎仪检测一个未说谎的人的条件下机器却显示他说谎的概率为0.14.现在用这台测谎仪检测一名犯罪嫌疑人是否说谎,如果测谎仪检测的结果是说谎了,那能不能断言这个人确实在说谎呢?

分析:首先定义事件A为"测谎仪显示犯罪嫌疑人说谎",B为"犯罪嫌疑人说谎".由已知条件得$P(A|B)=0.88$,$P(A|\overline{B})=0.14$,对于犯罪嫌疑人而言,他说谎的可能性较大,这里假设$P(B)=0.5$,那么在测谎仪显示这名犯罪嫌疑人说谎的情况下他真正说谎的概率是多少?用数学符号表示即$P(B|A)$.

测谎仪显示犯罪嫌疑人说谎有两种情况,一种情况是犯罪嫌疑人确实在说谎,另一种情况是犯罪嫌疑人并没有在说谎,那么要求的问题就转化为已知结果来求原因,由贝叶斯公式有

$$P(B|A)=\frac{P(B)P(A|B)}{P(B)P(A|B)+P(\overline{B})P(A|\overline{B})}$$

$$=\frac{0.5\times0.88}{0.5\times0.88+0.5\times0.14}$$

$$\approx0.86$$

$$P(\overline{B}|A)=1-0.86=0.14$$

$$P(B|A)>P(\overline{B}|A)$$

所以,当测谎仪检测出犯罪嫌疑人在说谎时,就可以认定他确实在说谎.

根据上面的分析引出先验概率和后验概率的概念.贝叶斯公式里的$P(B)=0.5$是根据以往的经验所获得的,这个概率称为先验概率.而经过贝叶斯公式计算得到的$P(B|A)$称为后验概率.所以根据这个例子可以看出,利用贝叶斯公式求后验概率,可进一步判断之前不确定的事件.

提问:为什么测谎仪没有得到普遍使用呢?

分析:用测谎仪检测一个普通人,由于绝大多数人都是诚实的,因此假设$P(B)=0.01$.再来计算一下$P(B|A)$,由贝叶斯公式得

$$P(B|A)=\frac{P(B)P(A|B)}{P(B)P(A|B)+P(\overline{B})P(A|\overline{B})}$$

$$=\frac{0.01\times0.88}{0.01\times0.88+0.99\times0.14}$$

$$\approx0.06$$

所以测谎仪不适用于普通人,仅在一些特殊场合适用.

3.5 课后测验

利用蓝墨云班课软件发布测试题检验学生的学习效果,根据学生的完成情况讲解题目要点,巩固学习成果,并由该例题引出课程思政元素——诚信务实的道德品质.

测试题:幼儿寓言故事“狼来了”——放羊的小男孩连续两次说谎戏弄村民,结果在第三次狼真的来了的时候村民不再信任他. 假设起初村民认为小男孩的可信度为 0.8,且认为可信的小孩会说谎的概率为 0.1,不可信的小孩会说谎的概率为 0.5,试根据这个故事和数据建立概率模型,并利用贝叶斯公式分析小男孩的可信度是如何一点一点下降的,为什么诚信如此重要.

3.6 总结

教师通过课堂提问让同学们分享课堂收获,在此基础上帮助学生总结本节课的重难点和课程思政点,进一步巩固和消化所学知识. 另外,教师还要总结整个课堂尤其是前测和后测中学生的反馈情况,帮助学生提高学习效率. 对于反馈较好的学生,教师提出更高的要求,比如发布拓展训练,阅读涉及本节课所学知识点的科研论文,或者练习考研相关题目. 对于反馈不太理想的学生,指导他们观看相关课程的视频,并完成相关的习题训练. 通过分流指导,实现因材施教,满足不同层次学生的学习需求,提高他们学习的动力.

4 结束语

教师需要根据概率论与数理统计课程的内容特点以及在学生已获得的知识能力的基础上,深入挖掘课程的育人价值,利用有效的课堂组织教学模式——BOPPPS 模式进行六个环节的教学设计. 这样不仅能够保证教学目标的实现、学生学习兴趣和学习热情的提高,还可以确保思想政治教育贯穿教育教学全过程,充分发挥概率论与数理统计的育人作用.

参考文献

[1] 郝德永. “课程思政”的问题指向、逻辑机理及建设机制[J]. 高等教育研究, 2021,42(7):85-91.

[2] 李晨,陈丽萍. 概率论与数理统计课程教学中思政元素的挖掘与实践[J]. 大学教育,2021(9):104-106.

[3] 吕亚楠. 基于 BOPPPS 模式的《概率论与数理统计》教学改革研究[J]. 科技风, 2021(19):60-61.

[4] 郑燕林,马芸. 基于 BOPPPS 模型的在线参与式教学实践[J]. 高教探索, 2021(10):5-9.

[5] 矫媛媛,潘晓刚,马满好. 本科线上教学中改进的 BOPPPS 模型教学设计[J]. 高等教育研究学报,2020,43(4):52-55.

“线性代数”课程思政设计

——以逆矩阵为例

彭　淼　张正娣

（江苏大学数学科学学院）

摘　要　课程思政教学在近年来受到高度重视.本文以线性代数课程中逆矩阵这一教学内容的讲授为例,探索教学中的课程思政元素.

关键词　线性代数　课程思政　逆矩阵

1　引言

线性代数是高等院校理工、经管类各专业的一门公共基础数学课程,在自然科学、工程技术、计算机技术和经济管理等众多领域有着广泛的应用.这门课程具有知识点多、内容抽象等特点,为了提高学生的学习兴趣,较多学者也围绕线性代数教学设计进行了研究.

2016年习近平总书记在全国高校思想政治工作会议上的讲话为高校各门课程的教学提出了一个全新的教学方向——课程思政,即充分挖掘各类课程和教学方式中蕴含的思想政治教育资源,做好课程育人教学设计、创新教育教学方式方法,发挥专业课程的育人功能,把思想政治教育贯穿人才培养全过程,落实立德树人的根本任务.本文以逆矩阵为例,秉承“以学生为中心,以问题为导向”的教学理念,实现数学专业知识传授与思想政治教育融通同行,形成协同效应.

2　教学过程

首先播放影视剧《潜伏》中解密电文的一个场景,视频播放结束后,教师讲解:发送电文时,为了保密,通常会对电文进行加密.当接收方接收到加密的电文后需要对其进行解密,才能知晓原电文的真正意思.那么电文的加密和解密工作是如何进行的呢?以密码学中的Hill密码为例,其加密方式为26个英文字母和26个阿拉伯数字一一对应.例如要发送一份内容为“ABC”的明文电文,首先要把它转化为“123”,并将它用矩阵 $\boldsymbol{X}=(1,2,3)^{\mathrm{T}}$ 来表示.然后对 $\boldsymbol{X}$ 进行加密,加密的方法是在 $\boldsymbol{X}$ 的左侧乘上矩阵 $\boldsymbol{A}$, $\boldsymbol{A}$ 称作加密矩阵. 设加密矩阵 $\boldsymbol{A}=\begin{pmatrix}0&1&0\\1&0&0\\0&0&1\end{pmatrix}$,则 $\boldsymbol{B}=\boldsymbol{AX}=(2,1,3)^{\mathrm{T}}$ 为收到的密文矩阵,$\boldsymbol{B}$ 对应的字母为“BAC”. 很显然,已知加密矩阵 $\boldsymbol{A}$ 和密文矩阵 $\boldsymbol{B}$,要解密得到明文矩阵 $\boldsymbol{X}$,就是将问题转化为求解矩阵方程 $\boldsymbol{AX}=\boldsymbol{B}$. 今天,老师也给同学们发来一封密信:$\boldsymbol{B}=\begin{pmatrix}22&5&25\\9&12&15\\15&21&0\end{pmatrix}$,加密矩阵 $\boldsymbol{A}$ 同上,请大家猜猜老师想对同学们表达什么?你想变成密码大师吗?今天就让我们一起来学习如何运用逆矩阵破解加密电文.

设计意图:由于逆矩阵的概念比较抽象,教师采用案例教学法,通过介绍影视剧中的一个场景和实际例子,设置悬念,激发学生的学习兴趣和探索欲,从而引入逆矩阵的数学概念.

接着通过定义进行启发式教学和师生互动,给出了矩阵逆的判定和求解方法. 然后回到引例,继续分析. 原来电文在加密时所用的加密矩阵 $\boldsymbol{A}$ 是一个可逆矩阵,首先求出 $\boldsymbol{A}$ 的逆矩阵,然后可以得到

$$\boldsymbol{X}=\boldsymbol{A}^{-1}\boldsymbol{B}=\begin{pmatrix}0&1&0\\1&0&0\\0&0&1\end{pmatrix}\begin{pmatrix}22&5&25\\9&12&15\\15&21&0\end{pmatrix}=\begin{pmatrix}9&12&15\\22&5&25\\15&21&0\end{pmatrix}$$

这样,就完成了电文的解密工作. 对照字母表,得到老师对同学们表达的密文内容为:I LOVE YOU. 所以,双方只需要约定好加密矩阵 $\boldsymbol{A}$,当接收方收到加密电文时,利用逆矩阵就可以对其进行解密. 这种教学方式不仅可以解决一开始提出的问题,调动学生的学习积极性与探求新知的意愿,还可以让学生体会数学的魅力.

最后学以致用,介绍我国著名数学家华罗庚先生的故事. 同学们都知道,华罗庚先生在数学方面取得了很大的成就,但是大家是否知道他在破译密码上的贡献吗?抗战时期,华罗庚先生仅用一晚,就运用数学知识破解了日军的密码,得知了日军轰炸昆明的计划,挽救了昆明几十万人的生命,功不可没!华罗庚先生坚持数学理论研究的同时,不忘应用数学理论为国服务.

教师在布置作业的时候,可以请同学们分小组讨论,尝试利用本节课学习的逆矩阵的加密解密原理,给父母或者朋友写一封有趣的密信.

案例设计目的:

(1) 通过影视剧中的场景播放和实际有关的例子,引起学生探究本次课的学习兴趣,同时也能让学生更加牢固地掌握知识点.

(2) 根据加密解密原理,很自然地引出加密矩阵. 从事通信保密工作的人员,一定要加强保密意识和责任意识,维护国家安全.

(3) 通过华罗庚先生的故事开展课程思政:华罗庚先生不忘初心、不怕困难、刻苦钻

研、追求真理的精神值得大家学习.

(4) 课后作业的安排可培养学生的团队协作能力.

3 结束语

由上述逆矩阵的例子可以发现,在线性代数的教学过程中,通过结合实际问题设计案例,不仅可以让学生学会线性代数知识的实际应用,还可以让学生在体会数学的有趣之处的同时,潜移默化地将思政元素融入课堂实践,使思政教育"如盐入味",直抵学生心灵.

参考文献

[1] 王学弟等.线性代数[M].北京:高等教育出版社,2010.

[2] 刘建丰,李秀展.线性代数教学案例设计:向量组线性相关性[J]. 黑龙江科学,2022,13(13):129-131.

[3] 涂正文,吴艳秋."逆矩阵"教学设计[J].三峡高教研究,2017(3):61-67.

[4] 冯艳刚.线性代数微课教学设计研究:以逆矩阵的定义教学为例[J].赤峰学院学报(自然科学版),2018,34(8): 154-155.

[5] 崔冉冉.《线性代数》课程思政教学设计的两个案例[J]. 数学学习与研究,2021(20):96-97.

[6] 本书编写组. 习近平总书记教育重要论述讲义[M].北京:高等教育出版社,2020.

数学师范生创新实践能力培养体系构建与成效

宋晓平　冯志刚

（江苏大学数学科学学院）

摘　要　数学与应用数学（师范）专业建设与教学改革历经16年的探索与发展，构建了“一轴、两翼、三融合”的卓越教师培养立体化模型，凝练形成了“知识重构与体验内化”的“4321”培养模式，构建了师德养成、课堂建构、教学方式、实践实训、师资队伍和质量保障六大培养支撑，人才培养取得了显著成效.

关键词　数学师范生　实践能力　体系构建

江苏大学数学与应用数学（师范）专业建设与教学改革历经16年的探索与发展，2016年获批江苏省重点专业，2019年获批首批国家一流建设专业，2020年获批江苏省第二期品牌建设专业，2020年获批江苏大学“三全育人”综合改革示范专业. 数学与应用数学（师范）专业在探索中率先提出了以“立德树人”为核心，渗入“课程思政”的“一轴、两翼、三融合”的“知识重构、体验内化”卓越教师培养立体化模型，并构建了相应培养体系和运行机制，使师范生的核心素养和创新能力得到显著提高.

1　背景

面对教育改革热点与痛点：成果聚焦时代对教师的要求，开启教师培养供给侧的结构性改革.

当今社会互联网、人工智能技术不断发展，科技与产业革命加速融合，教育开始从“知识核心时代”走向“核心素养时代”，教师的任务从以知识传授为中心转向以能力素养培养为中心. 同时，江苏省着力深化“强富美高”新江苏建设，以“争当表率、争做示范、走在前列”的使命担当，奋力开启全面建设社会主义现代化新征程的定位，对一流教育及一流教师的需求变得愈加迫切. 然而，目前的师范教育偏“碎片化”，技能、学科理论与实践培养体系结合不紧密，不能满足时代和江苏省基础教育发展的需要. 本成果历经16年实践探索，在此期间进行了4年检验与完善，以证明其科学性、先进性和创新性.

2 理论创新

2.1 提出"一轴、两翼、三融合"卓越教师培养立体化模型

为培养适应未来社会发展和科技进步、符合江苏城市需求的"卓越教师",本专业自2006年起,持续探索新时代师范生实践创新能力培养体系.在把握国际教师教育发展趋势、总结本专业40余年办学积淀的基础上,与省内基础教育、教师教育和数学教育领域专家共同研制和提出卓越教师培养的"一轴、两翼、三融合"立体化数学师范生实践创新能力培养模型(见图1),并建构了与之衔接的培养课程体系和运行机制.

"一轴"是以卓越教师实践能力发展为主轴,落实立德树人,促进德智体美劳协同发展。

"两翼"是指理论性课程体系与实践性课程体系,"两翼"护航"一轴",形成层级递进的理论课程与实践课程,理论指导实践,实践升华理论,学生理论水平与实践能力得到协同发展.

"三融合"是助推力,将专业、教研室和中小学融为一体,始终助推卓越教师培养(见图2).

"三位一体"融合"一轴"和"两翼",以拓宽学生视野、拓展思维、强化学习目标与动力、建立职业目标与定位专业实践为重点,吸收中学专家型教师,与校内教师共同组成多元互补教师队伍,在专业层面建立协同的"四年一贯制"学生发展与指导体系.一级"准"联动,依托校内资源完成"基础性"实践能力培养目标;二级"内"联动,以一级培养为基础,对接基础学校开展"体验式"实践能力培养;三级"外"联动,以二级产出为基础,开展职业"胜任型"实践能力培养.

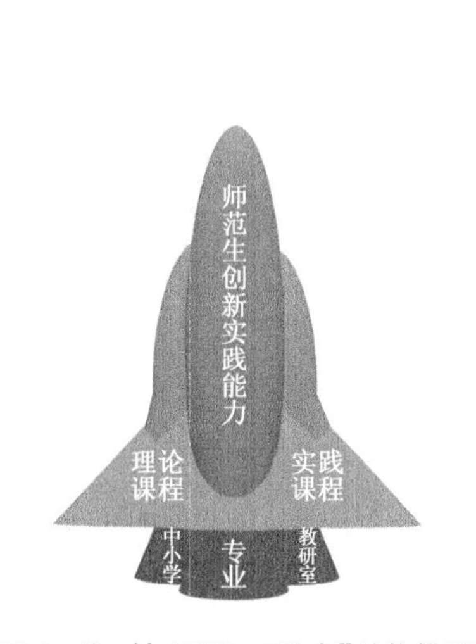

图1 "一轴、两翼、三融合"结构模型

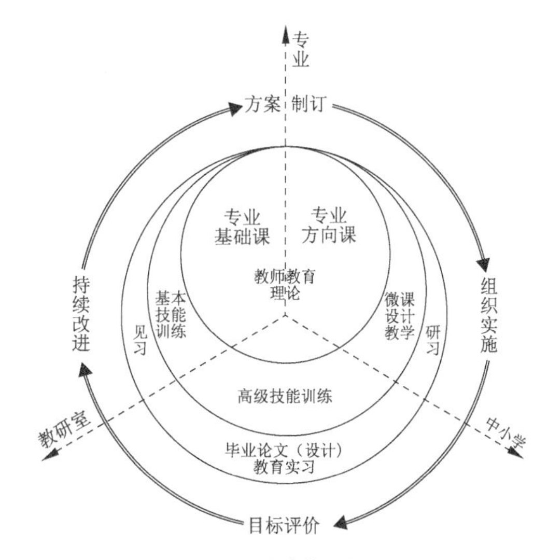

图2 "三融合"运行机制

2.2 实施"三课堂"助推师范生创新实践能力培养体系

从知识、实践能力和体验三个方面,实施创新实践能力培养"三课堂":第一课堂实施

理论教学,开设“学科课程+教师教育课程”;第二课堂实施“三位一体”理论课程+实践课程,以校内平台为主实施;第三课堂实现师范生创新实践体验,通过校外实践教学基地实施(见图3).

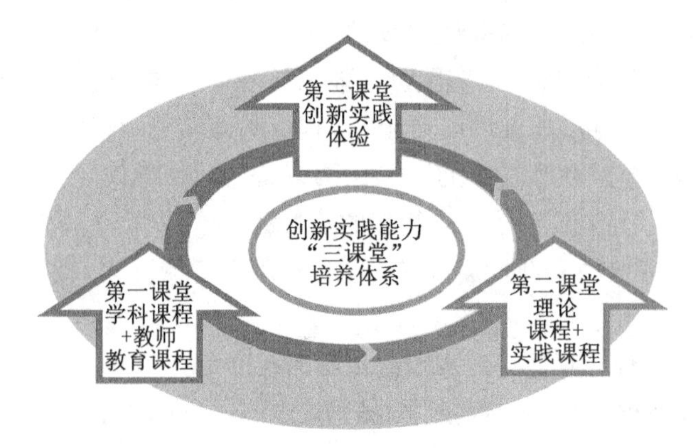

图3 “三课堂”运行机制

这一模型的提出具有重要的示范意义.第一,“一轴、两翼、三融合”立体化数学师范生创新实践能力培养模型(简称立体化模型)立足社会和时代发展,聚焦教师教育改革前沿,具有鲜明的时代特征.第二,“一轴、两翼、三融合”立体化模型抓住了教师能力素养培养由低到高发展的培养路径这一关键.第三,“一轴、两翼、三融合”立体化模型针对传统师范教育偏表面技能化、相对狭隘的理论与实践结合的问题,为解答“什么是具有实践创新能力、研究能力的未来卓越教师”提供了全新的视角和理论回答.

2.3 完善线上和线下实践能力训练及跟踪评价体系

本着“厚基础、重实践、德为高”的人才培养理念,以及“价值引领、知识传授、能力培养”的教育教学理念,本专业凝练形成了知识重构与体验内化的“4321”人才培养模式,创建了全面发展、个性发展和卓越发展深度融合的育人文化氛围.其中4是指“四年一贯制”的实践环节;3是指三类理论课程,即数学课程理论、数学教学理论、数学教学设计理论;2是指两个融合,即学科类课程与教师教育类课程融合,理论类课程与实践类课程融合;1是指一个平台,即“RTE一体化”师范生技能混合训练平台(见图4).

3 实践创新

基于“一轴、两翼、三融合”立体化模型,构建落实卓越教师核心能力培养的六大支撑.为卓越教师培养全过程中落实卓越教师创新实践能力培养,专业构建了师德养成、课堂建构、教学方式创新、实践实训、师资队伍建设和质量保障六大培养支撑.

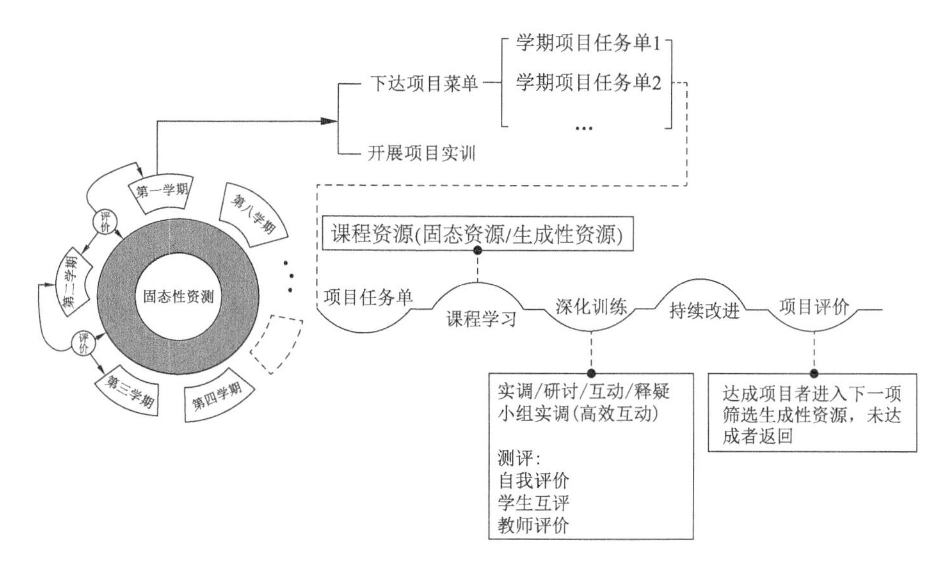

图4 “RTE 一体化”平台运行图

3.1 师德养成:课内外贯通,校内外一体

学校坚持立德树人,始终将师范生的师德教育放在首位.师德养成教育坚持第一、第二课堂德育融合式培养,通过课程思政、名师工作室,帮助师范生坚定从教意愿,认同教师工作的意义和专业性;通过实践基地学校,把师德体验从校内延伸到校外,孕育师范生的责任感和教育情怀.

3.2 课程建构:理论与实践结合,理论指导实践,实践升华理论

在专业课中,聚焦师范生掌握学科核心知识体系,明确教学重点、优化课时分配、学分安排,提高授课效率.在专业拓展课程中,打破学科边界,建立跨学科、跨专业的课程平台,开拓师范生视野,赋予学生自主选择、自主发展的空间,引导师范生接近学科前沿.实践实训构建以结构化为主要特征的三阶段见习、实习、研习课程体系,拓宽项目学习空间.

3.3 教学方式创新:以学生为中心,以培养学生自主学习能力为重点

以问题化学习促进课堂教学方式创新.通过创新教学方法,引导学生基于问题进行学习,鼓励讲授与互动体验式学习相结合.

以信息化学习促进教学时空拓展.加强慕课、微视频课程建设,引进优质网络课程,建设教师教育资源共享课程.通过课程的信息化促进师范生享有更大的自由空间,加强对学生信息化素养的培养.

以项目学习促进课堂内外和校内校外学习相结合.鼓励师范生参与各种形式的项目学习,把学习的探究活动、体验活动从课内引向课外.

3.4 实践实训:结构化、浸润式

专业研发见习、实习和研习结构化教程,开展模块化、递进式教育实践;深化实施住校实习制度,与中小学共同打造教师教育专业发展共同体,开展浸润式培养;开展项目学

习、创新创业学习和学科竞赛、教学技能竞赛等. 本专业每年开展“五月花海”技能训练月等活动,打造师范专业育人文化.

3.5 师资队伍建设:专兼结合,引培并重

学校成立师范学院,教务处成立师范教育中心,搭建教师教育师资专业发展平台和“三融合”培养平台,引入基础教育一线专家深度介入课程体系建构、课程设计与教学、项目指导、实践实训等环节,实施与基础教育的全流程联合培养.“三融合”促进了高校教师理论专深与中学教师实践见长的优势互补,助力基础教育优质资源的汇聚.

3.6 质量保障:创立标准、持续改进

本专业创立了卓越教师培养质量标准和监控体系,实施常态化的持续质量改进;建立了基于“一轴、两翼、三融合”立体化卓越教师培养目标的培养流程,全面监控教师教育质量.

4 课程建设成效显著

“数学教师基本技能训练”获批首批江苏省省级一流线下课程.“数学教师基本技能训练”是为数学师范生开设的第一门专业教师技能训练课程,它在数学师范生从通识教师技能到专业教师技能的过渡中起到关键作用. 在专业 2006、2012、2016、2018、2020 版培养计划中不断地完善课程目标、教学内容、教学方式和评价方式等,课程教学资源得到了极大丰富,课程教学成效得到了显著提升,对卓越数学教师培养起到了应有的保障和支撑.

课程实施中充分发挥自主训练、互助训练和远程名师课堂观摩的作用,技能训练由课堂内延伸至课堂外,由校内拓展到校外,形成协同育人新景象. 本课程对三级联动卓越教师实践能力培养体系从“静态”到“动态”的飞跃起到了关键性促进作用.

三级联动的实践能力培养机制

三阶段	课程体系	三级联动
基础性	教师语言 教师书写	一级“准”联动 依托校内资源完成“基础性”实践能力培养
	数学教师基本技能训练 数学教师高级技能训练	二级“内”联动 对接基础学校开展“体验式”实践能力培养
体验式	教育研习与见习 微格教学与教学设计	
胜任型	教育实习(1)(普适性) 教育实习(2)(个性化)	三级“外”联动 开展职业“胜任型”实践能力培养

4.1 “数学教师基本技能训练”课程特色

特色一:遵循“科学性、育人性、有效性”原则,在保证数学教师基本技能训练内容的基础上,挖掘课程中蕴含的课程思政的内容,结合课程特点,采用“渗透方式”的课程内容设计,在日常教学中潜移默化地开展课程思政教学.

特色二:教学方式是在“RTE 一体化”平台上进行线上教学,实现线上线下混合式教学.

特色三:在训练的学科知识设计方面,力求从数学史和数学文化的视角选取知识点.在训练中让学生看到“鲜活的数学发展轨迹”,进而完善学科教学知识结构,提高学生的数学素养.

4.2 “数学教师基本技能训练”课程创新点

“数学教师基本技能训练”是“一轴、两翼、三融合”立体化卓越教师培养模型中,教师实践能力素养培养由低到高发展培养的基础性课程.“一轴、两翼、三融合”立体化卓越教师培养模型解决了传统师范教育中理论课程与实践性课程体系割裂的问题,为未来卓越教师培养提供了新的理论基础.

数学教师在实践实训、时间资源、教师保障与质量评价方面进行探索与实践,研制了学习、模拟和实践的结构化教程.教学时间采用分散与集中综合的方式,集中的理论教学与分组的技能训练贯通整学期训练与期末成果验收,课内课外统筹规划,开展浸润式培养,促进学生参加实践创新活动.

5 获得显著效益与效应:成果聚焦卓越教师培养的实效性与先导性,取得广泛的社会共识和影响

5.1 主动对接苏锡常宁城市发展,为一流城市教育供给一流教师

专业建设对接苏锡常宁城市发展战略,建立昆山“三全育人”实践基地,近五年为苏锡常宁基础教育优质发展、创新发展输送近 200 名数学师资.

5.2 获得各界高度认可,为国内高师人才培养提供借鉴

2020 年获得教育部师范专业认证专家组高度评价.东北师范大学、杭州师范大学、南京师范大学、长春师范大学和河北省邢台二中的专家对数学教师培养模式给予高度评价:合作的三方根据各自的特点相互支持,密切配合,形成了协同育人的好的做法.在“三位一体”机制框架下,基本形成了教师培养、培训、研究和服务一体化的合作共同体.在师范学生培养质量、教师提升与培训、合作研究等方面做到了合作共赢,强化了对学生实践能力的培养,能够支撑学生达到毕业要求.

5.3 获得用人单位高度赞誉

本专业培养的毕业生以专业知识扎实、专业能力较强、专业思想稳定、能够担当各业务单位骨干而受到用人单位肯定.南京市教学研究室主任、正高级教师严必友认为:“数科院师范生视野开阔、头脑灵活、有情怀,教书育人、立德树人,学科扎实、技能强.”人民教育家培养对象潘建明指出:“在每年对新进教师培养中,数科院师范生在育德意识、课堂设计、教法指导方面比同类院校毕业生强,希望做大做强新模式.”

5.4 两个调查数据显示本专业毕业生和在校生幸福指数高

(1) 麦可思调查数据显示:① 学生评价满意度高.数学与应用数学(师范)专业就业率 100%,满意度 96%,核心课程满意度 94%.学生对母校感情深,本专业对母校的推荐度

89%(全校第一).② 毕业生职业满意度高.2017 届本专业收入在全校所有专业中位列第七,毕业生现状满意度 100%,居全校第一名,职业吻合度 87%(全校第二).

(2) 江苏大学评估中心调查数据显示:实践性教学成果显著.本专业"实践教学满意度""毕业论文满意度""考试情况满意度""师资队伍满意度""管理服务满意度""专业总体满意度"等居于全校较高水平.

5.5 本专业实现了高质量就业

(1) 学生高质量就业.2016—2019 年四届毕业生除部分学生选择升学外,其他学生 100%考取中小学事业编制,主要集中在苏锡常宁和上海等地就业.毕业生对现状满意度为 100%,离职率为 0,收入居江苏大学所有专业前 10%.

(2) 社会信誉度高.2018、2019 年本专业在江苏省的高考录取分数位居全校所有专业第一,第一志愿报考率 200%;毕业生对母校推荐度位居全校第一.

5.6 在全省师范生技能竞赛和其他竞赛中成绩突出

近五年在全省师范生技能大赛中,8 名参赛选手全部获奖,共获得 4 个一等奖,3 个二等奖,1 个三等奖.在全国大学生计算机设计大赛中,获得省一等奖和国家二等奖.获批 2 项全国大学生科研立项.在 2018、2019 年度华文杯全国数学师范生创课大赛中共获得 12 个一等奖.在 2017 年、2018 年江苏省教师现代教育技术设计大赛中共有 25 人次获奖.近三年在全国大学生数学建模竞赛中共 72 人次获得国家级和省级奖项,在全国大学生数学竞赛(专业组)中共有 75 名同学获得省级奖项,1 名同学获得国家二等奖,2 名同学获得国家三等奖.

关于“高等数学”教学方法的一些思考①

孙 钰
（江苏大学数学科学学院）

摘 要 高等数学是一门系统、复杂的课程.要想学好高等数学这门课程,不仅需要学生具备一定的抽象思维、逻辑推理能力,同时还需要老师不断地突破自我,改变教学方式,展现互联网平台的教育优势,通过构建信息化教育平台的方式,实现线上、线下教学的整合,满足学生的差异化学习需求.

关键词 高等数学 知识衔接 教学方式 教学内容

高等数学作为高校的一门必修基础课程,肩负着培养高层次专业精英人才的重任.如何学好高等数学,对于学生和老师而言都需要认真思考.学好高等数学有利于培养学生的抽象思维能力、空间想象能力和综合运用能力,对于学生更好地学习后续其他课程和学科都有很大帮助.然而高等数学与中学数学不同的是,它的内容更加抽象和广泛,数量关系更为复杂,学生难以理解,这就导致很多学生对高等数学的学习感到困惑和无助,自我感觉差,达不到理想的学习状态和学习效率.本文就近几年的教学实践,谈谈高等数学教学中存在的一些问题及其改进方法.

1 高等数学的教学现状

在之前的高等数学教学中,教师把关注点都投放在“灌输知识、经验和技巧”方面,在数学教学过程中缺乏新的理念,教学模式单一、落后,依然将“以教师为中心”作为开展教学活动的导向,采用概念讲解、习题练习、知识总结的教学模式,这种填鸭式、习题式的教学模式不仅不利于学生扎实、全面地掌握数学知识,还会让学生对参与高等数学学习活动存在抵触心理,甚至抵触这门课程.同时,在讲授新知识时教师忽视了对学生的提问,通常都是让学生背诵概念、定理、公式,没有引导学生进行深度思考,课堂氛围非常枯燥.

1.1 知识点的衔接存在一些问题

以反三角函数知识点衔接存在的问题为例.学生进入高校后,自我感觉很优越,认为高中的数学知识学得很好,很扎实.尤其是高等数学的第一课,让他们觉得很简单,但是

---

① 本文得到江苏省高等教育学会教改项目(2021JDKT046),教育部产学合作协同育人项目(202102090021),江苏大学教改课题(2019JGYB011)支持.

当学到反函数的时候，学生就会有点吃力. 首先，高中数学教材中没有涉及反函数的概念，绝大多数同学不了解反函数的概念，而《高等数学》教材中的第 9 页和第 10 页虽然介绍了反函数的概念及反函数与原函数图像之间的关系，但介绍较粗略和抽象. 由于第一节内容较多，大多数授课教师以为学生在高中已学过，因此不会花较多时间讲解反函数，事实上也没有充足的学时能够让学生将反函数这部分内容理解透彻，这也就导致学生不能很好地理解反函数与原函数的关系. 而高等数学中涉及的四个反三角函数——反正弦（$y=\arcsin x$）、反余弦（$y=\arccos x$）、反正切（$y=\arctan x$）、反余切（$y=\mathrm{arccot}\ x$）函数正是相应的正弦、余弦、正切、余切函数的反函数. 由于学生缺失对反函数内容的学习，因此他们基本是以比较生硬的方式学习这四个反三角函数的. 而在后续的学习中，这四个反三角函数又是相当重要的基础知识，因此，无论是在任课教师的教学过程中还是在学生的学习过程中，这部分内容的脱节都成了老师和学生心中一个不可抹去的痛点，甚至有一部分学生感到晦涩难懂，上课不能专注听课，直接影响课堂质量，甚至导致最终成绩不及格.

1.2 教学内容不丰富

教师上课和学生学习主要依赖于教材. 目前，高校编撰数学教材的主要内容是理论知识的推导过程，教材的理论和学术性较强，缺乏实际应用的例子，与实际应用的衔接不够紧密，这使得教师教学难以过多地与实践结合. 学生在学习过程中对于高等数学往往有一种难以企及之感，不能真正懂其所以然，对于学习也就缺乏兴趣.

1.3 教学评价方式单一

目前高校判断学生的学习效果主要依赖于期末成绩，对学生缺乏综合、全面的了解. 在此背景下，学生认为学习的目标就是顺利通过考试，这很容易让学生产生应付考试的心理. 在此学习氛围中，专心学习、潜心研究数学问题的学生寥寥无几.

改革教学方式与教学手段，不仅可以提高学生分数，更重要的是能提升学生的数学能力. 同时，单一的教学评价方式也不利于激发学生探索高等数学知识的自信心和积极性. 学生为了提高期末成绩，会采用背公式、记定理的方式来参与学习活动，根本无法透彻掌握高等数学知识的内涵与原理，这不利于提升学生的数学学科素质. 另外，在高等数学教学评价中，依然是以结果评价为主，忽视了对学生的过程评价. 例如，学生的读书报告、课堂参与程度、学生互动程度、随堂练习、团队讨论等，都需要教师去了解和评价.

2 高等数学教学方法

2.1 高等数学与新课标下高中数学衔接的教学建议

高等数学教师应加强自我教学责任感，及时进行知识更新，了解高中数学的教学改革情况，掌握学生学习的基础状况，对高等数学教学大纲进行适当的调整，合理安排教学计划，对脱节的知识点进行适当的讲解，帮助数学基础较差的学生平稳过渡到大学高等数学的学习.

在中学，学生有来自家长和老师等多方面的束缚和压力，而在大学，这些有利于学习的外在压力基本消失,新生会突感轻松,从而放松自己.教师需要告诉学生的是:大学需要的是主动性学习,需要培养自学能力、分析问题的能力以及解决问题的能力,从而激发自身的学习兴趣,增强自信心.

2.2 教材内容的丰富

高等数学因其繁复的知识点和抽象严谨的逻辑推理让很多学生产生畏惧感.目前不同专业虽然有针对其专业特色而编撰的教材,但是教材内容往往不是很丰富,只是泛泛而谈,这使得高等数学的知识与专业课的内容得不到很好的衔接,也没有着重培养专业能力,所以多数学生会觉得高等数学的学习非常困难,也有很多同学一进学校,就会问老师学习高等数学有什么用.因此,针对医学专业,可以将高等数学的知识点设置在医学专业的问题情景中:利用高等数学中的极限、导数和积分解决影子长度、影像中的切线和边界、影像的面积与体积等问题,使专业特色和高等数学的知识衔接得很紧密.

2.3 改变教学方式与方法

在讲解过程中,尽管高等数学的概念抽象导致学生难以理解,但是很多的概念都可以通过故事和实际例子引入.比如,当讲到数项级数的概念时,可以引入芝诺的悖论——阿基里斯与乌龟赛跑问题:古希腊神话中善跑的英雄阿基里斯和乌龟赛跑,如果先让乌龟爬行 1000 米,再让阿基里斯去追乌龟,那么阿基里斯不可能追上乌龟.教师一边叙述一边作图,方便学生理解,把学生引到问题中去,并指出这个观点显然不符合逻辑,从而引出无穷级数的概念.这样学生就会对问题产生兴趣,增强对概念的理解和记忆.

在高等数学教学中,教师要展现互联网平台的教育优势,通过构建信息化教育平台的方式,实现对线上、线下教学的整合,满足学生的差异化学习需求.首先,互联网平台涉及的学习资源比较多,学生可以结合自己的进度、特点、喜好,在信息化教育平台搜索资源、拷贝资料,通过自主学习,巩固、深化对高等数学知识的记忆.其次,教师要围绕学生的学习特征,灵活安排高等数学微课教学内容,引导学生有重点地巩固所学知识,让数学知识结构更加系统、完整.最后,教师要结合教学需要,简化、调整数学教学内容,通过音频、视频、动画的形式展示数学知识,拓展学生的数学视野.另外,教师要在信息化教育平台设定交流沟通模块、自主学习模块、全真模拟考核模块等,让学生在信息化教育平台查漏补缺,促使学生更好地成长和发展.比如,讲极限的概念及切线的定义中的“无限接近”时,如果用传统的教学方式不但教师浪费很长时间在黑板上比划,而且新生的想象力和理解能力也跟不上.但用多媒体课件处理“无限接近”则轻而易举,它利用动画直观地显示“无限接近”的过程,使学生一目了然.

传统教育模式存在一些弊端,重理论而轻应用的数学教育会限制对学生能力的培养.当前高校高等数学教学的改革应侧重培养学生的数学应用能力,而受当前某些教育理念与方法的制约,培养学生应用能力的教学还不能满足相应的要求.高等数学是大部分新生刚入大学就必须学习的一门基础课程.老师要引导好学生,不断在实践中寻找适合不同学生的教学方法,使学生不惧怕高等数学,爱上高等数学学习,培养学生独立学习的能力和探究问题的能力.

参考文献

[1] 郑建南. 提高高等数学课堂教学效果的几点体会[J]. 吉林教育,2012(9):39.

[2] 同济大学数学系. 高等数学[M]. 7版. 北京:高等教育出版社, 2014.

[3] 李栋红. 高校高等数学教学培养学生数学应用能力的研究和实践[J]. 学周刊, 2021(1): 5-6.

[4] 孙钰. 浅析高等数学课堂教学中的一些体会[J]. 课程教育研究, 2017(48):107.

融入课程思政的“解析几何”课程教学的几点建议

王　震
（江苏大学数学科学学院）

摘　要　本文探讨了本科教育中解析几何课程的教学方法，并从利用现代化教学设备辅助课程教学、将课程思政融入课堂、注重归纳总结这三个方面给出对该课程在教学过程中的几点建议.

关键词　解析几何　课程思政　建议

1　引言

“解析几何”又名“坐标几何”，是几何学的一个分支，17 世纪前半叶由法国数学家笛卡儿和费马创立. 它的基本思想是用代数的方法来研究几何问题，所用的基本方法是坐标法，即通过坐标把几何问题表示成代数形式，然后通过代数方程表示和研究曲线. 解析几何是数学中数与形、代数与几何等基本对象之间的桥梁，代数与几何这两门学科互相吸取营养而得到迅速发展，也因此产生了很多新的学科，极大地促进了近代数学的发展.

20 世纪 50 年代以来，空间解析几何课程在大多数院校被认定为是与数学分析、高等代数并重的三门数学类基础核心课程之一. 而且高等数学课程中也有一章专门讲述向量代数与空间解析几何，其重要性由此可见. 该课程的培养目标是让学生掌握如何用数形结合的方法来解决实际问题，使其善于运用坐标和向量，把几何问题转化为代数方程，从而达到解决几何问题的目的. 此外，学生通过学习此课程可以掌握一些常见的空间曲线和曲面图形的描绘方法，为将来其他专业课程的学习打下坚实的基础. 因此，对于任课教师来说，如何有效提高教学质量是一个值得思考的问题. 本文将结合自己的教学实践，提出几点关于解析几何教学的建议.

2　教学方法的探讨

很多学生都觉得数学是一门枯燥乏味的学科，而这从某种程度上来说与教师的教学方法有关. 下面笔者将以解析几何课程为例，提出自己的一些观点.

2.1 现代化教学设备辅助“解析几何”课程教学

解析几何强调数与形结合的辩证统一思想，着重培养学生的空间想象力和绘图能力. 传统的解析几何教学采用黑板+粉笔的方式授课. 逻辑性稍强的内容（如第一章的向量与坐标）用黑板进行推导和演算比较合适，但是对于后面的平面曲线、曲面、旋转曲面及二次曲面等空间图形，如果仍然采用黑板教学，一方面画图较费时，另一方面图形不规范且只能以静态的方式展示，不利于学生观察几何体的形态与特征. 这个时候如果把 Matlab、Python 等软件作为辅助教学工具融入课堂教学当中，就可以将复杂的立体图形动态地展示出来，使原本枯燥、乏味的教学内容变得直观、生动起来，更有助于学生理解和接受，同时给课堂教学增加了很多乐趣. 而要想充分发挥现代化教学设备的作用，教师就需要通过学习和实践来提高自己的信息技术应用能力.

2.2 思政元素融入“解析几何”课程教学

2019 年 3 月 18 日，习近平总书记在学校思想政治理论课教师座谈会上指出：如果做一天和尚撞一天钟，照本宣科、应付差事，那“到课率”、“抬头率”势必大打折扣. 很多学校在思政课上积极采用案例式教学、探究式教学、体验式教学、互动式教学、专题式教学、分众式教学等，运用现代信息技术等手段建设智慧课堂等，取得了积极成效. 这些都值得肯定和鼓励. 因此，如何将思政元素润物无声地融入课程教学，是教师上好一堂课的重中之重. 下面将围绕“解析几何”课程教学中的几个具体案例进行说明.

在旋转曲面的教学中，椭球面可以看成是由椭圆围绕坐标轴旋转一周而成的. 教师在讲这一部分内容的时候可以引入 FAST——世界上最大、最灵敏的单口径射电望远镜，它就是椭球面的一部分，被称为“中国天眼”. 中国天眼让世界看到了中国的强大，看到了中国人民的智慧和自信. “天眼”之父南仁东院士历时 22 年、不计较个人得失、默默无闻地奋战在科研工作第一线，与全体工程团队一起不懈努力，实现了让中国拥有世界一流水平望远镜的梦想. 通过引入这部分内容，大学生一方面为祖国取得世界瞩目的成就而感到自豪，另一方面也会被南仁东院士的奉献精神和爱国主义情怀感动.

再比如俗称“小蛮腰”的广州塔是单叶双曲结构，国家体育馆“鸟巢”的外形是双曲抛物面. 当讲到这些内容的时候，教师可以向同学们提出“这些建筑为什么设计成这种形状？好处是什么？”等问题，从而引入本节课所要学习的知识. 这种方式不仅让学生获得了民族自豪感，增强了文化自信，还让他们发现了数学的美，极大地提高了学习兴趣. 当然，要想达到理想的教学效果，还需要教师吃透教材，深入挖掘解析几何课程中蕴含的思政元素.

2.3 重视课后总结

一节好课离不开巧妙的引入，合理的引入能起到激发学生主动学习的兴趣的作用. 而良好的结课设计，可再次激发学生的思维高潮，让结课和导课脉络贯通，有效提高教学质量. 尤其对于解析几何课程来说，课本中的知识点太多，学生很容易记混，对重难点的把握也不够精准. 因此，如果采用恰当的总结方式，教师不仅可以让学生对本节课有一个全面的了解，而且能够提出下节课或下一单元将要解决的问题，将新旧知识联系起来，使本节课与上、下节课之间架起一座知识的桥梁.而总结采用的方法也是多种多样,如归纳法、练习法等.以解析几何第五章中的二次曲线的一般理论为例,可采用表1所示的归纳法.

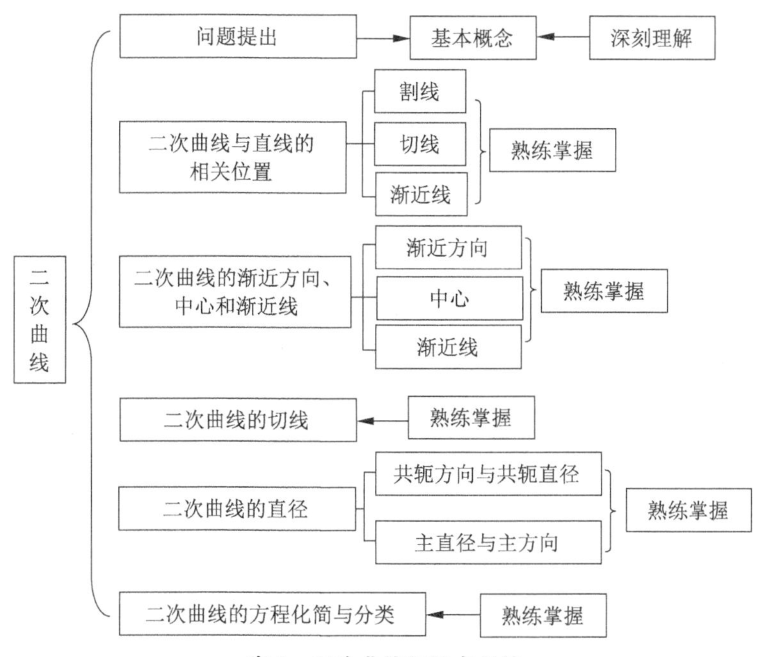

表1　二次曲线知识点总结

3　结束语

解析几何是数学专业的基础课程,它与后续的多元微积分、微分几何等课程密切相关.本文从改进课堂讲授方式、激发学生学习兴趣等方面提出了几点浅薄的看法,以期提高学生学习解析几何的效率.

参考文献

[1] 刘卉. 空间解析几何课程教学改革的几点思考[J]. 高教学刊,2020(8):123-125.

[2] 和斌涛.专业教育与创新创业教育深度融合的探索与实践——以"解析几何"课程为例[J]. 科教导刊,2021(12):95-97.

[3] 侯传燕.挖掘数学专业课程的思政元素——以空间解析几何为例[J].新疆师范大学学报(自然科学版),2021(40):78-81.

高等数学教学现状分析与思考

喻鸿远
（江苏大学数学科学学院）

摘　要　本文通过对高等数学教学过程中遇到的问题进行分析，从教学PPT的使用、高等数学课程的考核方式和习题课时间安排三个方面进行分析，列举了教学过程中遇到的相关问题，并提出了自己的思考和一些解决方法.

关键词　高等数学　教学PPT　网络教学平台　新工科

1　高等数学教学现状

1.1　教学中使用PPT的趋势和面临的问题

前两年，受疫情影响，高等数学的教学有很长一段时间是以网课的形式进行的. 在这个过程中，教学PPT的使用成了一种必然，教师也熟悉和习惯了这样的教学方式. 随着高校教师队伍电子信息技术基础的逐步提高，教师对教学PPT的制作和多媒体教学设备的使用越来越得心应手，大学生也更青睐有PPT的教学方式.

但是这样的教学方式也面临着很多问题：其一，学生过于依赖PPT，甚至有部分学生把PPT作为学习和复习的主要工具而忽视了教材；其二，教师由于教学任务较重而精力有限，很难自己编写高质量的教学PPT，所使用的教学PPT大多是从别处借鉴而成的，这导致教学PPT质量不高；其三，高等数学的教学中有不少的公式推导和证明，初次使用教学PPT的教师不太好把握PPT展示和板书的尺度，影响教学效果.

1.2　高等数学的考核方式较为单一

传统的高等数学教学的成绩考核方式为平时成绩和考试成绩按比例计算，相对单一，平时成绩的考核比较笼统，期末考试成绩所占比重较大. 当今新工科的背景下，高等数学作为十分重要的基础课程，其教学目标是培养学生的独立学习能力和实际应用能力，因此传统的考核方式已经不能很好地服务于新工科战略的目标.

1.3　课程内容多，课时相对紧张

大学的高等数学课程内容比较多，是由微积分学、几何学以及它们之间的交叉内容所形成的一门基础学科，主要内容包括数列、极限、微积分、空间解析几何与向量代数、级数、常微分方程. 由于其教学内容多而课时相对紧张，难以安排足够的习题课.

2 思考和对策

2.1 提高教师利用 PPT 教学的能力

首先,可以通过教学能力培训、讲座和教研活动等方式提高教师使用 PPT 和板书相结合教学的能力,请经验丰富的教师分享经验、交流心得,互相学习、共同提高. 其次,学院要建立优质的教学 PPT 等教学资源的共享平台并实时更新和完善,方便教师使用. 最后,教师在教学时需要提醒学生不能过度依赖教学 PPT,教材才是根本,应以教材为主、教学 PPT 为辅,二者有机结合才是正确的学习方式.

2.2 优化高等数学考核方式

可以在传统的平时成绩加期末考试成绩的考核方式的基础上,融入基于专业背景的对高等数学知识应用能力的考核,例如,对于经管类学生,可以加强其对高等数学知识的应用能力的训练. 加强过程考核,提高学生的应用能力,改变学生过于重视期末考试而忽略平时学习的现状. 平时作业考核也可以趋于多样化,借助网络教学平台,从题库中随机抽取题目,从而避免学生互相抄袭作业.

2.3 增加习题课的讲解

首先可以在教学学时中专门安排一定课时的习题课. 其次可以利用网课平台,录制典型习题课讲解视频,对作业中的典型错题和重要知识点进行讲解,使学生充分利用课余时间. 还可以结合专业特点,适当减少教材部分相关性比较低的内容的课时,省下来的课时用来安排习题课. 但是这需要教师根据专业特点适当调整考试题目,给考试命题工作带来了极大的挑战. 可行的解决方法是对于部分应用型问题设置选做题,不同专业的学生可以挑选难度相当但是与自身专业关系更高的题目进行解答. 最后还可以将 PPT 教学与板书相结合,把课堂上比较花费时间的画图和板书定义等部分通过 PPT 展示以节省时间,这样既可以利用多媒体更形象生动地展示一些立体曲线和立体图形,还可以把课堂上的宝贵时间节省下来,安排更多的习题讲解时间.

3 结束语

高等数学课程的教学改革已经势在必行,本文只是个人在高等数学教学过程中形成的粗浅认识和思考. 在新工科背景下,高等数学教改工作需要高等数学课程的教师集思广益,在教学实践中开拓创新,更好地服务学生,培养具有扎实数学基础和较强应用能力的人才.

参考文献

[1] 吴岩. 新工科:高等工程教育的未来——对高等教育未来的战略思考[J]. 高等工程教育研究,2018(6):1-3.

[2] 同济大学数学系. 高等数学(上、下册)[M]. 7 版. 北京:高等教育出版社,2014.

[3] 田立新. 高等数学(上、下册)[M]. 镇江:江苏大学出版社,2007.

[4] 孙梅. 高等数学(上、下册)[M]. 镇江:江苏大学出版社,2014.

课程思政融入科研与教学的实践探索

——以"高等数学"课程为例

周歆辰

(江苏大学数学科学学院)

摘　要　教学和科研是高校教师的两大基本任务,而课程思政是我国新时代立德树人根本任务的重要理念和主要贯彻途径. 作为高校中一门受众广、难度大、时间跨度长的公共课,高等数学既与教师的科研内容具有紧密联系,同时也是对学生开展思政教育的重要载体. 本文结合笔者的教学与科研实践,谈谈将科研融入高等数学课程思政的一些案例与思考.

关键词　教学与科研　课程思政　高等数学　案例与思考

教学和科研是高校教师的两大基本任务. 1810 年,威廉・冯・洪堡创建柏林洪堡大学时提出了"教学与科研相统一"的原则,此后这一原则成了现代大学的基本标志. 2016 年 12 月,习近平总书记在全国高校思想政治工作会议上指出,立德树人"要用好课堂教学这个主渠道","使各类课程与思想政治理论课同向同行,形成协同效应",创造性地提出了课程思政这一全新的教学指导思想. 作为高校的重要基础课程之一,高等数学覆盖学生范围广、内容繁杂多变、教学时间长,是贯彻课程思政教育的重要载体. 现有的教学研究大多仅讨论高等数学课程中教学与科研的结合,或者仅讨论课程思政在该课程中的开展,很少有文献研究二者的有机统一. 本文结合笔者的实践,谈一谈将科研融入高等数学课程的讲授并开展课程思政的一些案例与思考.

1　将科研融入课程思政的意义

1.1　将科研融入课程思政可有效提升教师的思政素养

教师是开展课程思政的主体,在传授知识的同时引领学生的价值观和人生观,因此教师是贯彻课程思政的领导者,对课程思政的开展具有决定性作用. 然而,"要给学生一碗水,教师先要有一桶水". 科研与教学是相互统一、相辅相成、相互促进的,课堂内容是开展科研的前提与基础,反之,科研也能够加深教师对教学内容的领悟,起到"会当凌绝顶,一览众山小"的作用. 如果拘泥于课本内容进行思考,教师往往难以充分理解课本中的定理和习题中蕴含的深刻的数学规律与思想,从而难以领悟课本中蕴藏的更深层次的数学和哲学思想,只会人云亦云,东施效颦,以至于影响课程思政的施行质量.如果充分结合自身的科研经历,就有可能对课本内容产生更为统一和更加深刻的理解,产生思政工作的新方法和新素材,有效提升课程思政建设的成效.

1.2 将科研融入课程思政可有效构建合理的教学形式

高等数学课程思政过程中的一大难点是如何通过合理、自然的形式使学生受到思政元素的熏陶,将思政融入数学教育.如果拘泥于课本中的知识点,而不结合教师自身的科研经历,就有可能出现长篇大论、单刀直入,甚至牵强附会的局面.如果单看高等数学中的某个知识点,可能只会发现它与一些较为浅显的思政内容有关,此时教师为了达到贯彻课程思政的目的,可能生硬地阐述概念,将思政元素向学生进行填鸭式的灌输,削弱了课程思政的成效,甚至将并无明显关联的知识点和思政内容强行建立联系,一方面浪费了宝贵的课堂时间,另一方面引起学生的反感与不适,南辕北辙,本末倒置.但如果将科研引入课堂教学,就有可能发现该知识点与要阐述的思政内容之间的更加深入的联系,通过对知识点的讲解引发学生对思政元素更为自然的体会,起到事半功倍的效果.

1.3 将科研融入课程思政可有效提高思政元素的发掘效率

课程思政过程中最大的难点是如何根据课本中的知识点,高效挖掘思政元素并对学生进行引导.当前,对高等数学思政内容的挖掘中,无论是关于教学研究的文献还是教师在课堂上的实际讲授,大多都集中在两个方面:一方面,关注课本知识点中直观的思政元素,例如,通过高阶导数的计算过程说明事物的发展是循序渐进的,通过偏导数的概念说明事物的绝对与相对性,等等.但是这些思政元素要么过于浅显,要么早已是不言自明的,缺乏一定的思想深度.另一方面,引入外国大数学家(主要是课本内容的提出者)的事迹,阐述成功者的成功经验,或者引入古代中国数学家的事迹,激发学生的爱国情怀.但这些案例要么与我国国情无关,要么离学生太过遥远,很难使其有深切的体会.如果结合科研内容,就可以挖掘与知识点相关的更为深刻的思政元素,或是分享我国数学家的事迹,引导学生思考,使课程思政在潜移默化中得到贯彻.

2 将科研带进课堂:以与逼近思想有关的课程思政为例

将科研引入课堂教学可以开阔学生的眼界,进而促进课程思政的实施.笔者主要从事计算数学的研究工作,计算数学与计算机科学有着密切的联系.高等数学中无论是微积分还是极限与无穷级数,都处处体现着逼近这一重要的数学思想,但不同的知识点和引入科研的具体方式和内容所传达的思政元素却不尽相同.本节就将科研带进课堂这一环节,分享笔者在教学过程中有关逼近思想的课程思政案例与思考.

泰勒公式是一元微分学中的难点,同时也是微分这一概念的最高级形式.该知识点的出发点是用较为简单的函数逼近复杂的函数,而多项式就是一种简单的函数.除了说明多项式的结构与运算简单以外,本文还结合科研经验,谈谈多项式逼近在计算机中的应用.例如,多项式在计算机辅助设计中可以充分精确地表达曲线和曲面,且关联着一整套成熟的数据结构和算法;亦可通过多媒体向学生展示多项式在计算机中的存储和运算,使学生通过直观的图形了解其逼近过程,深刻体会量变引起质变的哲学道理.

逼近的误差是另一个值得探索的要点,比如泰勒公式余项的介绍和推导往往较为困难和枯燥,学生的学习意愿不强,此时可以结合科研向学生介绍,求解各种迭代或分而治之的问题时,如果不注意每一步或每一小块微小的误差,累积起来就可能产生巨大的谬误,所谓“失之毫厘,谬以千里”. 这不仅从反面体现了余项的重要性,而且能提醒学生做人做事要严肃认真,一丝不苟,从而对学生进行思政教育.

梯度的几何意义是函数上升最快的方向. 讲解该知识点时,可结合科研中常用的求解优化问题的最速下降法. 该方法基于梯度的几何意义,通过不断调整搜索方向和步长,逐步逼近极值,也体现了一种逼近思想. 但这种逼近过程往往是曲折的,不是一蹴而就的,进而揭示了“认识不是一次就可以完成的,而是螺旋式曲折上升的”这一马克思主义哲学思想,同时也可类比人们实现理想的过程,使学生认识到这一任务的长期性、艰巨性和曲折性,教育学生不忘初心的同时,不断总结和提高,帮助学生确立正确的人生观.

高等数学课程中所介绍的积分的计算方法和微分方程的解法只适用于极少数情况,工程中常用逼近法求解. 此时可结合自身的科研领域,在适当拓展知识、开阔学生眼界的同时,也可介绍我国数学家在这些领域中的事迹和贡献,如著名数学家冯康先生在 20 世纪 60 年代提出了“基于变分原理的差分格式”,独立于西方发明了有限元方法. 他的事迹体现了中国人的隐忍、坚强与中国文化的博大精深,可以通过“冯康精神”激发学生的爱国热情,培养其坚韧不拔、勇于创新的品质.

3 科研反哺教学,展示数学之美:以高斯-格林公式的统一形式为例

在洪堡“教学与科研相统一”的理念中,科研和教学是相辅相成的,教学是科研的基础,而科研又反哺教学. 科研过程要求研究者基于课本内容,大量阅读文献,对知识进行提炼、组织和重新挖掘,从而提供了从更深层次理解课本内容的机会. 当教师将知识点升华以后再传授给学生时,就有机会展示更为深刻的思政元素. 本节以高斯-格林公式的统一形式为例,阐述笔者在科研反哺教学过程中开展课程思政的案例与思考.

国内的很多高等数学课本中常常将平面上的格林公式和空间中的高斯公式割裂开来讲解,尽管课本上都会提及二者均是一维牛顿-莱布尼茨公式的高维推广,但二者在形式上有很大不同:一方面,格林公式中二重积分号内和高斯公式中三重积分号内的两个被积函数(二维旋度和三维散度)所展现的规律完全不同;另一方面,所转化成的边界积分一个是关于切向的,另一个是关于法向的,虽然都切合第二类曲线曲面积分的定义,但是形式不具有共同点. 这种讲解方法虽然便于将上述公式通过外微分法推广到高维斯托克斯公式这种统一形式,但是对于非数学专业的学生而言,不仅会导致其记忆上出现困难,还缺乏数学上的美感,可能引起学生的畏惧感,打击其学习积极性. 要想结合这两个知识点开展课程思政,更是难上加难. 笔者在科研过程中通过外文参考资料接触到这两个公式的另一种统一形式,即对任意维空间均可采用三维情形的规则统一定义散度,散度的体积分可进而转化为外法向分量的边界积分. 笔者发现,在二维情形中,这种统一形

式可以由熟知的格林公式经过简单的推导得到,对于非数学专业的学生而言也几乎毫无困难.如果将这一观点及其推导介绍给学生,就可以因材施教,在避免引入诸多复杂的外微分定义和烦琐的运算规则的情况下,使学生更为深刻地记忆、理解和运用这些重要公式.从课程思政的角度考虑,这一观点完美体现了数学之美:在任意维度下散度和外法向的定义是统一的,这是概念的简单性;牛顿-莱布尼茨公式、格林公式和高斯公式都具有完全一样的形式,这是定理与公式的普遍性和统一性;三大公式成立的前提是完全一样的,均构建了内部和边界的联系,这是定理结构的协调性;从散度和外法向的构造形式来看,是公式结构的对称性;用已知的格林公式进行推导而避免更为抽象的概念和烦琐的步骤,这是方法的精巧性……在感受数学之美的同时,学生可以通过这一观点体会马克思主义哲学中的普遍联系观点,通过对结论的推导过程验证辩证唯物主义的科学发展观.这种讲授方法是由笔者的科研经历所引发的,也正是科研融入课程思政的典型例证.

4 结束语

作为高校教师的两大职责,教学和科研是统一的,相互融合的.将科研引入课程思政这一全新的立德树人、以人为本的教育理念是必要的、有效的.教师可以通过将科研融入教学来坚定信心,牢固确立课程思政理念,提升自身的思政素养,构建合理的课程思政贯彻方法,高效挖掘思政元素.高等数学课程作为高校中一门重要的基础课程,包含充分的素材,便于将科研引入课堂,从而提高课程思政的成效.此外,通过自身的科研经历,教师对课程内容进一步探究、挖掘、凝练与提升,这也是提高课程思政质量的重要手段,起到"润物细无声"的效果,有助于真正做好立德树人的根本任务.

参考文献

[1] 严纯华.浅谈教学与科研的关系[N].光明日报,2020-9-10(16).

[2] 习近平.把思想政治工作贯穿教育教学全过程[EB/OL].新华网,2016-12-08. http://www.xinhuanet.com/politics/2016-12/08/c_1120082577.htm.

[3] 张京良,张丽."高等数学"课程思政的分析与实施[J].黑龙江教育(理论与实践),2022(9):17-19.

[4] 朱聿铭.高等数学课程思政建设探索与实践[J].佳木斯职业学院学报,2022(11):100-102.

[5] 熊炳忠.高等数学课程思政教学的实践与探索[J].现代商贸工业,2022(22):235-237.

[6] 马艳英,周鑫禹.基于"课程思政"理念下的高等数学课程课堂教学研究初探[J].吉林工程技术师范学院学报,2022,38(9):48-51.

[7] 王春鸽.课程思政融入"高等数学"教学的探索[J].教育教学论坛,2022(34):89-92.

[8] 马明月.课程思政融入高等数学的思考[J].西部素质教育,2022,8(21):45-48.

[9] 金雪莲,李永明,陈阳. 课程思政与高等数学的融合[J]. 辽宁工业大学学报(社会科学版),2022,24(4):126-128.

[10] 冯康. 基于变分原理的差分格式[J]. 应用数学和计算数学,1965,2(4):238-262.

[11] 宁肯,汤涛. 冯康传[M]. 杭州:浙江教育出版社,2019.

[12] BRENNER S C, SCOTT L R. The mathematical theory of finite element methods [M]. Berlin:Springer Press, 2002.

[13] 彭双阶,徐章韬. 大学数学课程思政的课堂教学实现[J]. 中国大学教学,2020(12):27-30.

大学数学课程改革的几点思考

钱丽娟　董玉娟　徐传海
（江苏大学数学科学学院）

摘　要　大学数学课程作为重要的本科公共基础课，对训练和培养学生的思想政治素养、数学素养、理性思维、逻辑推理能力和空间想象力等都有着无可替代的作用. 大学数学课程的学习可以为今后学习其他基础课、专业基础课、专业课打下必要的数学基础，为这些课程提供所必需的数学概念、理论、方法和技能. 本文就当前大学数学课程设置与教学改革现状和问题、发展规划等展开讨论并给出几点思考.

关键词　大学数学课程　课程现状　教学改革

大学数学是本科公共数学基础课，具有很强的系统性、逻辑性、抽象性，为很多专业的后续学习提供重要的数学思维和方法支撑. 当前本科公共数学基础课主要有高等数学、线性代数、概率论与数理统计三门课程，部分专业还有复变函数与积分变换、计算方法课程.

1　大学数学课程现状及存在的问题

1.1　课程课时不足

通过对国内部分高校公共数学基础课程建设情况的调研发现，近 30 年来，普遍存在公共数学课程课时设置一再调整压缩的问题. 这导致任课教师为了能够在有限的课时内完成大纲的教学内容，不得不赶进度，放弃对部分数学概念和理论的详细分析与讲解，使得很多学生在学习过程中对知识的理解不够深刻，有的学生甚至只掌握了简单的计算公式，只会生搬硬套，无法运用数学思想分析问题和解决问题.

1.2　教学手段单一

目前大多数高校的公共数学基础课程主要采用的仍然是传统的教学方法，两个学时的课堂教学中教师一讲到底，没有给学生留出适当的思考时间；有的教师甚至根据教案和教学课件照本宣科，缺乏对知识体系的梳理和对理论的分析. 这样严重制约了学生主观能动性的发挥，全盘被动地接受使得学生感觉数学课程晦涩难懂、枯燥无味，久而久之就失去了学习数学的兴趣，学习效果大打折扣.

1.3 理念发展不够

一直以来,受传统教育理念的影响,大学数学课程教学大多只注重数学实用性,而忽视了在大学数学教学过程中渗透人文精神的重要性和可能性;课堂教学只注重传授数学的概念、理论和方法,而忽视了数学的人文性,这导致学生在学习过程中缺乏对数学人文素质的培养,感知不到数学的美和其中的人文精神.同时,在大学数学各课程的教学中,教师通常只传授本课程大纲要求的知识点,缺乏对大学数学课程群内各公共数学课程内容的深度梳理和对知识体系的再构建,以及对教学方法和课程评价体系的多元化构架,学生在学习过程中不能做到对数学课程知识体系的宏观了解和融会贯通,影响学习效果.

2 大学数学课程教学改革的几点思考

2.1 激发学生的学习兴趣

兴趣是最好的老师.教学过程中,通过案例等深入浅出的讲解分析,吸引学生的注意力,增强学生的求知欲,使得学生在轻松有趣的环境中感悟数学的应用之广和魅力之大,感受数学之美.让学生在有限的课堂学习过程中充分享受数学,促使他们将数学学习延伸到课堂之外,将数学的思维和思想渗透到其他课程的学习和生活中.在教学设计中做好对课程思政元素的凝练和打磨,在教学过程中做好人文精神的渗透,提高学生的人文素质,培养出既具有扎实的数学知识又具有爱国情怀和高尚人格的优秀人才.

2.2 打造优秀的教学团队

建立和完善教师成长体系,加强教学团队内部的交流和对教学模式、教学手段和教学方法的开放性实践与探索,培育国家级、省级教学名师.定期开展大学数学课程教学研讨,加强大学数学课程教学研究,把握教学改革发展趋势,提升课程团队影响力,重视对青年教师的培养,助力青年教师教学发展,给课程的团队输入高质量的新鲜血液.深度、精细梳理高等数学、线性代数、概率论与数理统计、复变函数与积分变换、计算方法等课程的核心知识结点和主干构架,在此基础上形成各课程的知识图谱,在大学数学课程群各课程之间构建公共数学的知识图谱.以各课程重要知识点和主要理论为基本框架,建立以课堂反转、面试口试等形式为补充的评价途径,有效完善多维度的过程评价与发展评价机制,以评价的体系多维度促进教学的多元化和成才化.同时加强现代信息技术与课程教学的深度融合,在网络教学平台上促进本课程与相关专业的紧密结合,对课堂教学内容进行补充;开通互动教学平台,使学生在课堂之外的时间也能与任课教师进行在线互动.构建大学数学课程群的学习交流的网络平台和队伍,为在校学生提供多方位便捷的个性化帮助和成长指导,将课堂教学进行全时空延伸.

参考文献

[1] 韩建民. 提高大学数学教学效果的几点思考[J]. 琼州大学学报,2005,12(2):56-58.

[2] 杨继明,周静. 大学数学教学期盼人文精神渗透 [J]. 湖南工程学院学报,2010,20(3):100-102.

[3] 张瑜. 大学数学公共基础课教学的几点体会 [J]. 科学和产业,2011,11(10):137-138,141.

基于网络化情景分析的应急管理专业课程建设与探索[①]

董高高　田立新
江苏大学数学科学学院

摘　要　实际基础设施存在着融合依存、动态演化、集聚匹配等网络关联属性.而当基础设施系统遭受灾难时,毁坏将如同雪崩,在关联的系统中迅速蔓延并导致整个系统瘫痪,造成严重的经济损失.本文针对这一现象,提出通过增设网络科学和应急管理专业交叉学科相关课程进行学科建设,并通过相应的案例教学来实施相关专业课程教学,从而培养基于网络化情景分析的综合型应急管理人才,推进应急管理人才的建设.

关键词　网络科学　级联失效　应急管理　课程建设

随着社会的不断发展和进步,突发事件和灾难性事件的发生频率不断增加,对应急管理的需求日益迫切.应急管理是一门综合性学科,旨在提供有效的方法和策略,以应对和减轻各种突发事件和灾难带来的影响.

实际基础设施系统具有耦合多样、动态增长等特性,反映了基础设施间的相互作用.而复杂网络是刻画实际系统间多要素及多联动的有效科学范式和科学方法.将复杂性问题转化为系统网络结构上的拓扑特性、动力学演化及行为"涌现"等特性的研究,是获取复杂系统的整体特征、规律、机理的有效方法.由于耦合基础设施系统节点间存在共生依存关系,这就使得看似无害的干扰如同涟漪般在各系统中蔓延和扩散,例如大地震会导致交通、金融、能源、教育等各系统的崩溃.因此,基于网络化情景分析可以对应急管理部门提供切实有效的减灾抗灾理论,而对基于网络化情景分析的应急管理专业课程建设与探索,旨在培养具备全面应对突发事件和灾难的能力的应急管理人才,以及提高学生对网络科学及应急管理的分析和决策能力.

1　网络化情景分析的应急管理专业课程建设研究现状

习近平总书记在2019年11月的第十九次中央政治局集体学习时强调,需要"大力

① 本文系教育部产学合作协同育人项目(220605052025902)、江苏大学应急管理学院专项科研项目(KY-A-08)、江苏大学来华留学教育教学改革与创新研究课题(L202210)与2022年江苏大学课程思政教学改革研究课题(2022SZYB037)的研究成果.

培养应急管理人才,加强应急管理学科建设”.新冠疫情的暴发更是引发了社会各界对于如何才能有效应对突发公共安全事件的深入思考,特别是高校应急管理人才培养问题得到前所未有的重视.

近年来,高校不断加强对应急管理学科的建设,加快培养相关专业的人才.郭春侠等人认为,应建立和健全相应的应急管理人才制度、制定统一的培养标准、规范课程体系、加强师资与专业方向建设,从而提升应急管理效率和水平.吴凡等人聚焦公共卫生应急管理人才的培养目标、培养学科专业设置、人才培养和科学研究、教育教学改革和服务需求等方面,对人才培养策略及路径进行分析.佟瑞鹏等人剖析了当前高校应急管理相关专业存在的主要问题,构建了以成果导向理念为框架、以需求为指引、以问题为侧重点、以相关专业为依托的持续改进的人才培养模式.孙于萍等人阐述了应急管理人才培养的基础内涵,并对国内 7 所高校的应急管理人才培养现状进行了调查.戚宏亮等人构建了新型应急管理人才培养规划,明确了培养目标、培养途径和培养手段,完成了专业建设的重点任务,这有利于对高级应用型应急管理专门人才的培养.

而在当今社会,各行各业的关键基础设施和系统越来越相互依赖、耦合.一旦其中一个系统发生故障或失效,就可能引发级联效应,导致整个系统崩溃或产生灾难性后果.因此,深入理解复杂网络级联失效的原理和机制,以及有效的应急管理策略和措施,对于应急管理专业人才的培养至关重要.

随着对复杂网络相应的理论、方法的深入研究,研究者发现复杂系统中的故障形态、级联失效传播和次联时空演化等抗毁性行为既具有网络全局信息未知情况下的随机性,又有网络部分信息已知情况下的选择性、隐蔽性、局部失效等常态性.因此,子网络系统中拓扑结构的时变性和耦合依存结构的动态演化性研究正成为揭示复杂系统的重要特性的主要手段.此外,网络间耦合连接边和有反馈相依边共存的情形对网络系统的抗毁性也存在着重要的影响.正是由于这些系统中节点的相依关系,部分节点的失效往往会在系统中引起一系列的级联失效.Dong 等人引入一类依赖于节点度的目标攻击概率函数来研究多个相依网络的结构抗毁性,揭示了耦合强度、网络连接密度、网络个数与临界阈值的关系.Yang 等人基于电力网络系统,分析了在不同失效场景下易受级联故障影响的网络结构,表明网络拓扑结构中心的脆弱性,此部分节点在遭受初始失效后更容易触发整个电网的级联失效.Gomez 等人使用多区域投入产出数据,构建了美国供应链的多层网络模型,探讨了经济冲击沿供应链的传播路径,发现经济冲击的影响因冲击起源地和经济部门的不同而具有很大差异.Wang 等人建立了与通信网络耦合的电力系统模型,并评估了电力通信相依网络中的级联风险.Zio 等人通过对多层网络级联故障过程的模拟,对网络系统之间的相互依赖关系及其对故障传播的影响进行了建模与分析.Hu 等人提出一类多层相互依赖网络模型,从信息—物理—社会系统视角研究 LNG 码头存在的风险及影响.Smolyak 等人将网络科学应用于金融机构的风险传播,并强调相对于单层网络,多层高度互连的金融网络在遭受外部冲击时发生金融危机的可能性急剧加大且不易保护.Buldyrev 等人提出了一类理论框架模型,用于分析级联故障影响下两个交互网络的抗毁性，发现相互依赖的网络比非交互网络更加脆弱. Buldyrev 与美国科学院院士 H. Eugene Stanley 等人提出了一类理论框架模型，用于分析级联故障影响，即真实系统由多个社团层组成，这些社团通过一组复杂的加权定向交互作用连接起来，可以有效捕捉系统社团间的相互作用. Zhao 等人分析研究空间嵌入式网络上级联过载故障的时空传播行为，发现级联过载故障以近似恒定的速度从初始故障的中心径向扩散，传播速度随着公差的增大而降低，并通过理论框架很好地预测所有公差值. Dong 等人 2021 年在 *Proceeding of the National Academy of Sciences*（*PNAS*）上将具有基本耦合类型的网络拓展为服从任意分布下的广义多层网络，并提出了两类理论框架体系（确定性和随机性耦合模态），进而研究了广义多层网络下的结构抗毁性，把对单个网络的研究推广到更为一般的广义多层网络上，发现多层网络中存在最优的抗毁性结构，并应用在全球实际并购网络中.

综上所述，对于复杂多变的基础设施系统，利用网络科学方法可以有效地规避系统发生崩溃，实现系统的动态优化和提高系统的稳定性. 但如何在信息技术迅速发展的情形下将网络科学和应急管理等要素有机结合，进行应急管理专业课程建设仍是一项非常具有挑战性的工作.

2　融入网络化情景分析的应急管理专业课程建设

按照国家建设世界一流研究型大学的战略部署，着力对应急管理专业进行宽口径厚基础教学，以培养担当民族复兴大任的复合型人才. 根据人才培养方案，进行跨专业通识培养，具体课程体系包括通识课、学科专业课、个性发展课和素质拓展课. 校内实训与校外实操融合，理论分析与实际模拟融合，以此实现学中做、做中学、学做融通，从而培养网络科学与应急管理多学科交叉融合的复合型研究型人才.

新开设的课程包括“现代控制理论基础”“网络科学基础”“数理统计”等学科前沿与专业选修课程，以及“网络上的动力学过程”“概率论”“应急管理概论”等专业核心课程. 通过相关的课程教学，让学生了解网络科学及应急管理相关理论知识，并通过实际操作训练让学生掌握相关技能，以提高学生在实际状态下的应对效率和效力.

随着“以学生为中心，以学习成果为导向”的 OBE 教育理念的提出和深化，以及创新创业人才培养体系建设的推进，可以在教学过程中利用关键基础设施（如电力系统、通信系统）给学生布置具体的建模问题，让学生拥有实践的机会，并巩固教学的理论知识. 此外，还可以鼓励学生对实操训练进行讲台展示，从而调动学生自主学习的积极性.

在新增网络科学及应急管理专业相关课程的同时，还需要去掉一些不适应时代发展、不符合企业用工需求和科研发展需求的课程，并且在学科前沿与专业选修课程体系建设中适当将科研与专业核心课程解耦，使之具有可替换性，增加课程体系建设成果的通用性，以此来优化应急管理专业课程体系，培养新时代实用型人才.

3　融入网络化情景分析的应急管理专业课程的教学实施

在教学实施过程中，应以学生为中心，稳固学生通过网络科学方法解决实际应急管理问题和建模的能力,加强信息化技术在教学中的应用,培养学生对常用的计算机算法编程语言和软件的使用能力,使学生学会利用计算机简化建模分析过程,重视对学生潜力的开发,不断更新教育工作者的教育教学理念,采用多种教学方法激发学生的学习兴趣,以此来保证教学效果.

在应急管理相关内容的教学中应侧重于提高学生的应急处理能力,使学生系统地了解和掌握突发事件的基本应急管理知识.在教学实施方法上,根据以下案例进行教学,以提高教学质量和教学效果.

3.1 案例1:复杂网络系统的失效行为与临界效应分析

网络结构连通性失效形态呈现出多样性、隐蔽性、衍生性等特点,主要表现为:结构信息未知情形下的随机失效模式;部分结构信息已知情形下的局部性、选择性等失效模式;结构信息全部已知情形下的目标性、定向性和层次性等失效模式.网络中连通性失效或动力学失稳的目标除了节点、连边和权重外,还包括微观结构(如Motif、k核、链式、环式等结构)的脆弱点打击、多层网络结构中的hub相依点、相依边等拓扑结构的攻击,以及疏于保护的非hub节点等拓扑结构的攻击.此外对网络结构失效、节点动力学失稳下的记忆性与多重复合性失效进行对比分析.针对不同失效/失稳方式在多层网络间的级联传播行为,确定影响网络结构连通性失效与动力学失稳的关键结构、动力学条件和易损耦合关联特征.此外,在以上分析基础上,利用标度理论、关联函数、标度变换等方法,提出标度理论等普适性规律,为网络在失效状态下的临界行为、有限尺度效应等提供明确的解释,为政策决策者对系统临界点的调控提供理论支撑.

该案例的预期成果能使学生拥有扎实的网络科学理论基础,以及熟练掌握如何利用复杂网络方法解决实际应急管理专业问题,提高学生对应急管理工作的认识.

3.2 案例2:复杂网络系统中的级联抗毁性研究

针对各子网络间耦合模态的确定性、随机性、有向性和集聚性等特征,将一般多层网络泛化为确定性模态和服从任意分布的广义拓扑耦合模态下的多层动态网络.基于上述网络结构失效与动态失稳的复杂多样性,研究各子网络或整体系统有效连通集团(如最大连通集团,以及特定规模下的连通集团)的崩溃临界阈值点及有效节点数等网络稳定性变化情况.结合网络层间的合作/竞争、单一/多重、同配/异配等耦合关系,进一步发展出研究广义耦合多层动态网络系统抗毁性的理论体系,以及探索临界条件下的普适性指数关联及系统的可修复性效能.

该案例的预期成果是使学生加深对网络科学级联抗毁性知识的理解,并熟练掌握利用网络科学的级联行为分析不同情景下提出的不同应急管理难题,逐步掌握应急管理的处理流程和方法,提高解决实际问题的能力.

3.3 案例3:时空情景下的故障次联失效传播行为研究

基于实际网络中各节点自身动力学演化规律及各子网络间动态耦合关联,结合统计物理学、网络科学、非线性动力学等理论,发展出实际网络在时空情景下的联动演化模型.从拓扑结构时序离散变化的视角出发,根据节点自身动力学的时滞变换及拓扑结构分布的时序差异性、相似性和历史相关性等特征，构建出具有时序特征的动态多层网络模型. 基于拓扑结构特征失效的局部扩散与全局蔓延、多层耦合关联与时间维度下的结构关联性等，以及各子网络间的动态共生、相依和多重耦合等演化特征，研究结构失效和节点动力学失稳在各子网络间的蔓延区域和失效规模等问题. 从理论刻画和数值模拟两个方面验证层内网络结构变化、层间耦合关系变化及广义耦合模态演化对失效传播行为的动态影响，进而对网络失效在时间维度上的次联传播行为进行深入分析，建立失效传播在时间尺度上的临界阈值判定体系，为进一步有效遏制失效蔓延、系统修复和应急管理提供依据.

该案例的预期成果是让学生理解时空情景下的次联失效传播行为，拓宽学生的学术视野，为应急管理发展前景提出新的看法，让学生快速掌握应急处理、安全防范等措施及流程.

3.4 案例4：复杂网络系统的结构优化研究

结合多层网络间的耦合关系、耦合模态等，分析耦合关系的演变机制，使得层间耦合关系的调整不再仅局限于外部干扰，同时也考虑动态耦合关联对系统整体弹性的影响，对节点自身的动力学及耦合关系进行调控. 引入广义交替方向法、模拟退火等算法，当系统遭受攻击时，让耦合关系基于系统现有状态进行结构演变（包括节点状态更新、耦合关联自动阻断与重连等），从而达到优化系统目标、提升系统的安全稳定性的目的. 并通过模拟不同的失效场景，对系统结构进行调整，使系统不再局限于某种攻击方式，最终形成最优的系统结构并应用于实际系统中，优化重构实际系统，提升实际系统的抗毁性，使实际系统在遭受失效时能更有效地抗击灾害，为应急管理部门制定有效的防控政策提供坚实的理论技术支撑，并推进应急管理体系的完善.

该案例的预期成果是让学生全面掌握复杂网络理论知识的应用及智能优化方法的核心理论，紧密跟踪学术最新发展动态，并将其应用到应急管理方向的相关研究工作中.

4 融入网络化情景分析的应急管理专业课程面临的挑战

4.1 师资教育模式

学生网络科学和应急管理能力培养的关键在于教师，专业教师需要具有扎实的网络科学及应急管理专业的相关知识. 因此，需要有计划地为相关教师提供相应的专业知识和业务水平的培养、交流及参加相关领域会议的机会，以此帮助教师开阔眼界、提高业务水平. 同时，应加大与国内外院校、组织的交流，加强与相关领域专家的密切合作，引进先进的研究理念和教学方式，改进自身的教育教学方式，优化课程体系的建设.

4.2 实操模拟室的建设

随着信息化技术的逐渐延伸与普及应用，各复杂系统在信息获取的广度、深度和速度上将是以往任何时期不可比拟的. 实践教学含有大量的试验模拟内容，但常规的实操模拟平台不足以满足对实际问题的建模，往往具有局限性. 为了能够强化学生的实际操作能力和应用能力，可以考虑引进超级计算机等实验模拟平台，提高实操模拟室的运算能力，使学生真正做到学以致用.

参考文献

[1] 郭春侠，徐青梅，储节旺. 大数据时代突发事件应急管理情报分析人才培养初探[J]. 图书情报工作，2019，63(5)：14-22.

[2] 吴凡，汪玲. 公共卫生应急管理人才培养策略及路径分析[J]. 中国卫生资源，2020，23(2)：89-93.

[3] 佟瑞鹏，赵旭，王露露，等. 高校应急管理人才培养模式探究与展望[J]. 中国安全科学学报，2021，31(7)：1-8.

[4] 孙于萍，赵国敏，高天宝，等. 我国应急管理人才培养现状研究[J]. 消防科学与技术，2020，39(6)：872.

[5] 郇嘉嘉，隋宇，张小辉. 综合能源系统级联失效及故障连锁反应分析方法[J]. 电力建设，2019，40(8)：84-92.

[6] DONG G G, DU R J, TIAN L X, et al. Percolation on interacting networks with feedback-dependency links[J]. Chaos: An Interdisciplinary Journal of Nonlinear Science, 2015, 25(1): 013101.

[7] DONG G G, GAO J X, DU R J, et al. Robustness of network of networks under targeted attack[J]. Physical Review E, 2013, 87(5): 052804.

[8] YANG Y, NISHIKAWA T, MOTTER A E. Small vulnerable sets determine large network cascades in power grids[J]. Science, 2017, 358(6365): 860.

[9] GOMEZ M, GARCIA S, RAJTMAJER S, et al. Fragility of a multilayer network of intranational supply chains[J]. Applied Network Science, 2020, 5(1): 1-21.

[10] WANG Z Y, CHEN G, LIU L, et al. Cascading risk assessment in power-communication interdependent networks[J]. Physica A: Statistical Mechanics and its Applications, 2020, 540: 120496.

[11] ZIO E, SANSAVINI G. Modeling interdependent network systems for identifying cascade-safe operating margins[J]. IEEE Transactions on Reliability, 2011, 60(1): 94-101.

[12] HU J Q, DONG S H, ZHANG L B, et al. Cyber-physical-social hazard analysis for LNG port terminal system based on interdependent network theory[J]. Safety Science, 2021, 137: 105180.

[13] SMOLYAK A, LEVY O, SHEKHTMAN L, et al. Interdependent networks in economics and finance—a physics approach[J]. Physica A: Statistical Mechanics and its Applications, 2018, 512: 612-619.

[14] BULDYREV S, PARSHANI R, PAUL G, et al. Catastrophic cascade of failures in interdependent networks[J]. Nature, 2010, 464(7291): 1025-1028.

[15] ALBERT R, BARABÁSI A. Statistical mechanics of complex networks[J]. Reviews of Modern Physics, 2002, 74(1), 47-97.

[16] BARZEL B, BIHAM O. Quantifying the connectivity of a network: The network correlation function method[J]. Physical Review E, 2009, 80(4): 046104.

[17] ZHAO J, LI D, Sanhedrai H, et al. Spatio-temporal propagation of cascading overload failures in spatially embedded networks[J]. Nature Communications, 2016, 7(1): 1-6.

[18] DONG G G, WANG F, Shekhtman L M, et al. Optimal resilience of modular interacting networks[J]. Proceedings of the National Academy of Sciences of the United States of America, 2021, 118(22): e1922831118.

课程改革与探索

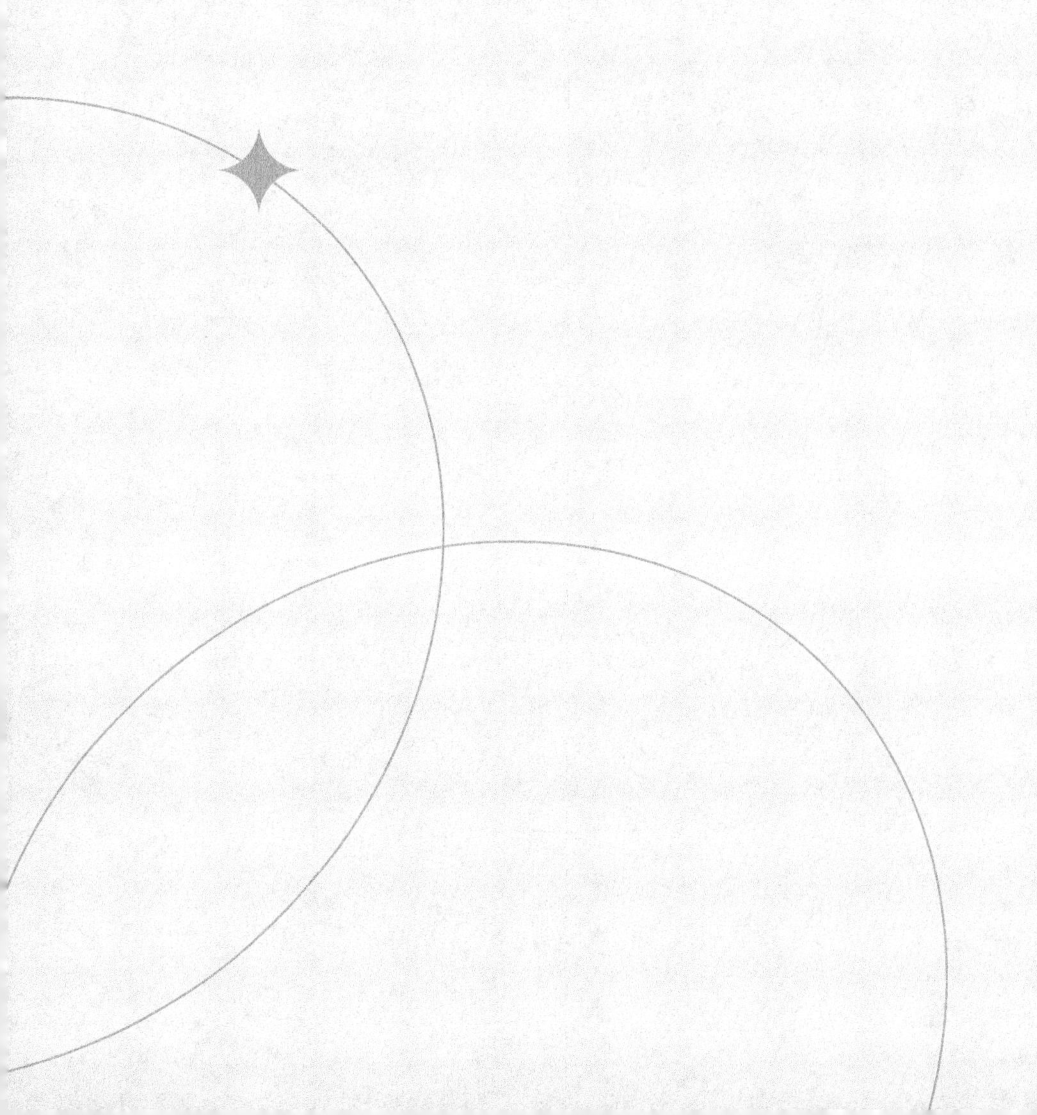

“数学分析”课程思政教学的研讨与实践

陈文霞
（江苏大学数学科学学院）

摘　要　本文从课程思政的根源出发，通过多个层次发掘了在“数学分析”中实施思政教育的可行性，并提出了“数学+”的课程思政教学模式——将教学过程分为入题、获取知识、应用知识、形成价值判断四个阶段，为“数学分析”课程思政教学提供了素材，也试图为大学其他数学类课程思政教学提供借鉴.
关键词　数学分析　课程思政　大学数学类课程

《高等学校课程思政建设指导纲要》中明确指出：“专业课程是课程思政建设的基本载体，要深入梳理专业课教学内容，结合不同课程特点、思维方法和价值理念，深入挖掘课程思政元素，有机融入课程教学，达到润物无声的育人效果.”“数学分析”是数学专业学生的必修基础课，共计16学分，256学时，是教师与学生接触时间最长、学分占比最高的一门课. 当下课程思政教学改革如火如荼，其中“数学分析”中蕴含大量思政元素，具备专业课程思政实施的课程优势. 数学教学既要传授知识，也要培养数学的思维方式. 作为一门理论性强、抽象度高、内容晦涩的数学专业课程，数学分析该如何上出“思政味”是摆在我们面前一项迫切而深刻的课题.

1　明确的教学目标是课程思政的重要保障

从思政教育到课程思政建设，首要的就是加强对思政理念的认知. 作为一名高校教师，首先要明确教学目标，将教学与课程思政相结合：强调课程思政整体设计的“融合性”，在潜移默化中实施课程思政；实现思政内容与专业知识的“契合”，使得课程思政内容凸显数学分析的学科特色；挖掘课程思政教学方法的“有效性”，达到教学事半功倍的预期；相应地，要做到评价方式的“合理性”，逐步完善数学分析课程思政的教学体系.

为达到课程思政的总建设目标，教师要在已有课程思政建设成果的基础上，配合学校重点课程建设，进一步深化对课程思政体系、教学内容和教学方法的改革，吸取同类课程思政教学的优点，改进不足.

为实现思政内容与专业知识的“契合性”，教师应深度挖掘和提炼专业知识体系中所蕴含的思想价值和精神内涵，将微积分思想起源与发展、三次数学危机的巨大作用，微积分严格化中数学家做出的贡献，以及数学概念、著名定理和数学推动科学创新和重大发现中的作用等思政内容,融入数学分析课程与教学,科学合理地拓展专业课程的广度、深度和温度,增加课程的知识性、人文性,提升引领性、时代性和开放性等,优化课程思政内容供给.

挖掘课程思政教学方法的“有效性”,培养学生的辩证唯物主义观点,使其理解认识的根本任务是从感性认识上升到理性认识,并能透过现象把握事物的本质和规律.

2 丰富的课程体系是课程思政的深度内涵

基于学校定位和专业特色,我们始终坚持“以学生为中心”的专业建设理念,逐步形成数学专业的数学分析课程思政特点.其一,贯穿“专业思政”的教学理念,在讲解专业知识的同时,应不拘泥于形式,跳出固有框架,不断完善看待问题及思考问题的方式;其二,构建“数学+”数学分析课程体系.丰富的课程知识体系是“课程思政”的内涵,有助于提高学生看问题的高度,调整学生的知识结构,使其更能体会数学分析这门学科的魅力,使学生热衷于对数学的探索.

2.1 立足专业知识,挖掘课程思政结合点

在确保专业知识传授不受影响的同时,充分挖掘思政内涵,加强教学研讨、重新制定教案、创新教学方式和教学手段,不断提高自身的人格魅力,实现专业知识与立德树人目标的融通.促进学生形成敢于质疑、严谨求实的科学精神;认识数学分析课程的科学价值、应用价值、文化价值.例如:两千多年的时间里,有多少数学天才在为“极限”这一思想贡献智慧,他们探讨究竟什么是极限,如何定义极限才能完整地构建起微积分这一学科的知识框架.看到教材上关于极限的定义时,应该意识到这简练的、短短几行字是千百年来无数思想家和数学家智慧的结晶.

2.2 遵循“科学性、育人性、有效性”的原则

挖掘所包含的爱国主义情怀、文化价值、科学精神等思政资源,结合数学分析的课程特点,融入数学历史背景、数学悖论及数学在生活实践中的应用等,深入分析数学专业学生的特点、学习需求、心理特征等,再将这些要素灵活巧妙、浑然一体地融入课堂,避免生硬的附加式、标签式的说教,从而引发学生的知识共鸣、情感共鸣、价值共鸣,在知识传授的同时实现对学生的价值引领和塑造.

2.3 在人文情怀培养、职业素养训练、科学精神塑造等方面下功夫

数学倡导科学无国界,科学是不断发展的开放体系,不承认终极真理;主张科学的自由探索,在真理面前一律平等,对不同意见采取宽容态度,不迷信权威;提倡怀疑、批判、不断创新进取的精神.其内涵主要包括理性、开放性、批判性与开拓创新、公平与尊重事实、敬业与团队协作、回馈社会等方面.教师应积极探索课程思政实践性教学,促进学生的理论知识在实践中升华.

2.4 创新“数学+”课程思政教学模式

数学分析课程思政教学过程分为入题、获取知识、应用知识、形成价值判断四个阶段.教学过程规划的关键在于将学生纳入规划中,否则他们无法参与课程思政工作规划,

而只是作为“纯粹的”教育教学对象.

综合考虑,本课程思政的内容包括对中国古代数学家的极限思想及其应用(如祖暅原理)、唯物辩证法观点、科学精神和创新意识、数学文化与美的陶冶等内容的思政元素的挖掘与教学设计,教学过程规划如图1所示.

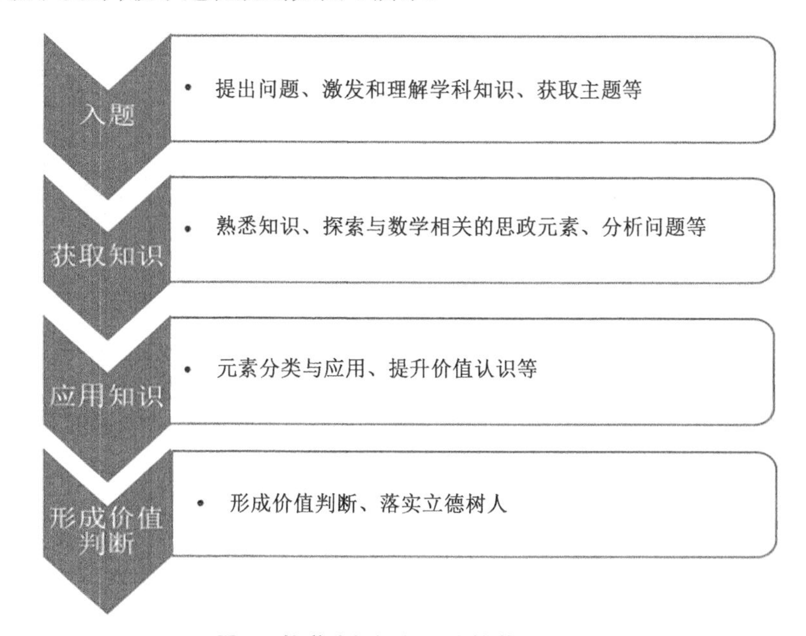

图1 数学分析课程思政教学过程规划

为完善数学分析课程思政的教学体系,保证评价的“合理性”,应以问题化学习促进对课堂教学的创新.通过创新教师教学方法,引导学生基于问题进行学习,鼓励讲授与互动体验式学习相结合;以信息化学习促进对教学时空的拓展.加强慕课、微视频课程建设,引进优质网络课程,加强对学生信息化素养的培养.

3 “数学+”课程思政的特色与创新

本次课程思政的创新点在于结合“数学分析”课程特点,在理论上系统地研究课程思政的功能和原则,提出实施数学分析课程思政的教学模式.

3.1 将课程思政与“数学分析”课程有效融合

遵循“数学分析”专业基础课自身的运行规律,结合本课程的知识内容,寻找相关德育(价值塑造)的触点,挖掘提炼课程中蕴含的德育元素,将其“基因式”地融入教学设计(融点),贯穿到数学分析课程的教学实践中.通过典型案例等教学素材的设计与运用,“润物无声”地将正确的价值追求、理想信念和家国情怀有效地传递给学生,让学生充分感受到数学文化内涵、数学表现之美与数学学术精神等,激发学生学习数学的热情,提高学生将数学思想运用于实际,具体分析问题和解决问题的能力;通过讲解分析方法、开设技巧课程,提高学生的创新能力,培养具有一定的应用数学的意识及创新精神的数学人才.

3.2 内容设计精讲多练,提升能力,注重思想方法

首先是坚持“少而精”的原则,抓住关键的思政内容、核心内容蕴含的思政元素(如微积分严格化历程).突出重点,使学生弄清证明思路,感悟数学家的科学精神.对于推广性内容,提倡教师指导下的自学、讨论,主张讲解与自学相结合,提供研究式、发现式教学环境,调动学生的学习主动性,使其改变靠死记硬背被动获取知识的旧习惯,给学生留出主动学习的空间.

其次是在概念、方法及内容的选取上,适当渗透现代数学思想,结合科研介绍现代数学的符号、术语,相关学术研究的动态,感悟数学科学的强大.例如,在讨论极值时,介绍泛函极值;在讨论多元函数在有界闭集上的连续性时,引进拓扑学中的紧致集和覆盖等概念.增加课程的学术内涵,潜移默化地培养学生的科研意识、创新意识.引进物理等现实应用背景,让学生了解问题的由来和在现实生活中的应用,这不但能化解抽象数学的认知难度,增强学生对数学思想发展的认识,而且能加强学生分析实际问题、建立数学模型解决实际问题的能力.

4 “数学分析”课程评价与成效

为实现课程评价的人文性、多元性,将学生的认知、情感、价值观等内容纳入课程思政考核评价,应逐步将客观量化评价与主观效度检验结合起来,综合采用结果评价、过程评价、动态评价等方式,制订更为精细和系统的评价指标,及时反映学生的成长成才情况,反映课程中知识传授与价值引领的结合程度,以科学评价提升教学效果.

形成性考核作为教学质量监控的重要环节,是促进学生自主学习、提高学生综合素质、科学测评学生学习和能力培养效果的重要途径.为此应建立多元评价体系,采用多样化的考核方式,构建学生自评和互评耦合教师评价的多元协同评价体系,将教师评价的客观性、权威性和规范性及学生评价的针对性和灵活性有机结合.

进一步,将课堂教学与思政育人紧密结合,在专业核心课程教学中增强学生的价值认同,积极构建数学专业一流人才培养体系,逐步形成全员全过程全方位育人的大格局,“课程思政”教学改革取得了显著成效,得到同行和同学们的高度认可.

本课程思政成效已辐射概率统计、线性代数、高等数学等课程团队实施课程思政,全院数学教师正在积极探索开展所任专业的课程思政建设.

5 “数学分析”课程建设规划

未来五年,“数学分析”课程建设在丰富课程资源、打造梯队合理的师资队伍、改革教学模式、提升课程思政教学质量等方面进行持续提高.积极探索多元评价方式,拓展第三方评价,持续改进评价结构.持续推进教学方式变革,推进翻转课堂、CBL、PBL 等教学改革,完善线上、线下和混合式教学,强化课程思政实践环节.

在课程思政建设中,应培育课程思政教学名师和教学团队,制定教学名师和教学团队选拔、培养和激励机制,充分发挥其在专业建设、教学改革等方面的引领作用,不断提

升教师队伍的整体素质,加强课程思政的资源建设,打造彰显课程思政特色的“数学分析”微课程,进一步开发课程思政可视化资源,等等.

参考文献

[1] 丘维声,丘维敦.要重视科学思维方式的培养[J].数学通报,2000(1):14-16.

[2] 廖春艳,赵艳辉,唐伟国.“课程思政”视野下《数学分析》课程教学改革探讨[J].科技视界,2019(1):132-134.

工科线性代数教学中的数形结合

陈　翠

（江苏大学数学科学学院）

摘　要　工科专业中线性代数的教学有许多都停留在让学生掌握计算方法和技巧的层面，至于其背后的深刻道理及应用价值许多时候并不被大家重视，这一方面会导致学生学习目的不明确，丧失学习的动力和主动性，另一方面也会导致理论与实践的脱节. 数形结合的方法是数学教学和学习的基本方法，在大学数学的教学中也能化抽象为具体，从看似抽象的概念中找到简单的几何直观.

关键词　数形结合　线性代数　行列式　线性变换

数形结合是数学的一种思想方法，数和形作为数学研究过程中的两个基本的研究对象在中学数学中已经有了充分的体现，那么在大学数学的学习和教学过程中，数形结合的思想过时了吗？回答当然是否定的，我国著名的数学家华罗庚曾经说过：“数形结合百般好，隔离分家万事休.”数和形分别反映了事物两方面的属性，而数形结合就是建立两者之间的一种对应关系，把抽象的数学语言、数量关系与直观的几何图形结合起来，把抽象思维与形象思维结合起来，从而加深学生对概念的理解，拓宽学生解决问题的思路.

1　现状分析

在大学数学课程中，线性代数是高等院校工科专业的一门基础课，同时也是研究生入学考试的必考科目. 我们都知道，高等代数和数学分析是数学专业的两大基础课程，工科专业的数学基础课程是高等数学和工程数学，其中工程数学的一个重要组成部分就是线性代数. 在线性代数的教学过程中，不少同学对于这一课程的感受是：烦琐的计算、冗长的变换、抽象的概念等. 其实，我们对于代数的认识从小学到中学就在逐步建立，例如，从数的认知到对代数表达式、方程、方程组的了解等. 然而，当大学生开始学习线性代数时，他们中有许多人却发现代数突然就变得面目全非了. 为什么会这样呢？

一方面，从教材的内容安排来看，多数工科专业一般使用同济大学数学系编的《工程数学. 线性代数》教材，当然也有一些学校采用其他教材，本文以同济版的教材为例. 其章节安排如下：第一章是行列式，第二章是矩阵及其运算，第三章是矩阵的初等变换与线性方程组，第四章是向量组的线性相关性，第五章是相似矩阵及二次型，第六章是线性空间与线性变换. 从内容的安排和逻辑性来看，由浅入深，体系完善，这些都无可厚非. 但对于学生而言,他们似乎一直是在做计算和抽象的变换,这些计算和变换可能有时并不难,但是许多同学会问:为什么要这么定义和计算？这样做有什么意义？

另一方面,从一般高校对这门课程的授课时间和授课对象来看,工科线性代数一般是在大学一年级的第二学期或者大学二年级的第一学期开始授课,这时期的学生刚刚接触了高等数学的一些初步知识,数学思维初步建立,但还没有真正理解近代发展起来的高等数学的实质.同时,他们对专业课程的学习一般还没有开始,所以也没有太多工程应用的背景知识.这就导致学生在学习过程中目的不明确,对知识的学习感到枯燥和不知所措.就授课实际而言,线性代数课程内容抽象,概念多、公式多、定理多,此时教师如果能在授课过程中充分利用数形结合的方式,给学生一些几何上的直观体验,对于学生理解知识将会有很大帮助,课堂教学也会收到很好的效果,并且有助于纠正学生“学而无用”的错误思想.

2 数形结合实例分析

在数学的学习和研究中,数形结合是一个常用的、有效的方法.对学生来说数形结合并不陌生,例如,在中学数学中解决代数问题时经常会借助几何图形,这样能更加直观地了解问题;解析几何也是典型的用代数方法解决几何问题的例子.那么在线性代数的教学过程中怎样进行数形结合呢？通过以下几个例子来进行说明.

在线性代数课程的第一章,关于行列式的定义就是一个抽象的概念:

$$\begin{vmatrix} a_{11} & \cdots & a_{1n} \\ \vdots & & \vdots \\ a_{n1} & \cdots & a_{nn} \end{vmatrix} = \sum_{j_1 \cdots j_n} (-1)^t a_{1j_1} \cdots a_{nj_n}$$

其中涉及排列及逆序的概念,这不免让学生觉得不容易理解,大家会疑惑为什么要这样来定义行列式.在授课过程中可以引入平行四边形的面积、长方体的体积等有几何图形的概念,用二阶行列式举例,把行列式的两列分别看作一个四边形的两条边的分量,那么相应的二阶行列式就是对应的四边形的有向面积.

例如,$D=\begin{vmatrix} 1 & 0 \\ 0 & 1 \end{vmatrix}=1$,记向量 $\boldsymbol{a}=(1,0)$,$\boldsymbol{b}=(0,1)$,那么如图 1 所示,由向量 $\boldsymbol{a}$ 和 $\boldsymbol{b}$ 构成的是直角坐标系下两条边分别在坐标轴上的正方形,其面积为 1,再考虑右手法则定向,判断为正向.这是一个特例,一般情况参见图 2,这一方面验证了上述描述,另一方面对于行列式的几何理解和以后解决实际问题时的应用都是很有帮助的.

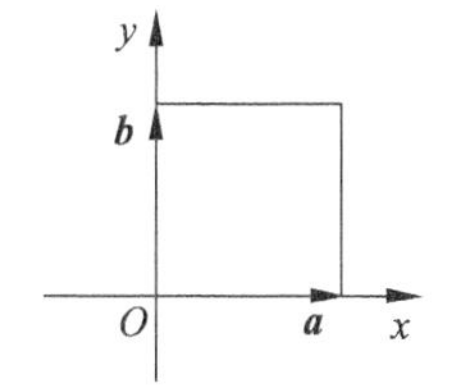

图 1 行列式的几何表示

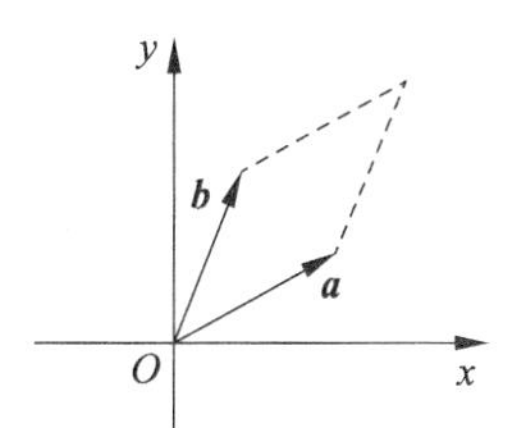

图 2 特殊的几何表示

同时，关于行列式的一些性质的理解也更加深刻. 例如，为什么互换两行，行列式会变号？我们可以通过有向面积来进一步理解，在行列式运算中某行元素的公共因子可以看作向量长度的伸缩，那么在具体的计算过程中，行列式的值自然也会有相应的因子出现，如图 3 所示.

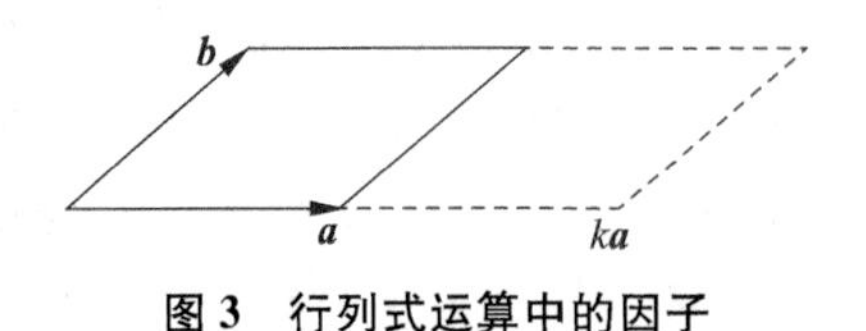

图 3　行列式运算中的因子

行列式中如果出现两行元素对应成比例或者相等，那么有两条边是平行的或者重合的，相应的行列式的值就是 0. 我们在进行行列式计算时，把行列式转化成对角形，对于三阶行列式，这个对角化的过程从几何直观看就是把一般的六面体变成一个等体积的长方体的过程. 这样利用几何图形的直观性，以形助教，可以帮助学生较好地掌握行列式的概念和性质，同时也有助于活跃学生的思维，让知识融会贯通，而不是局限在利用一成不变的方法进行简单的计算.

再如，对于向量的线性相关性和线性无关性，我们也可以从几何角度帮助学生理解. 关于向量的线性相关性和线性无关性，其代数表述是：$\boldsymbol{a}_1,\boldsymbol{a}_2,\cdots,\boldsymbol{a}_r$ 是同维向量，如果存在 r 个不全为零的数 $k_1,k_2,\cdots,k_r$，使得 $k_1\boldsymbol{a}_1+k_2\boldsymbol{a}_2+\cdots+k_r\boldsymbol{a}_r=\mathbf{0}$，则称这 r 个向量是线性相关的，否则是线性无关的. 在通常的讲解中，我们会把向量组与以向量元素作为系数的线性方程组联系起来，向量组线性相关对应于齐次线性方程组有非零解，向量组线性无关则对应于齐次线性方程组只有零解. 如果引入几何图形，两个二维向量线性相关从数值上看是对应分量成比例，从几何上看就是图形是平行的或者共线的，也就是说两个向量组成的平面图形的面积为零. 同样的，三个三维向量若线性无关，则这三个向量能组成三维空间的一个六面体，否则三维体积为零. 另外，通过这样的几何直观，也会让学生更容易接受向量空间的概念，我们可以把它看作三维空间的推广，但维数更高时我们在日常生活中不能直观地看到，只能想象.

再来看关于线性变换及矩阵的秩的概念. 首先，向量的线性变换可以看作对应向量的长度的伸缩和角度的旋转. 向量组的秩与对应矩阵的秩相同，从几何角度看，秩反映的是这些向量组能构成的具有非零体积的几何形状的最大维数. 进而也可以自然地引入向量空间及空间维数的概念.

从对以上这些例子的说明可以看出，在线性代数这一看似抽象的课程的教学过程中，利用数形结合的方式，可以有效地将一些形式的概念和结论与直观上容易理解的事实相联系，这对于学生对问题的掌握、激发学生的学习积极性、拓宽学习思路都大有裨益，其教学效果在本人从事线性代数教学的实际过程中也有明显的体现. 事实上，在数学专业的教学中，南开大学数学系已经进行了这样的改革，把高等代数和解析几何统一为一门课程. 这门课程不仅得到了同行的普遍认同，而且已经被评为国家精品课程. 对于非数学专业的工科大学生而言，他们对数学理论知识的要求没有数学专业学生那么高，但适当地引入几何直观无论从教学效果还是从帮助学生理解上来看都是非常必要的.

参考文献

[1] 同济大学数学系. 工程数学. 线性代数[M]. 6 版. 北京:高等教育出版社,2014.

[2] 陈宝山. 线性代数教学方法探讨[J]. 长春理工大学学报(社会科学版),2007,20(1):44-46.

[3] 韩仲明. 少课时下线性代数教学初探[J]. 科技信息,2014(7):121.

[4] 孟道骥. 高等代数与解析几何[M]. 3 版. 北京:科学出版社,2022.

数学分析中哲学思想体现的实践与探究[①]

程悦玲　陈文霞　房厚庆　钱丽娟
（江苏大学数学科学学院）

摘　要　数学和哲学相互依存，没有哲学就难以得知数学的深度，数学史的深度发展离不开哲学背景．通过分析数学的思想方法与哲学思想之间的联系，可以帮助学生在学习的过程中更好地理解和掌握数学的本质与内涵．数学分析是数学专业的基础课程，不仅为后续的课程学习提供坚实的理论基础，其蕴含的哲学思想更能帮助学生提高思想政治觉悟，健全和完善学生的世界观、人生观和价值观．

关键词　哲学思想　泰勒公式　“加百列号角”悖论　课程思政

数学分析课程总给人一种深奥和复杂的感觉，但它的哲学本质却往往是简单而直接的．纵观数学、哲学和科学的历史著作会发现，数学史的深度发展离不开哲学背景，哲学的深刻思想渗透在数学的思想方法中．当我们讲授数学分析课程中的一些理论或原理时，通过分析数学问题的表象，探究其蕴含的哲学思想，不仅可以帮助学生更好地理解和掌握数学思想，而且能让学生的思维得以拓展，上升到更加深刻的哲学高度，甚至可以尝试从数学中提炼人生智慧．本文通过两个实例来说明数学分析中所体现的哲学思想，将课程思政融入数学教学过程中，以此提高学生的学习兴趣，改善教学效果，进而培养学生的人文情怀，使教学达到事半功倍的成效．

1　泰勒公式中所蕴含的哲学思想

在数学分析—微分学基本定理的学习中，泰勒公式既是教学难点也是教学重点，难点在于多项式表达的由来（或者说泰勒系数的推导）容易使学生疑惑不解；重点在于有很多函数可以用非常简单的多项式函数来近似表示，使复杂的问题简单化，为函数的广泛应用提供了极大便利．

本文利用一个很直观又很有趣的例子来说明泰勒系数的由来．泰勒公式由英国数学家 Brook Taylor 于 1715 年首次提出，主要描述了用多项式函数逼近可导函数的方法．数学中提到的逼近，其实在日常生活中就是模仿，下面通过综艺节目明星模仿秀来探究泰

① 本文得到江苏大学一流课程重点培育项目《数学分析》和江苏大学第二批课程思政示范项目《数学分析》（重点项目）支持．

勒公式的由来. 函数世界里也有模仿,因为有这样一类函数存在,它们很重要也很常见,但其函数值不易求出,有点“高冷范儿”,我们不妨称之为明星函数,比如函数 $y=\sin x$,$y=e^x$,$y=\ln x$,等等. 那么用什么样的函数来模仿它们呢? 这类函数要很常见,函数值计算要很简单,并且具有处处连续、任意阶可导等性质. 它就是最常用的多项式函数,也可称为模仿函数.

简言之,泰勒公式就是用多项式函数来模仿明星函数,这里仅考虑在 $x=0$ 对应点附近的模仿,即

$$f(x)\approx P_n(x)=c_0+c_1x+c_2x^2+\cdots+c_nx^n,$$

其中,公式左边的 $f(x)$ 为给定的明星函数,右边的多项式 $P_n(x)$ 就是模仿函数. 下面分析如何确定多项式中的系数. 在给定点附近,利用图形分析,像模仿秀比赛一样层层筛选,寻找最佳模仿多项式. 在众多多项式中,首先筛选出在该点相交的(即函数值相等的)多项式,显然其模仿效果不好;再从中筛选出两者具有相同的切线的(即一阶导数相等的)多项式,其模仿效果还是不好,弯曲方向可能不同;然后从中筛选出具有相同的弯曲程度的(即二阶导数相等的)多项式,其近似程度越来越好。按照这种思路一直继续下去,利用以上限制条件,可找到一个最佳模仿表达式:

$$f(x)\approx P_n(x)=f(0)+f'(0)x+\frac{f''(0)}{2!}x^2+\cdots+\frac{f^{(n)}(0)}{n!}x^n. \qquad (1)$$

利用图像演示(见图 1),模仿多项式函数与明星函数 $y=\cos x$ 在点(0,1)附近的逐步逼近过程:

$$\cos x\approx 1-\frac{x^2}{2!}+\frac{x^4}{4!}+\cdots+(-1)^n\frac{x^{2n}}{(2n)!}.$$

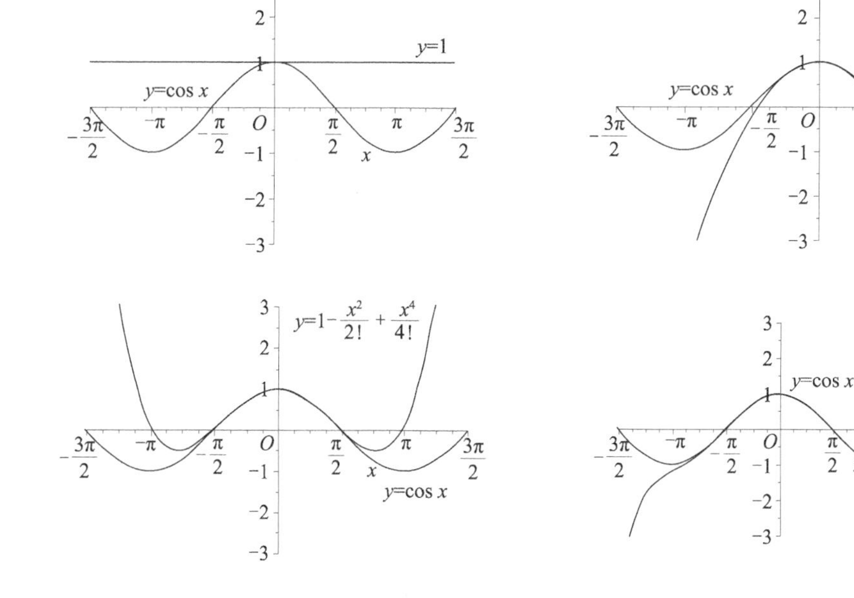

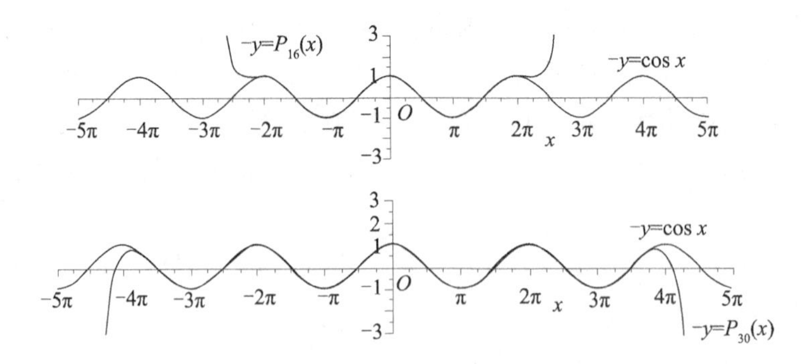

图1　图像演示

从图1中可以看出,随着多项式次数的增加,近似程度越来越高,模仿的效果也越来越逼真.

下面阐述泰勒公式的重要意义,即教学重点.我们从全局来看泰勒公式(1),它的每一项都和初始给定的 $x=0$ 有关,这就说明,只要从一个单独的点出发,得知这一点的巨量信息(即各阶导数),泰勒展开式可以一直进行下去,那么就可以近似勾勒出整个函数的曲线,恍然有一种"知一点而窥见整个世界"的神奇魅力.

泰勒公式的展开式中蕴含着深刻的哲学思想,它不仅揭示了运动和静止的辩证关系,从静止的一点出发,可以延展出整个曲线的轮廓;同时也体现了整体与部分的辩证关系,整体由部分组成,部分制约整体.泰勒公式深刻地描绘了量变与质变的辩证关系,有些量变达到一定程度之后,就会引起结果的本质变化,当模仿函数中多项式的项数一直增加下去,就一定可以精确刻画所求函数的全貌.由此可以激励学生每天努力一点,坚持下去,就一定可以成为理想的模样.

2　"加百列号角"悖论体现的哲学思想

"加百列号角"悖论的名字取自于希腊神话中大天使加百列的小号,它负责将信息从天上传递到大地,既奇妙又可怕,既有限又无穷,架起凡人与神明之间的桥梁.首先我们制作这把小号,在二维直角坐标系中,画出函数 $y=\dfrac{1}{x}, x\geqslant 1$ 在第一象限的图象,随着 x 的无限增大,函数曲线朝着无穷远的地平线无限延展下去.然后令这条曲线绕着 x 轴旋转一周,生成一个身材异常修长的三维曲面,称为"加百列号角".在现实直观中,这样一个无限长的小号的体积和表面积都是无限大的量,但经过数学分析中广义积分的知识,我们可以得到如下结果:

$$V=\pi\int_{1}^{+\infty}\frac{1}{x^{2}}\mathrm{d}x=\pi,$$

$$S=2\pi\int_{1}^{+\infty}\frac{1}{x}\sqrt{1+\frac{1}{x^{4}}}\mathrm{d}x>2\pi\int_{1}^{+\infty}\frac{1}{x}\mathrm{d}x=+\infty.$$

这样,"加百列号角"的体积是有限的,但它的表面积却是无限的.由此,完全可以用有限的油漆填满它,但因为表面积无穷大,所以无法用同样的油漆涂满它.但是既然可以用油漆填满它,那么表面上每一个点不就都沾上油漆了吗?由此"加百列号角"悖论出现了.第一个探索这一悖论的是17世纪的意大利人埃万杰利斯塔·托里拆利(Evangelista Torricelli),所以此悖论也被称为"托里拆利的小号"悖论.

这个悖论有两种解决思路.一是如何看待油漆,显然装在号角里的油漆是三维的,而涂在号角表面的油漆近似看作是二维的,也就是没有厚度的,三维的有限物体当然可以展开为无限大且没有厚度的二维平面,所以有限体积的油漆完全可以涂满无限的表面积.二是假设刷油漆需要一定的最小厚度,这样随着自变量不断增加,号角会逐渐窄到充分小,当它比设定的油漆厚度小了几万亿倍时,就不可能给号角刷满油漆,在此假设下,号角也不能被油漆填满,悖论被推翻.

以上悖论深刻体现了哲学中矛盾的对立与统一,矛盾双方相互依存、渗透和贯通.同时也蕴含着实践与认识的辩证思想.在教学过程中,一定要引导学生深刻认识到实践的重要性,如果仅凭直观感觉,最后可能得到错误的结果.适当讲解一些悖论,以激发学生的求知欲,推动学生对于某些问题进行更深入的思考,从而提升学生的认知水平和哲学素养.

参考文献

[1] 张玉新,丁恒飞.课程思政背景下高等数学教学中体现哲学思想元素的探究与实践[J].通化师范学院学报,2021,42(4):120-125.

[2] 陈翠芳.谈数学分析教学中哲学思想的渗透[J].山西高等学校社会科学学报,2001,13(8):98-99.

[3] 华东师范大学数学系.数学分析:上册[M]. 4版.北京:高等教育出版社,2010.

[4] 吴军.数学之美[M]. 3版.北京:人民邮电出版社,2020.

[5] 本·奥尔林.欢乐数学之疯狂微积分[M]. 天津:天津科学技术出版社,2022.

师范专业认证背景下"复变函数"课程教学改革的探讨

邓晓燕
（江苏大学数学科学学院）

摘　要　复变函数是数学专业的一门重要的基础课，它不仅深刻地渗入数学的多个分支，在流体力学、理论物理和天体力学等方面也有一定应用.我院在积极参与师范专业认证并取得二级认证的基础上，强化以学生为中心这一现代教育教学理念，进一步探讨复变函数课程的教学改革，不断提高师范生的培养质量.

关键词　复变函数　师范专业认证　教学改革　OBE 教育理念　课程思政

全面贯彻党的教育方针，落实立德树人根本任务，构建具有中国特色、世界水平的教师教育质量监测认证体系，我校在积极开展数学与应用数学师范专业认证的思想指导下，全面保障和提升数学师范专业人才的培养质量，为培养和造就党和人民满意的高素质专业化创新型教师队伍提供有力支撑.专业认证以"学生中心、产出导向、持续改进"为基本理念，以我校师范专业认证及已经取得数学与应用数学师范专业认证二级为契机，数学专业课程的教学应遵循认证标准和认证理念，切实推进教学改革.复变函数论是数学中一个基本的分支学科，它的研究对象是复变数的函数.复变函数论历史悠久，内容丰富，理论十分完美.它在数学许多分支、力学及工程技术科学中有着广泛的应用.复变函数是实变函数在复数领域的延续和拓展，是数学分析的后继、完备化课程，是数学专业的一门重要的基础课.把 OBE 教育理念运用到复变函数的教学中，能在一定程度上弥补传统教学方法的不足，紧紧围绕以学生为中心这一理念，通过优化教学内容、丰富教学方法、渗透课程思政三个方面培养师范生良好的数学素养和人文素养，为师范生走上讲台打下坚实的基础.

1　优化教学内容

1.1　复变函数与数学分析的类比

复变函数作为实变函数在复数领域的延续和拓展，与数学分析有着很多类似的定义、定理，在讲课时容易出现重复讲解的情形，因此可以布置学生做好预习，同时复习数学分析的相关内容，温故而知新，把数学分析中理解得不是很清楚的概念、定理重新梳理一遍,找出存疑的问题,带着问题来听课,达到事半功倍的学习效果. 因此,教师有必要重点讲解复变函数与数学分析不同的地方. 比如复变函数中最重要的概念——解析函数. 很多同学会把解析函数当成可导函数,混淆两个概念. 这是教学的重点和难点,如果不能很好地理解这一概念,就容易把复变函数当成数学分析,体会不到复变函数的思想和意义.

1.2 以柯西积分理论为主线

由于课时的限制,复变函数论讲授的主要内容是柯西的积分理论,因此一定要用好柯西积分定理这把钥匙,以柯西积分理论为主线,带领学生开启复变函数的大门. 以柯西积分公式为主要工具,将解析函数表达为幂级数,将孤立奇点附近的解析函数展开为洛朗级数,通过孤立奇点研究解析函数的性质,通过孤立奇点的洛朗级数展开求积分,求留数并讨论留数的应用. 对解析函数的性质有全面深刻的认识,对其应用有一定了解,体会其化繁为简的能力. 感受复变函数理论的完美,提高学生的数学素养,培养学生的数学情怀.

1.3 与中学数学的联系

作为师范生,绝大部分同学以后从事的是中小学教学工作,中学数学的教学中关于复数的知识点只在高中数学中出现,教学内容基本就涉及复数的概念和计算及利用复数进行的一些证明. 考研和教师资格证考试一般不涉及复变函数,这就使得师范生不重视对复变函数的学习,找不到学习的目标. 然而实际上高中数学中复数的定义和表示及复数和向量之间的关系为中学数学解题提供了很多新思路、新方法. 不等式的证明、求函数的最值、平面几何证明等问题都能运用复变函数知识解决. 因此,第一章复数的学习要适当扩展教学内容,和中学的一些应用联系起来,调动学生的学习积极性,并且可以把任务布置给学生,让他们自主学习并整理和中学数学相关的内容与方法,这样在面试、工作时都能起到一定的辅助作用,做到真正的学以致用.

2 丰富教学方法

2.1 引入式教学方法

正如我们在第一部分讲到的,复变函数是数学分析在复数领域的延续和扩展,因此,讲课时从“实数”到“复数”的引入就很自然,使学生体会“实”和“复”的联系与区别,概念的提出不是直接给出来,而是“引”出来的,通过回顾数学领域的不断发展,展现数学家们对知识和大自然的不断思考探索的过程,从而调动学生利用已知知识探索新知识的积极性,提高学习兴趣.

2.2 类比式教学方法

在从实到复的引入过程中,更多的是要进行类比,即运用已知解决未知的教学思想方法. 将类比思想贯穿始终,通过类比教学法引导学生发现实变函数和复变函数的异同,尤其是复变函数理论“优”于实变函数的地方. 这有利于学生深刻理解复变函数的概念和定理,灵活掌握复变函数的理论和方法. 比如,教师通过复变函数的极限和实变函数的极限的类比,使学生理解复变函数和实变函数不同的根源;通过复指数函数和实指数函数的类比,强调复指数函数的周期性及复指数函数是其他初等函数的基础,体现复变函数各个初等函数之间的紧密关联性;通过实积分和复积分的类比,使学生理解柯西积分公式的重要地位和作用. 在讲授的过程中很自然地强化师范生的类比教学方法,做到事半功倍.

2.3 归纳式教学方法

通过前面的引入和类比讨论,我们很自然地要去归纳复变函数的各个知识点. 比如,计算复积分的各种公式和方法几乎贯穿“复变函数论”的全部内容,通过归纳总结复变函数各个知识点之间的紧密联系,学生可以对复变函数这门课程有更加全面的了解,对各个知识点有更加深刻的理解. 通过类比总结,学生对数学分析做了一定的复习巩固,为以后的考研和教师资格考试进一步夯实基础. 这些教学方法都是对师范生的教学和实践极为有益的.

3 渗透课程思政,培养人文素养

3.1 数学中的课程思政

“培养什么人,怎样培养人,为谁培养人”是教育的根本问题. 师者,所以传道授业解惑也. 在如今竞争越来越激烈的素质教育的环境下,如何在上好数学课的同时,启迪学生的心灵,培养他们积极向上、努力拼搏的人生观,激发他们刻苦钻研、报效祖国的学习热情变得尤为重要. 这也正是贯彻落实习近平总书记关于教育的重要论述和全国教育大会精神,全面推进课程思政建设的手段. 数学伴随着人类社会发展,已有两千多年的历史,逐渐形成了灿烂的数学文化. 在略显枯燥、稍显晦涩难懂的数学课上采撷数学史上一朵一朵灿烂的文化之花,分享数学大师们的心路历程,渗透在我们的课堂中,必能直抵学生的心灵,激发他们的学习热情,达到润物细无声的教育效果,这就是课程思政的意义. 这样培养出来的师范生走上讲台时才能真正担负起教育的大任.

3.2 课程思政的实施

当然,我们不能把课程思政讲成思想政治课,而是要根据复变函数课程的特点,找到几个相应的切入点,让课程思政自然地融入讲课当中. 比如,讲解复数的概念,可以把数的发展历史联系起来,从数学的起源讲到复数,在数域一次次扩张的过程中,感受人类思想的不断探索与进步,培养学生善于思考、敢于提出问题的能力. 可以选取数学家的逸闻趣事,吸引学生的注意力,从而达到良好的课堂效果. 也可以布置作业,让学生自己查阅文献书籍,形成复变函数与数学家、数学史的相关综述或报告,既培养学生查阅文献的能力,又培养他们的论文写作能力,为师范生走上工作岗位,撰写教改论文打下坚实的基础.

4 结束语

掌握复变函数的基本思想方法及相关知识,具有复变函数应用的能力和创新意识;

认识复变函数课程的科学价值、应用价值、文化价值;针对某些实际问题,具有初步利用本课程或结合其他课程等相关知识,提出问题、分析问题、建立模型、解决问题的能力及一定的创新意识. 为了达成这些师范生培养目标,达到师范认证的标准,我们在优化教学内容、改进教学方法、渗透课程思政等方面进行了探讨,把学生放在教育的中心位置,在教学中严格落实并及时关注取得的教学效果,在教学实践中不断改革创新,争取达到更好的教学效果,使培养的师范生具有良好的人文素养和数学素养,能很快成长为具有现代数学教育理念,能在中小学、教育机构和教育管理部门担任教学、管理骨干.

参考文献

[1] 李浏兰,刘志刚. 基于师范类专业认证理念的数学课程改革与创新[J]. 中国多媒体与网络教学学报(电子版),2020(4):63-64.

[2] 王新利. 复变函数与积分变换课程教学模式的改革探讨 [J]. 上海理工大学学报(社会科学版),2018,40(3):271-273.

[3] 钟玉泉. 复变函数论[M]. 4 版. 北京:高等教育出版社,2013.

[4] 华东师范大学数学系. 数学分析[M]. 4 版. 北京:高等教育出版社,2010.

“复变函数”课程教学改革的几点建议

丁　娟　房厚庆
（江苏大学数学科学学院）

摘　要　作为本科教育阶段的理科专业的重要基础课之一,复变函数在整个课程体系中占有十分重要的地位.本文阐明了复变函数课程的特点与现状,围绕教学内容、教学方法和考核评价方式等进行了改革探索,以达到培养学生综合能力和提高教学质量的目的.同时,将课程思政元素融入课堂教学,最终实现以“立德树人”为根本任务的教学理念.

关键词　复积分　解析函数　课程思政　教学改革

复变函数是数学科学学院各专业本科生的一门重要的专业基础课程,是数学分析的后续课程,是集理论性与应用性于一体的学科,是近代分析学的基础,在数学专业课程教学中起着承前启后的作用.复变函数作为应用数学专业和数学专业的主要基础课程,在整个课程体系中占有十分重要的地位,其后续课程包含数学物理方程以及泛函分析等.学习复变函数既能巩固已学的课程知识,又能为后面的进一步学习、深造打下理论基础.复变函数中的许多理论与方法不仅给数学的许多分支提供了重要的解析工具,而且在其他自然科学和各种工程领域(如理论物理、弹性理论、天体力学等)的几何定性研究方面有着广泛的应用.相比于数学分析,复变函数课程课时少,持续时间短,难度相对较大,尤其是对于中外合作应用数学专业的学生,由于其数学基础薄弱,对复变函数课程的学习更是怀有畏惧的心理,导致学习效率较低.针对这一现状,本文旨在探讨如何更好地教授这门课程,并得出以下几点结论:首先在教学中通过课件优化教学内容及教学模式;其次在每章牵涉知识点的串联时引导学生列表归纳、总结和分析,这有助于学生消化和吸收所学的知识,改善学生做题时无从下手的状况,从而提高该课程的教学效果;然后在后面的课程内容中融入一些课程思政元素,激发学生的学习热情、提高学生的探究精神、培养学生的科学素养、引领学生形成正确的人生观和价值观,形成一个良好的教学循环.

1　革新教材教学内容

在高校复变函数教学中,要想实施课程教学改革,提高课程教学质量,首先应对教材进行革新.在实际教学中,教材是教师向学生传授课程基本内容的主要媒介,当前高校复变函数课程教材的内容已经无法满足学生的学习需求,加之课时设置的限制,教师必须根据教学大纲对教学内容范围、深度及结构的相关规定，结合学生的学习需求及其接受能力，以及对比国内外相关的教材资料，对课程教学内容进行一定的取舍.

在具体实施过程中，应适度增加绪论部分的内容，制作精美的 PPT 向学生展示日常生活中使用复变函数理论的鲜活例子、该课程的基本思想方法及该课程在近现代科学发展中所起到的巨大作用. 第一章从复数到复变函数这一过渡环节的介绍，应重点提及欧拉公式，向学生阐明就是这个看似简单的数学公式开启了复变函数世界的大门；讲解完复变函数第二章、第三章后，教师应结合数学分析的相关知识向学生讲解幂级数、洛朗级数和留数的计算，让学生总结泰勒级数和洛朗级数的关系. 此外，针对原教材中一些证明过程过长或者过于复杂的定理，教师应对其进行一定的取舍，可以只向学生讲述结论，阐明其意义和用途. 例如，讲授柯西积分定理时，古尔萨证明花费时间较长，学生也很难理解，因此可以强调定理的应用及定理在解题时的适用条件，证明留给学生自己钻研.

2　优化课堂教学模式

复变函数的内容较为复杂，涉及的信息量较大，教师可以借助网络上丰富的教学资源，例如慕课、国家精品课程，通过优质在线资源激发学生的学习兴趣，激发他们的学习潜能. 另外，教师还可以利用分组学习法，把全班同学分成几个学习小组，每周制定小组学习任务，让学生自己上讲台讲解他们准备的知识点. 例如，在复变函数的积分的学习中，教师整理出几个知识点，并列出每一知识点所用到的数学知识(见表 1)；在复合闭路定理知识点的学习中，教师按知识之间的逻辑顺序以提问的方式为学生提供知识框架(见表 2)；教师以柯西基本定理推广到复连通区域内的不同情形为节点，把学生引入问题情境，再对每一问题进行详细讲解，教师引导学生带着问题学习，有利于他们对知识的理解和建构. 在课程结束之前教师对该知识点做出总结，并讲解相关例题，以达到使学生对知识点有比较全面、正确的理解的目的. 待讲完留数定理后，再对教材中的所有复积分方法进行列表总结；第五章学完之后，也可以对奇点的分类及判别、留数的计算方法等列表记忆，这样学生通过几张表格就可掌握整个复变函数的内容.

表 1　复变函数积分知识点的模块框架

<table>
<tr><th>知识模块</th><th>知识点</th><th>应用的数学知识</th></tr>
<tr><td rowspan="2">复变函数的积分</td><td>① 复变函数积分的概念
② 积分的存在条件及计算方法
③ 积分的基本性质</td><td>有向曲线的定义；
第二类曲线积分的定义、性质与计算方法</td></tr>
<tr><td>① 柯西-古尔萨基本定理
② 原函数与不定积分
③ 复合闭路定理
④ 柯西积分公式
⑤ 解析函数的高阶导数</td><td>单连通与复连通区域的定义、格林公式；
积分与路径无关定义、积分上限函数；
柯西-古尔萨基本定理；
闭路变形原理、复变函数在区域内连续和解析的定义；
柯西积分公式、幂级数求导公式</td></tr>
</table>

表 2　复合闭路积分的知识框架

问题	图示	解答
设函数 $f(z)$ 在复连通域 D 内处处解析，C 为 D 内的任意一条封闭曲线，且 C 的内部完全包含于 D 内，则积分 $\oint_C f(z)\mathrm{d}z=$ ________.	D C	$\oint_C f(z)\mathrm{d}z=0$
设函数 $f(z)$ 在复连通域 D 内处处解析，C 为 D 内的任意一条封闭曲线，且 C 的内部不完全包含于 D 内，则积分 $\oint_C f(z)\mathrm{d}z=$ ________.	D C_1 C	做辅助闭曲线 C_1 包含在 C 的内部，且闭曲线 C 与 C_1 围成的区域包含在 D 内，则 $\oint_C f(z)\mathrm{d}z=\oint_{C_1} f(z)\mathrm{d}z$
一个解析函数沿解析区域内闭曲线的积分值会不会因为闭曲线在区域内作连续的变形而变化？	D C	只要在变形的过程中不经过函数的不解析点，积分值就不会变
两条简单闭曲线 C 及 C_1 可看成一条复合闭路 Γ，外面的闭曲线 C 按逆时针进行，内部的闭曲线 C_1 按顺时针进行，则 $\oint_C f(z)\mathrm{d}z=$ ________.	D C_1 C	$\oint_C f(z)\mathrm{d}z=0$
设 C 为多连通域 D 内的一条简单闭曲线，$C_1,C_2,\cdots,C_n$ 是 C 内部的简单闭曲线，它们互不包含也互不相交，并且以 $C,C_1,C_2,\cdots,C_n$ 为边界的区域全包含于 D，如果 $f(z)$ 在 D 内解析，则 $\oint_C f(z)\mathrm{d}z=$ ________. 设 Γ 为由 $C,C_1,C_2,\cdots,C_n$ 组成的复合闭路（其方向是：C 按逆时针进行，$C_1,C_2,\cdots,C_n$ 按顺时针进行），则 $\oint_\Gamma f(z)\mathrm{d}z=$ ________.	C C_2 C_1 … C_n D	(1) $\oint_C f(z)\mathrm{d}z=\sum_{k=1}^{n}\oint_{C_k} f(z)\mathrm{d}z$ (2) $\oint_\Gamma f(z)\mathrm{d}z=0$

3　课程中融入思政元素

2020 年，教育部印发《高等学校课程思政建设指导纲要》，全面推进高校课程思政建设. 各类课程都要与思想政治理论课同向同行,形成协同效应. 课程思政的工作任重而道远,教师在传道授业解惑的同时,应把思想引导和价值观塑造融入课程的教学过程中,培养不仅具有知识和能力,还具有品格、品行、品位的大学生. 教师教学不仅是传播知识的过程,更是育人的过程. 教学过程要注重传道授业解惑和立德树人相结合,以德立学、以德施教,引导学生树立正确的国家观、民族观、历史观、文化观,从而为中国特色社会主义培养合格的建设者和可靠的接班人. 在教学过程中,要有意识地培养学生的探索精神、引导学生自行发现问题;培养学生遇到问题要有坚韧不拔的意志和迎难而上的精神. 例如,在学习洛朗级数时,学生会发现对于有奇点的函数,泰勒级数的展开方法已经失效,只能寻找更广泛的手段. 这让学生意识到科学研究中经常会遇到困难,人生亦是如此. 但只要坚定目标,持之以恒地探索,方法总比困难多.

再如复数项级数,通过级数部分和极限是否存在来定义级数的收敛性,以及从有限项和到无限项和的性质变化揭示辩证唯物主义中量变到质变的规律;通过级数的绝对收敛一定是条件收敛及其性质的不同,让学生明白只有自身本领强硬,才能在各种条件下施展才华. 在讲授复数项级数的收敛性时,对于级数 $\sum_{n=1}^{\infty}\frac{i}{n}$,虽然一般项趋近于零,但级数发散到无穷大,可以向学生灌输诚信、友善的思想并鼓励学生持之以恒地学习,潜移默化地向学生传递“勿以恶小而为之,勿以善小而不为”“不积跬步,无以至千里;不积小流,无以成江海”的思想,告诫学生虽然每个人的力量是微小的,但集体的力量是巨大的.

4 完善课程考核体系

为激发学生的学习动力,提升学生的专业兴趣,改变只凭考卷决定课程结课成绩的现状,本课程评价体系由原来的终结性考核转变为形成性考核,采用多元化考核方式,即课程考核采用形成性考核与终结性考核相结合的形式. 形成性考核包括平时小组讨论过程考核(知识点学习情况、参与讨论情况等)、单元测试、平时作业等. 为了有效监控教学过程管理,改善教学时空相对分离的状况,更加系统全面地测评学生的阶段性学习效果,中外合作应用数学班课程评价体系加大了形成性考核成绩在课程总成绩中的比重. 其中,小组讨论过程考核占总成绩的 10%,单元测试成绩占总成绩的 20%,平时作业成绩占总成绩的 20%. 终结性考核以闭卷考试的形式呈现,试题包括 10 道填空题、7 道计算题,1 道综合题和 1 道发散性思维的主观题,总分 100 分,考试成绩占课程总成绩的 50%. 所有评定均采用百分制,总成绩为形成性考核成绩和终结性考核成绩的加权. 这样教师既可以通过学生的过程学习和测试的数据进行学习的过程管理,也可以根据平时表现和反馈确认学生的掌握程度. 改革考核评价模式能更全面、准确地评价学生的学习效果.

5 结束语

在高校课程改革的大背景下,复变函数任课教师应紧跟时代发展的步伐,及时有效地进行课程教学改革. 本文探索多种形式相融合的教学模式,提高课堂教学质量,激发学生的学习兴趣,培养和锻炼学生分析问题和解决问题的能力,为后续的课程学习奠定良好的数学理论基础.将思政元素有效地融入课堂,可以培养学生正确的人生观、世界观和价值观,最终完善以“立德树人”为根本任务的教学理念,为中国特色社会主义建设培养更多的“德智体美劳”全面发展的高素质人才.

参考文献

[1] 钟玉泉.复变函数论[M].5版.北京:高等教育出版社,2021.

[2] 李艳午.基于课程思政的大学数学课程体系重构[J].芜湖职业技术学院学报,2019,21(1):1-3.

[3] 阮世华,林美琳.工科复变函数课程思政教学探索与实践[J].创新创业理论研究与实践,2022,5(2):37-39,46.

[4] 王乔,徐建斌,王雯.一流本科课程建设的探索:以“中国税制”课程为例[J].中国大学教学,2020(12):31-35.

“反例”在高等数学教学中的作用探究[①]

杜瑞瑾　董高高

（江苏大学数学科学学院）

摘　要　高等数学是培养学生分析与解决实际问题的能力、创新能力及实事求是的科学态度的一门重要课程.在该课程的学习中重视并巧妙地构造与运用反例,可以有效地提高学生的学习质量.本文详细阐释了反例在高等数学教学活动中的应用及重要作用,指出运用反例能够促进对学生创新能力的培养,是学习高等数学的一种有效的辅助方法.

关键词　反例　高等数学　创新能力

反例又称否定例证,指不包含或只包含一小部分概念或规则的主要属性和关键特征的例证.反例传递的信息易于辨识,在高等数学的学习中,反例有助于学生发现问题、活跃思维,从而激发学生的学习动力和提高其学习兴趣.学生重视并恰当地应用“反例”,有助于厘清概念内涵、理解定理本质及培养创新能力等.

1　厘清概念内涵

在高等数学教学中,一些概念常使同学费解与抓狂.特别地,当概念的内涵比较丰富时,可以通过举反例来引导学生从问题的另一面去探索定义的本质,反例既提高了学生从不同视角思考与解决问题的能力,也使学生全面地理解了定义的内涵.

例如,奇、偶函数的概念为:假设函数$f(x)$在定义域D内关于原点对称.如果对于任一$x\in D$,$f(-x)=f(x)$恒成立,那么称$f(x)$为偶函数.如果对于任一$x\in D$,$f(-x)=-f(x)$恒成立,那么称$f(x)$为奇函数.通常,绝大多数学生只根据$f(-x)=f(x)$或$f(-x)=-f(x)$来判断函数$f(x)$的奇偶性,而忽略了奇偶函数的定义域必须关于原点对称这一关键条件.由此,教师可以给出反例:函数$f(x)=\frac{x-2}{x-2}$.部分同学根据$f(-x)=f(x)=1$就直接判断该函数为偶函数,忽略了该函数的定义域为$x\neq 2$,这不满足奇偶函数概念中“定义域关于原点对称”的条件,因此出现错误.提出反例、找出错误的过程能够引发学生的共鸣,有助

① 本文系教育部产学合作协同育人项目(220605052025902)、江苏大学来华留学教育教学改革与创新研究课题(L202210)与2022年江苏大学课程思政教学改革研究课题(2022SZYB037)的研究成果.

于学生多角度地明晰概念内涵,拓展逻辑思维能力.

2 理解定理本质

在高等数学的学习中,一个定理的成立务必通过严谨的逻辑证明得到. 而对于定理的结论不能成立,只需要判断在某特殊情形下定理无效即可. 这种举反例学习的逆向思维方法有助于学生突破思维定式,获得意想不到的效果,也是重要的数学工具与证明手段. 知识的学习本就是一个逐渐累积与试错的过程,学生在高等数学的学习过程中,不断尝试、不断出现错误,这是极其正常的现象. 如果此时能恰当地施以反例教学方法进行引导,就有助于学生及时弥补知识漏洞与修正理解误区,进而深刻认识定理的本质.

例如,在学习拉格朗日中值定理时,教师可以提出如下命题供学生思考判断:如果函数$f(x)$在(a,b)内可导,则存在$\xi\in(a,b)$,使得$f'(\xi)=\dfrac{f(b)-f(a)}{b-a}$. 与微分中值定理的条件相比,也就是要举出反例函数$f(x)$满足在(a,b)内可导,但在$[a,b]$上不连续. 例如,$f(x)=\begin{cases}x, & 0<x\leqslant 1\\ 1, & x=0\end{cases}$,显然有$\dfrac{f(1)-f(0)}{1-0}=0$,而$\forall x\in(0,1)$,$f'(x)\equiv 1$. 也就是说,$(0,1)$内不存在$\xi$使得$f'(\xi)=0$. 这表明拉格朗日中值定理中,$f(x)$在$[a,b]$上连续这一条件不能缺失.

通过学习这一反例,学生能更清晰与深刻地认识定理的本质,明白定理中的两个条件不可或缺,及时查漏补缺,也从侧面提高了学生的学习积极性.

3 培养创新能力

高等数学学习的主要目标之一就是激发学生的创新能力,使学生养成认真观察、独立思考、钻研探索的优良习惯. 反例教学这一特殊方法的重要特点就是重视解释可能的失败,促使学生积极探索、反思所学、运用所学,甚至发掘潜在的知识领域. 学生通过探究与分析不同情况,加深对知识的理解,并开发创新思维,提高学习效果.

例如,在学习多元函数微分学时,部分同学会根据一元函数的性质"可导必连续"开展知识迁移,会提出疑问:如果多元函数的偏导数存在,那么它是否连续. 这时,可以引导学生通过举反例来有效调整认知偏差. 例如:对于二元函数

$$z=f(x,y)=\begin{cases}0, & x^2+y^2=0\\ \dfrac{xy}{x^2+y^2}, & x^2+y^2\neq 0\end{cases}$$

由偏导数的定义可知$f_x(0,0)=0$, $f_y(0,0)=0$. 而$\lim\limits_{\substack{y=kx\\ x\to 0}}\dfrac{xy}{x^2+y^2}=\lim\limits_{x\to 0}\dfrac{kx^2}{x^2+k^2x^2}=\dfrac{k}{1+k^2}$随着$k$的变化而变化,即若$\lim\limits_{(x,y)\to(0,0)}f(x,y)$不存在,则二元函数$f(x,y)$在点$(0,0)$处不连续.

提出反例是一项积极的创新性思维活动,它不仅可以检验学生是否已经正确而深入地了解了知识的真相,还能够锻炼学生的智力,培养其创新能力.

高等数学的课程目标是既要培养学生分析与解决实际问题的能力，又要培养学生的创新能力与实事求是的科学态度. 对高等院校的教师来说，学生高等数学学习积极性不高是困扰已久的问题. 经过多年教学实践，我们发现在讲解一些抽象难懂的概念或定理时，巧妙地列举反例不仅有助于学生明晰概念内涵、掌握定理本质和培养创新能力，而且有助于改善课堂教学效果.

参考文献

[1] 牛勇，李宁. 概率论中的反例教学研究[J]. 怀化学院学报，2022，41(5)：118-121.

[2] 同济大学数学系. 高等数学(上册)[M]. 7版. 北京：高等教育出版社，2014.

[3] 阎航宇. 探讨数理统计的反例教学[J]. 科教导刊，2021(26)：151-153.

[4] 史战红，赵有益. 巧用"反例"培养学生的高等数学逆向思维[J]. 陇东学院学报，2022，33(5)：131-135.

[5] 孙慧，程红萍. 大学数学教学培养学生数学思维能力研究[J]. 科技风，2021(29)：28-30.

新时代背景下“高等代数”课程“一三四”教学模式的创新性思考

高翠侠
（江苏大学数学科学学院）

摘　要　高等代数是大学本科数学专业的一门专业必修课程，被称为数学专业的“老三基”．本文在信息化教学与转专业双重背景下，针对当前高等代数课堂教学中普遍存在的问题进行探讨，并从夯实理论基础、丰富课堂内涵、提升学习效果三个方面提出了“一三四”的创新性教学模式，旨在为提升课堂教学效率、提高学生学习高等代数的积极性与主动性、加深学生对高等代数知识的掌握程度和灵活运用提供参考．

关键词　高等代数　专业混合班　教学模式　“一三四”

“高等代数”是数学专业大一新生的一门基础课程，内容涉及行列式与矩阵、向量、线性方程组求解、二次型、线性空间与线性变换及欧氏空间．该课程是中学代数的深入和拓展，同时也为近世代数、泛函分析等本科阶段后续课程的学习提供了必需的理论基础与方法．学习本课程可以提高学生的抽象思维、逻辑推理和运算能力．

对于大多数高校来说，高等代数课程的知识点多、内容抽象但课时有限，使得采用纯板书的“灌输”式教学方法成为任课教师的必然选择，甚至出现教师为了完成课程内容，只能在课外另择时间补课的情况．在这种情况下，教师的注意力往往放在如何在有限的课时约束下更好地完成教学任务．基于长时间一成不变的教学模式，学生的专注力会下降，同时学习兴趣也会受到影响，如此下去，很容易出现两极分化的现象．

与此同时，随着各高校转专业政策的不断推进，专业混合班也成了高等代数教学中面临的一个问题．同一个混合性班级中的学生来自不同的院系和专业，其原专业成绩、知识基础、专业背景、对数学的可接受程度、思想品行表现等各异，这就使得教师在教学过程中需要考虑的因素更加复杂，需要根据学生的情况调整自己的教学安排．更重要的是，当前的大学教学班级多由 1 个以上的行政班组成，这就导致同一个教学班级可能会出现转专业混合班和大一新生班；转专业学生的知识基础和新生又处于不同水平，使原本就单一的高等代数教学模式“雪上加霜”．

本文根据笔者的高等代数教学经验，对此课程的教学做了如下思考，希望能够优化将来的教学过程,从而有效提高教学效果.

1 以"教学大纲"为前提,夯实理论基础

各本科院校都会根据学生的专业要求制定不同的教学大纲.教学大纲是高等代数课程顺利开展的前提条件.合理的教学大纲通过与专业培养目标紧密结合,能够夯实学生专业学习的理论基础,符合教育理念和人才成长规律.

2 以"三融入"为契机,丰富课堂内涵

2.1 厚植数学思维,融入"理性"教育

理性精神是指依靠思维能力对感性材料进行抽象和概括、分析和综合,以形成概念、判断或推理的理性认识活动,并用以寻找事物的本质、规律及内部联系的精神.美国数学家莫里斯·克莱因在其名著《西方文化中的数学》中写道:数学是一种精神,一种理性的精神.正是这种精神激发、促进、鼓舞并驱使人类的思维得以运用到最完善的程度;亦是这种精神试图决定性地影响人类的物质、道德和社会生活,试图回答有关人类自身存在提出的问题,努力去理解和控制自然,尽力去探求和确立已经获得知识的最深刻的和最完美的内涵.因此,鉴于高等代数地位的特殊性,教师需要帮助学生建立其事物间内在联系的图谱,达到对事物内在本质的认识和解决问题的目的;通过此过程的训练,将所采用的普适的数学化方法内化成学生自身的思维能力,进一步凸显其数学的理性精神.

2.2 学习高等代数理论体系的来龙去脉,融入历史人文思政元素

数学文化必须走进课堂,在实际数学教学中,使学生在学习数学的过程中真正受到文化感染,产生文化共鸣,体会数学的品位与世俗的人情味.随着课程思政的全面开展,高等代数课程的教学改革势必须紧跟时代潮流.因此,要以课程思政的教育理念为前提,探讨思政元素与高等代数的结合性,从数学历史人文角度挖掘高等代数中的课程思政元素.了解高等代数知识的脉络和内涵、历史形成与发展,激发和勉励自己,这不失为一种好的方法.所谓"欲知大道,必先为史",正是如此.

2.3 挖掘科学家故事,融入"科学—工匠—爱国"精神

在引入概念和定理时,向学生介绍著名的科学家的故事,引出科学家久久为功、持之以恒、不惧批判和勇于拼搏的精神.例如,在多项式函数的根、线性方程组应用的学习过程中,让学生了解和学习法国著名数学家埃尔米特、中国著名科学家钱学森的故事;同时,介绍高等代数在现阶段高科技中的应用,以激发学生勇于创新的科学精神.

3 以"四结合"为途径,提升学习效果

3.1 "学习迁移理论"与"思维方法"相结合

所谓学习迁移是指一种学习对另一种学习的影响.如果一种学习对另一种学习起到促进作用,那么称这种迁移为正迁移;如果产生干扰,那么称这种迁移为负迁移.高等代数的很多研究内容在名称或者意义上都具有高度的相似性或者逻辑一致性.因此,为了

避免学生混淆所学的知识，教学中要善于运用学习迁移理论，通过强化概念的类比、强化定理的类比、培养学生的归纳总结能力和发散思维能力等措施，加深学生对知识的理解，最大限度地促进正迁移.

3.2 “培养学术思维”与“讲好高等代数”相结合

根据笔者近三年高等代数的教学发现，转专业学生组成的混合式班级的成绩整体高于大一新生班级.在上课过程中经常会出现这样的问题：一些高等代数非常好的学生（多出现在专业混合班），在课堂中很难集中精神听课.从作者对学生的调查和访谈来看，课堂上的授课内容对他们来说很简单.究其原因发现，转专业的学生基本在转专业前的第一年学习过线性代数.因此，可以在不影响高等代数课程教学的情况下，引入代数研究的前沿热点问题，引导和培养学生的学术思维.同时，根据不同专业的特点对教学进行优化，加强对高等代数相关知识在不同专业上应用的创新性讲解.

3.3 “现代媒体技术”与“传统纯板书”相结合

代数学研究的学术热点单靠教师的口头讲解未必能够激发学生的学术兴趣，这就要借助多媒体技术了.当前，大多数高校的电教设备在高等代数的课堂中基本没发挥多大作用，课堂互动性不足.一方面，多媒体可视化的呈现可以打破传统的单一教学模式；另一方面，视觉的冲击更能激发学生的学习兴趣.事实上，高等代数中的很多知识点都可以从多角度思考，并联系到现实中的很多问题.因此，教师应该在原有的教学方法上引入微课、慕课等新颖的教学模式，在教学手段上采用多媒体等设备演示一些较抽象的内容，增加师生之间的互动及学生学习的持久性，真正做到与时俱进.同时，在行列式、矩阵、线性方程组等章节借助投影仪也可避免板书所花费的大量抄写时间.

3.4 “翻转课堂”与“对话课堂”相结合

教师应利用已有的在线教学经验，坚持“以问题为导向，以学生为中心”的教学理念，开展线上线下混合式教学.课程可应用腾讯会议和云班课平台，充分调动学生课前学习的主动性和预习习惯，多角度激发学生在教学过程中的互动性，督促和鼓励学生参与课后讨论答疑.具体地，学生可通过云班课系统自动记录和获得课前预习的活跃度，带着“问题”进入课堂；课堂教学过程中，教师根据学生课前预习的情况和搜集的问题，调整教学设计，让学生带着“答案”走出课堂；最后，课后的巩固与讨论实现了知识的内化过程.

参考文献

[1] 黄政阁，崔静静.高等代数教学改革的若干策略[J].科技风，2022(18)：107-111.

[2] 邢瑞冬.我国“双一流”高校本科生转专业制度研究[D].长春：吉林大学，2022.

[3] 安军.学习迁移理论在高等代数教学中的应用[J].高师理科学刊，2022，42(2)：82-91.

[4] 李庆.高等代数课程教学内容与教学模式创新的研究与实践[J].科技风，2021(18)：64-65.

推广的积分第一中值定理中值的改进

倪　华　王丽霞　田立新
（江苏大学数学科学学院）

摘　要　将推广的积分第一中值定理中的条件 $g(x)$ 在 $[a,b]$ 上不变号分别减弱和加强，得到两个相应的结果，并将中值 $\xi\in[a,b]$ 改进到 $\xi\in(a,b)$，获得了一些新的结论.

关键词　推广的积分第一中值定理　中值　改进

1　积分第一中值定理

积分第一中值定理及其推广的积分第一中值定理是联系函数与积分的桥梁，是用积分研究函数性质或用函数研究积分性质的工具，是数学分析中的基本定理. 推广的积分第一中值定理在大部分数学分析教材中被表述如下：

若 $f(x)$ 与 $g(x)$ 都在闭区间 $[a,b]$ 上连续，且 $g(x)$ 在 $[a,b]$ 上不变号的条件，则至少存在一点 $\xi\in[a,b]$，使得

$$\int_a^b f(x)g(x)\,\mathrm{d}x = f(\xi)\int_a^b g(x)\,\mathrm{d}x. \tag{1}$$

正因为其重要性，很多学者对其进行过研究，有了一些相应的结果，但都是基于 $g(x)$ 在 $[a,b]$ 上不变号这一条件得到的. 本文去掉了 $g(x)$ 在 $[a,b]$ 上不变号的条件，并将其加强为 $g(x)$ 在 $[a,b]$ 上恒正或恒负，利用罗尔定理将定理中的 $\xi\in[a,b]$ 改进为 $\xi\in(a,b)$，并得到了两个新的结论.

对于 $g(x)$ 在 $[a,b]$ 上不变号和变号的情形，本文做了一些讨论，并进一步验证了结论的正确性.

2　改进的积分第一中值定理

定理 1　若 $f(x)$ 与 $g(x)$ 都在闭区间 $[a,b]$ 上连续，则至少存在一点 $\xi\in(a,b)$，使得

$$f(\xi)g(\xi)\int_a^b g(x)\,\mathrm{d}x = g(\xi)\int_a^b f(x)g(x)\,\mathrm{d}x. \tag{2}$$

证明：构造函数

$$H(x) = \left[\int_a^x f(t)g(t)\,\mathrm{d}t\right]\left[\int_a^b g(t)\,\mathrm{d}t\right] - \left[\int_a^x g(t)\,\mathrm{d}t\right]\left[\int_a^b f(t)g(t)\,\mathrm{d}t\right].$$

因为$f(x)$,$g(x)$在$[a,b]$上连续,根据积分上限函数的性质,$H(x)$在$[a,b]$上连续,在(a,b)内可导,且有$H(a)=H(b)=0$,故$H(x)$满足罗尔定理的三个条件,所以由罗尔定理可知,在开区间(a,b)内至少存在一点ξ,使得$H'(\xi)=0$,而

$$H'(x)=\left\{\left[\int_a^x f(t)g(t)\mathrm{d}t\right]\left[\int_a^b g(t)\mathrm{d}t\right]-\left[\int_a^x g(t)\mathrm{d}t\right]\left[\int_a^b f(t)g(t)\mathrm{d}t\right]\right\}'$$

$$=f(x)g(x)\int_a^b g(t)\mathrm{d}t-g(x)\int_a^b f(t)g(t)\mathrm{d}t.$$

由$H'(\xi)=0$,得到

$$f(\xi)g(\xi)\int_a^b g(t)\mathrm{d}t-g(\xi)\int_a^b f(t)g(t)\mathrm{d}t=0,$$

即
$$f(\xi)g(\xi)\int_a^b g(t)\mathrm{d}t=g(\xi)\int_a^b f(t)g(t)\mathrm{d}t,$$

也即
$$f(\xi)g(\xi)\int_a^b g(x)\mathrm{d}x=g(\xi)\int_a^b f(x)g(x)\mathrm{d}x.$$

定理1得证.下面对(2)式做一些讨论.

情形1:若$g(x)$在$[a,b]$上变号,但定理1中的ξ不是$g(x)$的零点,则有

$$\int_a^b f(x)g(x)\mathrm{d}x=f(\xi)\int_a^b g(x)\mathrm{d}x.$$

例1 $\int_{-1}^2\frac{1}{2}x^2\mathrm{d}x$.

这里$f(x)=\frac{1}{2}x$,$g(x)=x$均在$[-1,2]$上连续,$g(x)=x$在$[-1,2]$上变号,故至少存在一点$\xi\in(-1,2)$,使得$g(\xi)\int_{-1}^2\frac{1}{2}x^2\mathrm{d}x=f(\xi)g(\xi)\int_{-1}^2 x\mathrm{d}x$.事实上,取$\xi=1\in(-1,2)$,则有$\int_{-1}^2\frac{1}{2}x\mathrm{d}x=f(\xi)\int_{-1}^2 x\mathrm{d}x$.

情形2:若$g(x)$在$[a,b]$上变号,但ξ是$g(x)$的零点,即$g(\xi)=0$,则显然有

$$f(\xi)g(\xi)\left[\int_a^b g(x)\mathrm{d}x\right]=g(\xi)\left[\int_a^b f(x)g(x)\mathrm{d}x\right].$$

但此时$\int_a^b f(x)g(x)\mathrm{d}x=f(\xi)\int_a^b g(x)\mathrm{d}x$未必成立.

例2 $\int_{-1}^1 x^2\mathrm{d}x$.

这里$f(x)=x$,$g(x)=x$均在$[-1,1]$上连续,$g(x)=x$在$[-1,1]$上变号,故至少存在一点$\xi\in(-1,1)$,使得$g(\xi)\int_{-1}^1 x^2\mathrm{d}x=f(\xi)g(\xi)\int_{-1}^1 x\mathrm{d}x$.事实上,取$\xi=0\in(-1,1)$,$g(0)=0$,此时不存在非$g(x)$的零点的$\xi$[即$g(\xi)\neq0$]使得$\int_{-1}^1 x^2\mathrm{d}x=f(\xi)\int_{-1}^1 x\mathrm{d}x$成立.

情形3:若$g(x)$在$[a,b]$上不变号,分以下三种情形讨论.

① 若$g(x)\equiv0$,显然(2)式成立,此时也有

$$\int_a^b f(x)g(x)\mathrm{d}x = f(\xi)\int_a^b g(x)\mathrm{d}x .$$

② 若 $g(x)\neq 0$,(2)式两边同除以 $g(\xi)$,即得

$$\int_a^b f(x)g(x)\mathrm{d}x = f(\xi)\int_a^b g(x)\mathrm{d}x .$$

③ 若 $g(x)\geqslant 0$ 或 $g(x)\leqslant 0$,此时,由定理 1 并不能得到

$$\int_a^b f(x)g(x)\mathrm{d}x = f(\xi)\int_a^b g(x)\mathrm{d}x ,$$

即不能得到推广的积分第一中值定理中的结论.

注:定理 1 中去掉了推广的积分第一中值定理中 $g(x)$ 在$[a,b]$上不变号的条件,相应地,得到的结论也较推广的积分第一中值定理的结论减弱了.

由定理 1 的证明过程不难得到定理 2.

定理 2 若 $f(x)$ 与 $g(x)$ 都在闭区间$[a,b]$上连续,$g(x)$ 在$[a,b]$上恒为正或恒为负,则至少存在一点 $\xi\in(a,b)$,使得

$$\int_a^b f(x)g(x)\mathrm{d}x = f(\xi)\int_a^b g(x)\mathrm{d}x. \tag{3}$$

注:定理 2 将推广的积分第一中值定理的条件 $g(x)$ 在$[a,b]$上不变号增强为 $g(x)$ 在$[a,b]$上恒为正或恒为负,相应地,得到的结论也较推广的积分第一中值定理的结论加强了.

例 3 验证 $\int_0^1 x\mathrm{e}^x\mathrm{d}x$ 满足定理 2.

这里 $f(x)=x$,$g(x)=\mathrm{e}^x$ 均在$[0,1]$上连续,且 $g(x)=\mathrm{e}^x$ 在$[0,1]$上恒为正,满足定理 2 的条件,故至少存在一点 $\xi\in(0,1)$,使得 $\int_0^1 x\mathrm{e}^x\mathrm{d}x = f(\xi)\int_0^1 \mathrm{e}^x\mathrm{d}x$. 事实上,取 $\xi=\frac{1}{\mathrm{e}-1}\in(0,1)$,即有 $\int_0^1 x\mathrm{e}^x\mathrm{d}x = f(\xi)\int_0^1 \mathrm{e}^x\mathrm{d}x$.

教学建议:在教学推广的积分第一中值定理时,可以顺带讲解一下本文的主要结论,这样可以加深学生对积分第一中值定理的理解,开阔学生的视野,增强学生的创新能力,进一步激发学生学习数学的热情.

3 结束语

定理 1 和定理 2 并没有对推广的积分第一中值定理进行实质性的改进,只是在条件减弱和加强两种情形下得到了相应的改变结果;但在这两种情形下,中值 ξ 都得到了改进,使推广的积分第一中值定理中的 $\xi\in[a,b]$ 改进到 $\xi\in(a,b)$,在某些问题中,当中值 ξ 需要在开区间(a,b)内取值时,定理 1 和定理 2 就显示出它的价值.

参考文献

[1] 华东师范大学数学系. 数学分析(上册)[M]. 北京:高等教育出版社,2001.

[2] 赵纬经,王贵君. 改进的第一积分中值定理及其应用[J]. 新疆师范大学学报(自然科学版),2007,26(2):110-113.

[3] 李衍禧. 积分第一中值定理的推广[J]. 数学的实践与认识,2007,37(9):203-206.

[4] 曹定华,刘长荣. 积分中值定理的改进[J]. 数学理论与应用,2004,24(4):75-77.

[5] 陈奕俊. 试论积分第一中值定理[J]. 华南师范大学学报(自然科学版),2008(3):33-40.

基于“概率论与数理统计”课程的多元化教学模式的探索[①]

石志岩　范　艳

（江苏大学数学科学学院）

摘　要　本文以概率论与数理统计学科为基础，通过对教学环境与教学现状进行分析，针对当前概率统计课程教学中存在的问题，提出多元化课堂的教学改革方案. 从开展智慧教室，构建网络课堂、因“专业”施教，侧重专业需求、增加概率统计应用知识，引入统计软件进行统计计算，改革考核方式，加强学生的激励监督机制等多方面进行实践教学，致力于打破传统的单向授课模式，实现多元化教学.

关键词　概率统计　多元化课堂　教学改革

十九大报告指出，高等教育要加快一流大学和一流学科建设、培养一流人才. 冲击“双一流”建设的先锋院校，为加快“双一流”建设和为培养一流人才打好基石，应该把“以人为本”作为教学理念，改革教学模式，探索出适用于高校课程的多元化混合教学模式. 概率论与数理统计课程是一门源于生活、实用性极强的学科，也是高等院校众多专业必修的公共基础课程. 它要求学生对现实世界统计规律有提取抽象的能力，而学生在学习本门课程的过程中，常常会不知所措，无法从本质上理解统计概念，更无法做到学以致用. 所以本文旨在以概率论与数理统计学科为研究对象，针对目前教学中存在的问题，从教学内容、教学计划、教学手段、教学方法和考核方式等多方面进行分析，探索建设一套实用、完善的概率论与数理统计课程教学体系的方法.

1　概率论与数理统计课程的教学环境分析

1.1　中学课程大幅增加概率论与数理统计的教学内容

在《义务教育数学课程标准（2022 年版）》中，关于“统计与概率”的内容要求主要有：收集、整理数据，描述数据，处理数据，具备从收集的数据中提取信息和进行简单判断的能力，以及掌握简单随机事件及其发生的概率.

---

①　本文得到江苏大学 2021 年高等教育教改研究课题（2021JGYB082）、2022 年江苏大学课程思政教学改革研究课题、一流课程培育项目，以及江苏大学应急管理学院教育教改研究（JG-01-04）支持.

高中阶段的教材也大幅增加了概率统计的教学内容. 以江苏省为例,目前江苏省高中使用的苏教版教材,数学3第2章统计包含抽样方法、总体分布的估计、总体特征数的估计、线性回归方程;第3章概率包含随机事件及概率、古典概型、几何概型、互斥事件;而选修系列2-3第2章包含随机变量及其概率分布、超几何分布、独立性、二项分布、随机变量的均值与方差、正态分布等.

高中课程为学生适应未来生活、高等教育和职业发展等提供必要的数学基础. 高中课程大幅增加概率统计教学内容的现象说明了概率论与数理统计课程的重要性.

1.2 概率统计专业特点

"概率论与数理统计"(简称"概率统计")是中国高等院校为理工、经济、管理、医学、农林等专业开设的一门公共必修课程,是研究随机现象统计规律的一门数学学科,其理论知识、方法及其中蕴含的思想是学生学习相关专业基础课、专业课及研究生课程等后续课程的必要基础. 由于概率论与数理统计是一门公共必修课程,其所面向的学生范围很广,有理科也有文科,学生的专业基础参差不齐,因此在学习本门课程的过程中,学生(尤其是基础薄弱的学生)常常会感到无法从本质上理解统计概念,面对问题难以着手,方法也无法掌握,更不用谈把所学的理论知识运用到实际生活中了. 因此,如何提高概率统计课程的教学效率和提高学生学习本课程的积极性是目前该课程建设改革中亟须解决的问题.

1.3 大数据时代概率统计学的机遇与挑战

随着科学技术的发展和"互联网+"时代的到来,大数据已经融入我们的日常生活. 目前,大型网络电子商务不断兴起,随着各种App(淘宝、微信等)的广泛使用,相应的大数据也在源源不断地产生,推动着大数据时代的发展. 大数据时代也给概率统计学(尤其是统计学)的发展带来了挑战和机遇:一方面,大数据的兴起提高了统计学对人才的要求;另一方面,大数据也有助于促进统计学的发展. 概率统计课程作为数据科学的基础核心课程,引起了许多学者的重视,他们纷纷为概率统计教育教学工作建言献策. 例如,赵彦云对我国统计教育现状进行了分析总结,指出统计思想和统计方法的重要性;白雪梅和刘志龙认为,只有在统计学的协助下,大数据才能发挥自己最大的价值;孟生旺和袁卫对我国现阶段统计类本科教育存在的问题进行了分析,强调了数据本身的重要性,并建议使用专业统计软件R语言进行辅助教学. R语言不仅免费,而且其源代码开放,这两大优点使得它成为概率统计课程最重要的辅助语言.

2 概率论与数理统计课程教学中存在的问题

2.1 网络资源丰富,但未加以有效利用

网络教育的飞速发展已经对现代教育产生了深远的影响. 在各种网络资源的帮助下,学习将不再受到时间性、地域性的束缚. 如今,关于概率统计课程的学习资源已十分丰富,但是在大学教育中对于网络的运用还不够重视,未能充分地利用网络资源,并且图书馆和网络资源杂乱无章,部分同学想利用网络资源学习巩固这门课程,却在面对如此

庞杂的资源时无从下手.而教师只在课堂讲授相关理论知识,缺乏课后对学生的辅导与帮助,导致学生的积极性大大降低,这严重影响了概率论与数理统计课程的教学质量,也限制了学生的发展,对社会的进步是很不利的.因此加强网络资源的研究与开发,对于全面实现高校课堂教学改革,培养学生自主学习的能力,培养学生发现问题、解决问题的能力,培养学生实践与创新的能力等具有重要的现实意义.

2.2 重理论轻实践,重概率轻统计

概率论与数理统计课程是一门实践应用性数学课程,由于其研究对象的特殊性,涉及的抽象理论知识较多,教学重点往往偏向于理论知识、解题思路及技巧的讲授,而轻视了与实际应用相关的教学内容,尤其是忽视了与统计分析软件相关的计算机实践教学内容.

概率论与数理统计课程教学内容分为概率和统计两大部分.这两部分既有区别又有联系,概率部分是研究随机现象数据规律的理论知识,统计部分是以概率理论知识为基础对数据进行收集、处理、分析、解释,以及对所研究的对象进行预测和决策.实际教学中概率部分教学学时所占比例相对较大,且统计部分设计的公式定理和抽象概念较多,导致学生普遍认为统计部分比概率部分难学.对历年课程考试情况进行分析可发现,与概率部分相比,统计部分考题难度并不大,但是得分率却很低.

2.3 考核方式单一

课程考核是教学质量评定的一个重要环节和一种重要手段,它对教学内容和方法、教学结果等起到检验和评价的作用,并且对教育教学工作具有针对性的导向、反馈和激励功能.

概率论与数理统计课程的传统考核方式是闭卷考试,重点是对学生所学理论知识的考核,考试内容比较单一,相对受限.这种单一的考核方式容易使得学生为“考”而“学”,忽略这些知识点的真正内涵,导致理论与实际脱节.按照这种方式准备考试的学生,一旦考试过后,所学知识很快就被抛之脑后,在遇到实际问题时,仍然无法做到学以致用.这种考核方式完全不利于对学生的创新精神和创新实践能力的培养.

2.4 传统教学模式缺乏监督引导机制

目前概率论与数理统计课程仍采用传统教学模式,即教师课上讲解,学生课堂学习,课后完成课后作业.许多学生在学习的过程中往往“眼高手低”,一听就会,一做就错,课后又疏于复习巩固,导致学习效果不佳.此外,教师在教学的过程中对学生缺乏正确、及时的引导,导致学生的学习没有一条主线,往往课堂听得精彩,课后全然忘记.而教师精力有限,不可能课后监督到每一名学生,这就使得松散的同学越来越松散,认真的同学也逐渐随大流,学习兴趣逐渐衰减.

3 概率论与数理统计课程教学改革方法

3.1 合理开展智慧教室,构建网络课堂

智慧教室是一种典型的智慧学习环境的物化,是多媒体和网络教室的高端形态.它

以新时代多媒体技术为手段辅助教学,便于学生获取学习资源,促进课堂交互开展,是具有情境感知和环境管理功能的新型教室.

使用智慧教室进行课堂教学,需要制作相关的教学课件、微课,设计课堂练习等教学资源.首先要确定学习目标,对教材内容和知识点进行分类把握,根据不同专业的学生对概率统计知识的不同需求,以满足需求为原则确定所讲授知识点的深浅程度,并围绕这些内容制作相关的课件、微视频,布置课堂练习.要想让智慧教室发挥作用,就需要教师提前做充分的准备、投入较大的精力和时间,还需要学校有一定的财力支持.在智慧教室的使用过程中,教师应该及时对智慧教室课堂效果进行记录和总结,并在下次上课的时候有目的地进行调整,以使智慧教室发挥其最大的价值.使用智慧教室进行教学活动的目的不仅是传授给学生概率统计基本知识和基本技能,更重要的是让其体会丰富的教学实践活动,领会数学思想在现实生活中的应用,感受概率统计在未来专业知识中的应用价值.

“互联网+”时代,微信、QQ 等新媒体手段已经和人们的生活融为一体,将新媒体资源应用到概率论与数理统计课程教学中,不仅能活跃课堂气氛、调动学生学习的积极性,还能弥补课堂在时间和空间上的限制,为师生提供课堂外超时空教学平台.教师可以借助 QQ 群+微助教,实现课件上传、课堂签到与答题、作业布置、习题讨论、在线解惑,及时了解学生的学习状态,并且根据学生学习情况的动态反馈,进行教学反思与总结,使课堂在重复过程中不断创新,不断完善.

3.2 协调概率与统计、理论与应用,结合统计软件教学

要改变课程的重概率轻统计、重理论轻应用的现象,可以从下面几个方面入手.首先,在现有课程教学中增加统计部分课时以平衡概率和统计两部分的教学,在教学内容上不仅要重视对概念、理论方法的讲授,更要重视对理论知识的实践与应用(尤其是与生活实际、科研领域相关的应用),删除一些不必要的推导和证明等,这不仅有助于学生打下扎实的数学基础,而且能培养学生的综合应用能力.其次,增加对与概率统计相关的研究生入学考试历年典型试题的讲解,为学生日后考研深造做准备.再次,利用 R 语言或 Matlab 增加一些实践性教学内容,为学生分析和解决实际概率统计应用问题奠定基础.最后,通过改进教学方法和教学手段,采用启发式引例和实际案例教学方法,使课程教学呈现厚基础、重应用的教学特色.概率统计源于生活又被应用于现实生活,教师采取案例+演示的教学方法,将过去的灌输式教学转变为引导启发式讲授教学,目的是给教学注入活力、有效提升教学效果,更好地激发学生的学习兴趣和学习主动性、开阔学生视野、拓宽学生思维、培养学生分析和解决实际问题的能力.

3.3 完善考核评价体系,多种考核方式并存

概率论与数理统计作为其他专业课程的理论基础课程,为了更好地满足后续课程的需求,考核评价应由以教师为主体转变为以学生为主体,并确定以理论基础与实践应用并重的原则,形成多元化的过程考核评价体系,从而充分激发学生的求知欲,挖掘学生的潜能.概率统计过程考核评价体系主要分为两部分,过程性考核成绩(占 40%)和期终考

核成绩(占60%).其中过程性考核又分为纪律考勤、课堂表现、平时作业、课堂测试和调研报告五个部分,期终考核以闭卷的形式进行,以案例分析为主,在有限的考核时间内重点检查学生解决问题的能力.

3.4 构建“以人为本”的激励监督机制

提高课程教学效果需要师生共同努力.微课堂和考核评价体系建立后,执行情况却不一定尽如人意,因此还需要建立一套“以人为本”的监督与激励并存的考评机制,对努力的学生予以嘉奖,对缺乏学习动力的学生加强监督.激励监督机制的构建主要分为三个部分:一是要建立概率论与数理统计试题库,要求学生在线答题,并将成绩作为平时成绩的一部分.二是要在课堂上提问,要求回答不上的学生课后进行复习,下次再提问,如果还回答不上,扣除一定的平时成绩.三是要不定期地抽查学生网络学习的情况,监督学生自主学习,随堂测试,鞭策学生努力学习.以上几点都是基于“惩罚”与“监督”的原则提出的.在督促学生学习的过程中,教师需要坚持“以人为本”的原则,倾注更多的时间和精力去主动关心和帮助学生,让学生逐渐认识到学习的重要性,激励他们努力学习,学会自主学习.

4 结束语

严加安院士在其著作《悟道诗》中指出:“随机非随意,概率破玄机.无序隐有序,统计来解谜.”概率论与数理统计是近代数学的一个重要分支,旨在揭示随机现象的内在统计规律.它既有严格的数学基础,又与其他学科紧密相连,因此教授该课程时要以理论与实践并重为原则.对高校的概率统计课程进行改革有利于提高学生的学习积极性,以应对大数据时代的机遇与挑战.

参考文献

[1] 李纯.关于概率统计课程的教学思考与探索[J].内江科技,2019,40(3):103,8.

[2] 王艳萍,吕震宙,李璐祎,等.新时代卓越人才培养计划下概率论与数理统计教学改革探索[J].科教文汇,2019(13):61-63.

[3] 李光辉,杨晓珍,李俊鹏.概率统计课程混合教学模式探索[J].凯里学院学报,2019,37(3):102-106.

[4] 芮广亚.智慧教室在高职概率统计教学中的应用与实践[J].现代经济信息,2019(15):414,416.

[5] 王凤琼,邓小艳,杨英.理工类概率统计课程考核改革的研究与实践[J].教育教学论坛,2019(33):156-159.

[6] 王艳萍,吕震宙,宋诉芳.“双一流”建设视域下“概率论与数理统计”教学实践创新[J].黑龙江教育,2019(8):48-51.

[7] 李晓莉.独立学院概率统计课程的多元化教学实践[J].课程教学,2019(23):114-115.

[8] 郭念国. 大数据时代 R 语言模拟在概率统计课程教学中的应用[J]. 河南教育(高校), 2017(12):80-81.

[9] 白雪梅,刘志龙. 我国应用统计学专业与统计行业分析 [J]. 中国统计,2015(5):29-31.

[10] 夏红梅,刘艳萍. 开发和利用网络资源搞好数学课堂教学[J]. 中国教育技术装备,2014(15):71-72.

线性正则变换在信号处理中的应用

——教学设计

孙艳楠　钱文超

（江苏大学数学科学学院）

摘　要　数学学科是各理工科的基础，近些年来，将数学与其他学科交叉相结合是各高校课堂教学发展的趋势.而变换思想在高等数学的教学中贯穿始终，因此，本文结合信息学科应用较为广泛的线性正则变换和新的数学理论，聚焦前沿热点问题，通过有趣的实例，精心设置疑问，建立数学模型，分析模型，让师生在教学过程中共同、系统地学习线性正则变换在信号处理中的应用.

关键词　傅里叶变换　线性正则变换　时频分析　频率估计

1　教学设计

大学课堂是传播知识和文化的课堂，和中学教学最大的不同就在于以教师讲授为主转化为以学生学习为主.近年来，对学科教学相互交叉，是大学教学发展的趋势.本文将信息学科中的热点问题和数学中的变换思想相结合，介绍数学中的线性正则变换在信号处理中的广泛应用.考虑到数学学科的学生信号处理背景知识较薄弱，本文首先介绍信息的基本概念以及经典的信号处理的方法和本质；其次，为了便于学生更好地接受新知识，进一步介绍现代信号处理中的数学思想，让学生体会到学习数学知识的重要性；最后，基于有趣的实例介绍线性正则变换在信号处理中的几个应用，通过分析实例，建立数学模型，提高学生学习新知识的能力，培养学生分析问题和应用数学知识解决实际问题的能力.

① 教学目标：掌握线性正则变换的性质，理解信号线性正则变换后的物理含义；线性正则变换在信号处理中的应用.

② 教学重点：对信号进行线性正则变换后物理概念的理解.

③ 教学难点：对线性正则变换在信号处理中应用的理解.

1.1　创设情景

通过身边的实例，比如红绿灯信号、语音信息、图片信息等引入信息和信号的概念.

通过设置疑问“如何从众多信息中获得重要的信息呢?”，引入信号处理的概念，并引导学生使用数据库查阅传统信号处理的方法. 师生共同总结如下内容：

“信号处理”，就是要把记录在某种媒体上的信号（函数）进行处理，以便抽取出有用信息的过程，它是对信号进行提取、变换、分析、综合等处理过程的统称.

传统的信号处理的方法是以傅里叶变换（Fourier Transform, FT）为核心的傅里叶分析理论体系，利用增加的频域信息在时域和频域同时分析信号，相比仅在时域分析，其能够得到更多有用的信息，实现了信号处理理论的伟大飞跃. 傅里叶分析对于处理平稳信号具有优势，但是随着信号处理理论的发展，现代通信、雷达、语音以及地震等信号处理领域越来越多地要面对非平稳信号的分析与处理，这就产生了对非平稳信号的分析和处理方法.

接下来，老师补充：

现代信号处理中应用到的新数学变换方法，比如，分数阶傅里叶变换（Fractional Fourier Transform, FRFT）、短时分数阶傅里叶变换，线性正则变换（Linear Canonical Transform，LCT）等. 相比于傅里叶变换和分数阶傅里叶变换，线性正则变换有 3 个自由参数，具有更强的自由度，当参数取特殊情况时可以退化为分数阶傅里叶变换、Chirp 乘积、Fresnel 变换等. 线性正则变换是一种仿射变换，具有可旋转、压缩和拉伸时频平面的特点. 基于上述优势，线性正则变换已经成为当前信号处理中重要的研究热点之一. 线性正则变换的数学定义如下：

设矩阵 $\boldsymbol{A}=(a,b;c,d)\in\mathbf{R}^{2\times2}$ 满足 $\det(\boldsymbol{A})=ad-bc=1$，则函数 $f(t)\in L^2(\mathbf{R})$ 关于参数矩阵 $\boldsymbol{A}$ 的线性正则变换定义为[4]

$$F_{\boldsymbol{A}}(u)=\int_{\mathbf{R}}f(t)K_{\boldsymbol{A}}(t,u)\,\mathrm{d}t \tag{1}$$

其中

$$K_{\boldsymbol{A}}(t,u)=\begin{cases}\dfrac{1}{\sqrt{\mathrm{j}2\pi b}}\mathrm{e}^{\mathrm{j}\frac{at^2+du^2-2tu}{2b}}, & b\neq0\\ \sqrt{d}\,\mathrm{e}^{\mathrm{j}\frac{cdu^2}{2}}\delta(t-du), & b=0\end{cases} \tag{2}$$

对应的逆变换，即

$$f(t)=\int_{\mathbf{R}}F_{\boldsymbol{A}}(u)K_{\boldsymbol{A}}^*(t,u)\,\mathrm{d}u \tag{3}$$

这里 $K_A^*(t,u)$ 是逆线性正则变换的核函数，即

$$K_{\boldsymbol{A}}^*(t,u)=\begin{cases}\dfrac{1}{\sqrt{-\mathrm{j}2\pi b}}\mathrm{e}^{-\mathrm{j}\frac{at^2+du^2-2tu}{2b}}, & b\neq0\\ \sqrt{a}\,\mathrm{e}^{-\mathrm{j}\frac{cat^2}{2}}\delta(u-at), & b=0\end{cases} \tag{4}$$

进一步，教师分析定义式：

式(2)和式(4)表明，当 $b=0$ 时，函数 $f(t)$ 的线性正则变换和逆线性正则变换作用效果都是在时域作尺度变换和 Chirp 乘积的复合. 式(3)说明 $f(t)$ 可以由权系数为 $F_{\boldsymbol{A}}(u)$ 的

正交基函数 $K_A^*(t,u)$表征.

为了加深学生对线性正则变换的理解,教师提前在云班课发布“线性正则变换的发展历程”相关知识,提高学生自主学习的能力.

学生理解线性正则变换后,引入本节课的主要内容:线性正则变换在信号处理中的应用.为了激发学生的学习兴趣,首先通过 PPT 展示地震检测、含噪信号的干扰、信息的截获、人民币中加入图片等,让学生认识到信号处理的必要性,思考处理这些问题需要什么样的数学模型.

由于本部分内容具有较深的物理学知识,对于数学学科学生而言,学习具有一定难度,因此该部分内容主要以教师讲授为主.

1.2 探索新知

(1) 瞬时频率估计

首先,教师针对 PPT 中的地震检测问题,告知学生该模型实际上可归结为对地震信号瞬时频率估计的问题.瞬时频率估计除在地震检测方面具有广泛应用外,在雷达与声纳、通信和生物医学等领域都起到了非常重要的作用.然后,教师给出线性正则变换进行瞬时频率估计的优势,以 Xu 等利用线性正则的功率谱和信号的相位导数估计非平稳信号的瞬时频率为例,得到了如下瞬时频率表示形式:

$$f_{IF}(t)=\frac{1}{2\pi}\frac{\mathrm{d}\varphi(t)}{\mathrm{d}t}=\frac{1}{2\pi}\left[\frac{M-N}{2|f(t)|^2tb(a+d)}-\frac{a-d}{2b}t\right] \tag{5}$$

式中,$\varphi(t)$为信号的相位;$M=|L_{A^{-1}}[L^A(f(t))(u)(t)]|^2$;$N=|L_A[L_{A^{-1}}(f(t))(u)u](t)|^2$.

教师进一步介绍该方法的优势,让学生体会学习数学的乐趣,认识到学习数学知识的必要性,引导学生通过相关资源查找其他瞬时频率估计的方法,以培养学生的学术研究能力.

(2) 线性正则变换域滤波

针对信号干扰问题,教师可引导学生分析问题,师生基于问题共同得出该问题实际是信号的去噪问题的结论.实际模型为如图 1 所示.

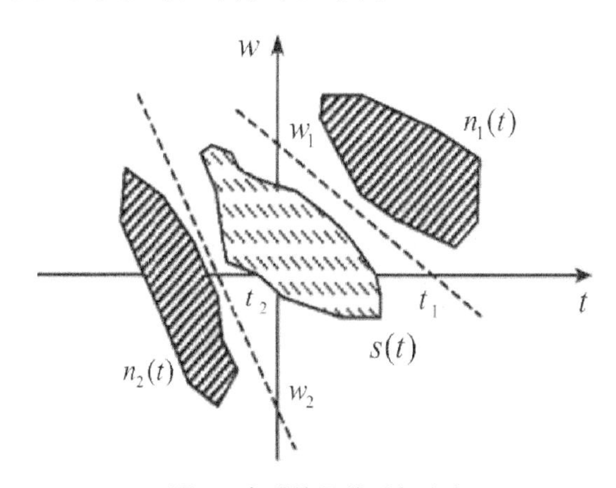

图 1 含噪信号的时频分布

实际信号分析与处理过程中信号 $s(t)$ 中常常会混有噪声 $n(t)$. 当含噪信号在时频平面上存在耦合时,如图 1 用时频方法都不能将信号与噪声完全分离. 作为传统滤波器的进一步推广,教师进一步介绍利用线性正则变换进行滤波器设计,进而滤除噪声. 滤波器具体数学表达式为

$$r_{出}(t)=L_{(d,-b,-c,a)}\left[L_{(a,b,c,d)}\left(r_{入}\cdot H_{(a,b,c,d)}(u)\right)\right] \tag{6}$$

式中,$H_{(a,b,c,d)}(u)$ 为滤波器的传递函数,$H_{(a,b,c,d)}(u)$ 不同则得到不同的滤波器.

教师进一步分析该设计的优势:

根据线性正则变换和时频分析之间的关系,可选择合适的线性正则变换参数,实现不同时频平面分割,即通过两个参数 $a_1/b_1=\omega_1/t_1$ 和 $a_2/b_2=\omega_2/t_2$ 的线性正则变换域的成型滤波器就能完全滤掉噪声,进而恢复信号 $s(t)$.

除了上述线性正则变换在时频平面上可以实现信号的解耦合之外,教师进一步介绍在线性正则变换域实现信号的分离与滤波问题、线性正则变换域最优滤波器设计问题等,让学生认识到线性正则变换工具在工程应用上的广泛性.

(3) 语音信号分析和重构

教师针对信息高效获取问题,介绍语音通信的重要性,并进一步介绍线性正则变换处理语音信号的优势,特别地,应介绍线性正则变换在语音信号分析和重构中的应用. 为了让学生更直观地理解,教师主要介绍基于线性正则变换的两种语音信号的重构方法. 第一种方法主要利用 AM-FM 语音模型与干扰 Gauss 噪声信号在线性正则变换域具有不同的能量聚集特性,通过设计合适的滤波器,滤除信号中携带的噪声,进一步利用线性正则变换的逆变换恢复出原始信号,实现语音信号的去噪. 第二种方法是针对具有多分量 Chirp 信号的 AM-FM 语音信号模型的重构与恢复. 该方法首先主要通过学生熟悉的数学知识——拟牛顿方法进行四维搜索,获得最大峰值点的记录值,以检测和估计出最强 Chirp 分量,这样 AM-FM 信号中的最强分量能够被重构;其次,为了获得第二强分量,在线性正则变换域设计一个自适应的带通滤波器,滤除 AM-FM 语音模型中的最强分量,再利用逆线性正则变换获得新的时域信号,该时域信号的最强分量是原 AM-FM 信号中的第二强分量. 重复以上过程直到检测出分量幅值低于预设的门限值,恢复原有的语音信号.

感兴趣的学生可通过查阅文献获得更多语音信号的分析和重构的相关知识.

(4) 数字水印

教师详细介绍数字水印技术,即数字水印技术是指将标示有版权所有者的信息嵌入要保护的数字媒体,如图像、音频、视频等中,但是嵌入的信息不会被人感知,只有版权所有者能通过检测手段确定数字水印是否存在.

教师再介绍数字水印的算法,它主要包括空域算法和变换域算法. 变换域算法的鲁棒性比较好,而且有着各种各样的变换方法. 由于线性正则变换具有 3 个自由参数,因此线性正则变换域的数字水印算法可以更好地增强水印算法的安全性、增大添加水印的容量. 基于线性正则变换域的数字水印算法,把数字水印信息嵌入图像变换系数中,由于线

性正则变换参数可灵活选择,当在提取水印的过程中使用的参数与嵌入过程中使用的不一致时,该变换提取出的误码率很高,即不能提取水印,这也说明其能提升信息安全性.

2 结束语

本文采用讲授法,通过设置疑问、建立适当的模型及分析模型,介绍了线性正则变换的定义和其物理含义,通过有趣的实例,介绍了线性正则变换在信号处理中的应用.从教学效果看,该教学方法易于接受,能够激发学生的学习兴趣和探索欲望,提高了学生的创新能力,培养了学生的学术研究能力.

参考文献

[1] 张贤达.现代信号处理[M].北京:清华大学出版社,2002.

[2] 陶然,邓兵,王越.分数阶傅里叶变换及其应用[M].北京:清华大学出版社,2009.

[3] 许天周,李炳照.线性正则变换及其应用[M].北京:科学出版社,2013.

[4] ZHANG Z C, SUN A, LIANG Z Y, et al. Sampling theorems for bandlimited functions in the two-dimensional LCT and the LCHT domains[J]. Digital Signal Processing,2021, 114(7): 103053.

[5] ZHANG Z C. Convolution theorems for two-dimensional LCT of angularly periodic functions in polar coordinates[J]. IEEE Signal Processing Letters, 2019, 26 (8): 1242-1246.

[6] SUN Y N, LI B Z. Sliding discrete linear canonical transform. IEEE Transactions on Signal Processing, 2018, 66(17): 4553-4563.

[7] PEI S C, HUANG S G. Fast discrete linear canonical transform based on CM-CC-CM decomposition and FFT [J]. IEEE Transactions on Signal Processing, 2016, 64 (4): 855-866.

[8] SUN Y N, LI B Z. Segmented fast linear canonical transform[J]. Journal of the Optical Society of American A: Optics, Image Science, and Vision, 2018, 35(8):1346-1355.

[9] SUN Y N, LI B Z. Digital computation of linear canonical transform for local spectra with flexible resolution ability[J]. Science China (Information Sciences), 2019, 62(4): 206-208.

[10] SHI J, LIU X P, YAN F G, et al. Error analysis of reconstruction from linear canonical transform based sampling [J]. IEEE Transactions on Signal Processing, 2018, 66 (7): 1748-1760.

[11] WEI D Y, LI Y M. Sampling and series expansion for linear canonical transform [J]. Signal Image & Video Processing, 2014, 8 (6): 1095-1101.

[12] URYNBASSAROVA D, LI B Z, TAO R. Convolution and correlation theorems for

Wigner-Ville distribution associated with the offset linear canonical transform [J]. Optik, 2018, 157: 455-466.

[13] XU X N, LI B Z, MA X L. Instantaneous frequency estimation based on the linear canonical transform[J]. Journal of the Franklin Institute, 2012, 349(10): 3185-3193.

[14] 邓兵，陶然，王越. 线性正则变换的卷积定理及其应用[J]. 中国科学(E辑)：信息科学,2007,37(4):544-554.

[15] 向强，秦开宇，张传武. 基于线性正则变换的时频信号分离方法 [J]. 电子科技大学学报，2010，39(4)：570-573.

[16] BARSHAN B, KUTAY M A, OZAKTAS H M. Optimal filtering with linear canonical transformations[J]. Optics Communications, 1997, 135(1-3): 32-36.

[17] QIU W, LI B Z, LI X W. Speech recovery based on the linear canonical transform [J]. Speech Communication, 2013, 55(1): 40-50.

[18] QI M, LI B Z, SUN H F. Image watermarking using polar harmonic transform with parameters in SL(2, R)[J]. Signal Processing: Image Communication, 2014, 31: 161-173.

线性变换和矩阵

谈　强[1]　朱　鹏[2]

（1. 江苏大学数学科学学院；2. 江苏理工学院数理学院）

摘　要　研究线性空间上的线性变换时，矩阵就会很自然地出现. 本文研究了同一线性空间上线性变换的矩阵表示和不同线性空间之间线性变换的矩阵表示.

关键词　线性变换　矩阵表示

1　同一线性空间上线性变换的矩阵表示

假设 $S=\{v_1, v_2, \cdots, v_n\}$ 是 n 维实线性空间 V 的一组基. 如果 $\boldsymbol{\alpha} \in V$，则一定存在唯一的一组实数 $a_1, a_2, \cdots, a_n$ 使得 $\boldsymbol{\alpha}=\sum_{i=1}^{n} a_i v_i$，从而我们可定义 $\boldsymbol{\alpha}$ 在基 S 下的向量表示为

$$[\boldsymbol{\alpha}]_S=(a_1, a_2, \cdots, a_n)$$

假设 $L: V \to V$ 是线性空间 V 上的一个线性变换. 所谓 V 上的线性变换就是满足下面的线性关系的一个映射：

$$L(k\boldsymbol{\alpha}+l\boldsymbol{\beta})=kL(\boldsymbol{\alpha})+lL(\boldsymbol{\beta}), k, l \in \mathbf{R}, \boldsymbol{\alpha}, \boldsymbol{\beta} \in V$$

对每一个 v_j 我们均能找到唯一的一组实数 (a_{ij}) 使得满足 $L(v_j)=\sum_{i=1}^{n} a_{ij} v_i$.

定义 1　$n \times n$ 阶矩阵 $\boldsymbol{A}=(a_{ij})$ 称为线性变换 $L: V \to V$ 在基 S 下的矩阵表示.

给定一个向量 $\boldsymbol{\alpha}=\sum_{i=1}^{n} a_i v_i=a_1 v_1+\cdots+a_n v_n \in V$，由于 L 是线性的，$\boldsymbol{\alpha}$ 的像为 $L(\boldsymbol{\alpha})=L(a_1 v_1+\cdots+a_n v_n)=a_1 L(v_1)+a_2 L(v_2)+\cdots+a_n L(v_n)=\sum_{j=1}^{n} a_j L(v_j)=\sum_{j=1}^{n} \sum_{i=1}^{n} a_j a_{ij} v_i$.

因此，在选定线性空间 V 的基 $S=\{v_1, v_2, \cdots, v_n\}$ 后，L 就变成

$$L: \boldsymbol{\alpha}=(v_1, v_2, \cdots, v_n)\begin{pmatrix} a_1 \\ a_2 \\ \vdots \\ a_n \end{pmatrix} \to L(\boldsymbol{\alpha})=(v_1, v_2, \cdots, v_n)\boldsymbol{A}\begin{pmatrix} a_1 \\ a_2 \\ \vdots \\ a_n \end{pmatrix}$$

也就是说，当基固定或不考虑基时，一个线性变换 L 可以简单地表示成 $L: \boldsymbol{\alpha} \mapsto \boldsymbol{A}\boldsymbol{\alpha}$. 即一个线性变换 L 完全由它的矩阵 $\boldsymbol{A}$ 决定；反过来，如果给定一个矩阵 $\boldsymbol{A}$，由上面的推导

过程我们知道 $\boldsymbol{A}$ 也可以定义一个线性变换. 因此当基选定后,线性空间上的线性变换就和矩阵一一对应起来了. 这样我们就可以通过研究矩阵来研究线性变换,比较直观,便于操作和计算;同样地,我们研究矩阵时,如果把每个矩阵看成线性变换,则许多问题就能很好地解决,也便于给出直观的解释. 下面自然而然引出一个问题:如果我们在线性空间上选取另外一组不同的基,重复上面的推导,则我们也可以用一个矩阵 $\boldsymbol{B}=(b_{ij})$ 表示线性变换 L. 这时的矩阵 $\boldsymbol{A}$ 和矩阵 $\boldsymbol{B}$ 有什么关系呢? 下面就来考虑这个问题.

假设 $T=\{w_1,w_2,\cdots,w_n\}$ 是 V 的另一组基,$\boldsymbol{\alpha}$ 在基 T 下的表示为 $\boldsymbol{\alpha}=\sum_{i=1}^{n}b_iw_i$,则我们有如下关系式:

$$\boldsymbol{\alpha}=(w_1,w_2,\cdots,w_n)\begin{pmatrix}b_1\\b_2\\\vdots\\b_n\end{pmatrix}=(v_1,v_2,\cdots,v_n)\begin{pmatrix}a_1\\a_2\\\vdots\\a_n\end{pmatrix}$$

$$L(\boldsymbol{\alpha})=(w_1,w_2,\cdots,w_n)\boldsymbol{B}\begin{pmatrix}b_1\\b_2\\\vdots\\b_n\end{pmatrix}=(v_1,v_2,\cdots,v_n)\boldsymbol{A}\begin{pmatrix}a_1\\a_2\\\vdots\\a_n\end{pmatrix}$$

另外,对于每一个 v_i,我们均能找到唯一的一组实数(p_{ij}),满足 $v_i=\sum_{j=1}^{n}p_{ij}w_j$,即$(v_1,v_2,\cdots,v_n)=(w_1,w_2,\cdots,w_n)\boldsymbol{P}$,其中 $\boldsymbol{P}=(p_{ij})$. 这样一来我们便可得到如下关系式:

$$\boldsymbol{\alpha}=(w_1,w_2,\cdots,w_n)\begin{pmatrix}b_1\\b_2\\\vdots\\b_n\end{pmatrix}=(w_1,w_2,\cdots,w_n)\boldsymbol{P}\begin{pmatrix}a_1\\a_2\\\vdots\\a_n\end{pmatrix}$$

$$L(\boldsymbol{\alpha})=(w_1,w_2,\cdots,w_n)\boldsymbol{B}\begin{pmatrix}b_1\\b_2\\\vdots\\b_n\end{pmatrix}=(w_1,w_2,\cdots,w_n)\boldsymbol{PA}\begin{pmatrix}a_1\\a_2\\\vdots\\a_n\end{pmatrix}$$

从而我们得到

$$\begin{pmatrix}a_1\\a_2\\\vdots\\a_n\end{pmatrix}=\boldsymbol{P}^{-1}\begin{pmatrix}b_1\\b_2\\\vdots\\b_n\end{pmatrix}$$

$$L(\boldsymbol{\alpha})=(w_1,w_2,\cdots,w_n)\boldsymbol{B}\begin{pmatrix}b_1\\b_2\\\vdots\\b_n\end{pmatrix}=(w_1,w_2,\cdots,w_n)\boldsymbol{PA}\begin{pmatrix}a_1\\a_2\\\vdots\\a_n\end{pmatrix}=(w_1,w_2,\cdots,w_n)\boldsymbol{PAP}^{-1}\begin{pmatrix}b_1\\b_2\\\vdots\\b_n\end{pmatrix}$$

最后,我们得到 $\boldsymbol{B}=\boldsymbol{PAP}^{-1}$,也就是说,$V$ 上的线性变换 L 在不同基下的矩阵是相似的.

2 不同线性空间之间线性变换的矩阵表示

下面我们考虑不同线性空间之间的线性变换. 假设 $E=\{e_1,e_2,\cdots,e_m\}$ 是 m 维实线性空间 W 的一组基,$L:V\to W$ 是线性空间 V 到 W 的一个线性变换. 对每一个 v_j 我们均能找到唯一的一组实数(c_{ij})满足 $L(v_j)=\sum_{i=1}^{n}c_{ij}e_i$.

定义 2 $m\times n$ 阶矩阵 $\boldsymbol{C}=(c_{ij})$称为线性变换 $L:V\to W$ 在基 S 和 E 下的矩阵表示.

记 $L(V,W)$为线性空间 V 到 W 的所有线性变换的集合. 另外,对 $F,G\in L(V,W)$和任意实数 k,我们定义 $F+G:V\to W,(F+G)(\boldsymbol{\alpha})=F(\boldsymbol{\alpha})+G(\boldsymbol{\alpha})$;$kF:V\to W,(kF)(\boldsymbol{\alpha})=kF(\boldsymbol{\alpha})$. 从而易知,在上述运算法则下 $L(V,W)$构成一个线性空间. 我们不妨来简单验证下. 首先,显然 $kF:V\to W$ 是一个线性变换. 另外,对于任意的实数 k,l 和 $\boldsymbol{\alpha},\boldsymbol{\beta}\in V$,由上述定义,我们可得

$$(F+G)(k\boldsymbol{\alpha}+l\boldsymbol{\beta})=F(k\boldsymbol{\alpha}+l\boldsymbol{\beta})+G(k\boldsymbol{\alpha}+l\boldsymbol{\beta})$$

再由 F,G 是线性的,我们有

$$F(k\boldsymbol{\alpha}+l\boldsymbol{\beta})+G(k\boldsymbol{\alpha}+l\boldsymbol{\beta})=kF(\boldsymbol{\alpha})+lF(\boldsymbol{\beta})+kG(\boldsymbol{\alpha})+lG(\boldsymbol{\beta})=k(F+G)(\boldsymbol{\alpha})+l(F+G)(\boldsymbol{\beta})$$

易见,$F+G:V\to W$ 是一个线性映射,所以 $L(V,W)$构成一个线性空间.

假设 $m\times n$ 阶矩阵 $\boldsymbol{A}=(a_{ij})$和 $\boldsymbol{B}=(b_{ij})$分别为线性变换 $F,G:V\to W$ 在基 S 和 E 下的矩阵表示.

按照定义,对每一个 v_j 我们有 $F(v_j)=\sum_{i=1}^{n}a_{ij}e_i$ 和 $G(v_j)=\sum_{i=1}^{n}b_{ij}e_i$. 这样一来,我们就有

$$(F+G)(v_j)=F(v_j)+G(v_j)=\sum_{i=1}^{n}a_{ij}e_i+\sum_{i=1}^{n}b_{ij}e_i=(\sum_{i=1}^{n}a_{ij}+\sum_{i=1}^{n}b_{ij})e_i$$

$$(kF)(v_j)=kF(v_j)=k\sum_{i=1}^{n}a_{ij}e_i$$

则我们有如下定理:

定理 1 $F+G:V\to W$ 在基 S 和 E 下的矩阵表示为 $\boldsymbol{A}+\boldsymbol{B}$;$kF:V\to W$ 在基 S 和 E 下的矩阵表示为 $k\boldsymbol{A}$.

3 矩阵表示的意义

假设 $L:\mathbf{R}^n\to\mathbf{R}^n$ 是线性空间 $\mathbf{R}^n$ 上的一个线性变换. 对 $\mathbf{R}^n$ 中的每个向量 $\boldsymbol{x}$,$L(\boldsymbol{x})$由 $\boldsymbol{Ax}$ 计算得到,其中 $\boldsymbol{A}$ 是 $n\times n$ 矩阵,将这样一个矩阵变换记为 $\boldsymbol{x}\to\boldsymbol{Ax}$. 显然 L 的值域为 $\boldsymbol{A}$

的列向量的所有线性组合的集合，显然每个矩阵均可定义一个线性变换. 知道线性变换的矩阵有什么好处呢？能够简化向量转换的计算过程吗？能够方便我们理解向量变换吗？下面我们看一个例子.

二维向量空间的单位正交基可以用单位矩阵 $\boldsymbol{I}=\begin{pmatrix}1 & 0\\ 0 & 1\end{pmatrix}=(\boldsymbol{e}_1,\boldsymbol{e}_2)$ 表示. 同理，三维向量空间的单位正交基也可以用单位矩阵 $\boldsymbol{I}=\begin{pmatrix}1 & 0 & 0\\ 0 & 1 & 0\\ 0 & 0 & 1\end{pmatrix}=(\tilde{e}_1,\tilde{e}_2,\tilde{e}_3)$ 表示. 设 $L:\mathbf{R}^2\to\mathbf{R}^3$ 是线性空间 $\mathbf{R}^2$ 和 $\mathbf{R}^3$ 之间的一个线性变换，有 $L(\boldsymbol{e}_1)=\begin{pmatrix}5\\ -7\\ 2\end{pmatrix}$，$L(\boldsymbol{e}_1)=\begin{pmatrix}-3\\ 8\\ 0\end{pmatrix}$. 则线性变换 L：$\mathbf{R}^2\to\mathbf{R}^3$ 在基 S 和 E 下的矩阵表示为 $\begin{pmatrix}5 & -3\\ -7 & 8\\ 2 & 0\end{pmatrix}$. 下面我们求 $\mathbf{R}^2$ 中的任意一个向量 $\boldsymbol{x}=\begin{pmatrix}x_1\\ x_2\end{pmatrix}$ 被 L 变换后的向量. 二维向量空间 $\mathbf{R}^2$ 中的任何一个向量都是基向量 $\boldsymbol{e}_1$ 和 $\boldsymbol{e}_2$ 的某个线性组合：$\boldsymbol{x}=\begin{pmatrix}x_1\\ x_2\end{pmatrix}=x_1\boldsymbol{e}_1+x_2\boldsymbol{e}_2$. 因为 L 是一个线性变换，所以我们得出

$$L(\boldsymbol{x})=L(x_1\boldsymbol{e}_1+x_2\boldsymbol{e}_2)=x_1L(\boldsymbol{e}_1)+x_2L(\boldsymbol{e}_2)=(L(\boldsymbol{e}_1)\quad L(\boldsymbol{e}_2))\begin{pmatrix}x_1\\ x_2\end{pmatrix}=\begin{pmatrix}5 & -3\\ -7 & 8\\ 2 & 0\end{pmatrix}\begin{pmatrix}x_1\\ x_2\end{pmatrix}$$

最后就很容易得出

$$L(\boldsymbol{x})=\begin{pmatrix}5x_1-3x_2\\ -7x_1+8x_2\\ 2x_1\end{pmatrix}=x_1(5\tilde{e}_1-7\tilde{e}_2+2\tilde{e}_3)+x_2(-3\tilde{e}_1+8\tilde{e}_2)$$

可以看到，对任何向量 $\boldsymbol{x}$ 进行线性变换 L 的结果向量，是一个对基向量组进行线性变换 L 之后的新向量组的一个线性组合，系数没变. 这就告诉我们，对于线性空间之间的线性变换，只要知道线性变换的矩阵表示（即只需要知道两组基向量转换之后的结果），而不用知道转换本身，我们就能推导出线性空间中所有向量转换之后的结果.

4　教学建议

线性变换和矩阵这一课题，是中学课程内容的拓展，它有着深刻的几何学和物理学背景. 建议通过学生生活中熟悉的场景提出问题，引入线性变换和矩阵的内容，着重突出矩阵运算的几何意义. 对于线性变换的矩阵表示，应该帮助学生通过具体的实例，寻找平移变换、旋转变换、反射变换等所对应的矩阵.

设 $L:\mathbf{R}^3\to\mathbf{R}^3$ 是一个将 $\mathbf{R}^3$ 中的三维向量 $\boldsymbol{v}=\begin{pmatrix}x\\y\\z\end{pmatrix}$ 沿 x 轴顺时针旋转 θ 度的变换 $L(\boldsymbol{v})=\boldsymbol{A}\boldsymbol{v}$,求这个变换矩阵 $\boldsymbol{A}$.

$$L(\boldsymbol{v})=L(x\boldsymbol{e}_1+y\boldsymbol{e}_2+z\boldsymbol{e}_3)=xL(\boldsymbol{e}_1)+yL(\boldsymbol{e}_2)+zL(\boldsymbol{e}_3)=(L(\boldsymbol{e}_1)\quad L(\boldsymbol{e}_2)\quad L(\boldsymbol{e}_3))\begin{pmatrix}x\\y\\z\end{pmatrix}$$

所以

$$A=(L(\boldsymbol{e}_1)\quad L(\boldsymbol{e}_2)\quad L(\boldsymbol{e}_3))$$

对基向量进行变换，很直观地就能得到图 1 所示的旋转矩阵.

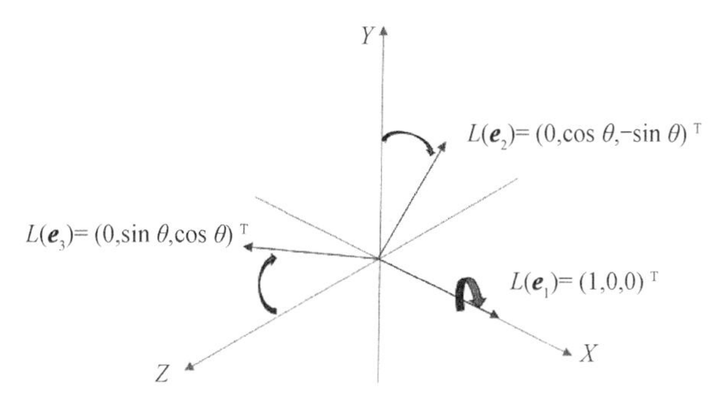

图 1　旋转矩阵

$$\boldsymbol{A}=\begin{pmatrix}1 & 0 & 0\\0 & \cos\theta & \sin\theta\\0 & -\sin\theta & \cos\theta\end{pmatrix}$$

同理可以很容易地推出沿其他轴旋转的旋转矩阵.

参考文献

[1] 张禾瑞，郝柄新. 高等代数[M]. 4 版. 北京:高等教育出版社，1999.

[2] 许以超. 线性代数与矩阵论[M]. 2 版. 北京:高等教育出版社，2008.

[3] 李尚志.《线性代数》新教材精彩案例(之二)[J]. 大学数学，2012(4)：5-12.

[4] 米山国藏. 数学的精神、思想和方法[M]. 毛正中，吴素华,译. 成都：四川教育出版社，1986.

量化投资课程教学实践研究
——以江苏大学为例

王超杰
（江苏大学数学科学学院）

摘　要　量化投资是一门经数学、统计、计算机等多学科交叉融合的新兴学科，目前国内仅有少数院校开设专门的量化投资本科课程．本文总结了江苏大学数学科学学院开设“量化投资”课程以来的教学经验，并提出了未来课程和教学改革的发展方向，为进一步完善复合型金融人才培养体系提供思路．

关键词　量化投资　复合型人才　教学改革

1　简介

量化投资是数学、统计、计算机等多学科在金融领域的应用，是一门交叉性应用型学科．1971 年，美国巴克莱投资管理公司发行世界上第一只被动量化基金，标志着量化投资模式的开端．近年来，随着技术进步和数据量丰富，量化投资进入高速发展期．目前，中国量化投资资金管理规模已经突破 1 万亿元大关，占全部私募证券基金管理规模比例超过 20%．量化投资正逐渐取代传统的主观投资成为市场的主流投资方式．

由于量化投资的学科交叉特点，对量化投资人才的培养目标是既要求学生具备基本的金融素养，熟悉各类金融工具，又要求学生具备一定的大数据处理和算法实现能力，这对高校的人才培养提出了很高的要求．然而，当前高校的金融人才培养体系仍然保留着重理论轻实务、重专业能力轻综合素质、重学科边界轻跨界融合等传统特征，存在实际操作能力不强、发展后劲不足、多学科解决问题的能力缺失等问题．这使得金融行业的人才需求和高校的人才培养体系出现了一定程度上的错配．如何培养能够运用金融工具和专业数据分析方法解决金融实务问题的“金融+数学+计算机”复合型背景人才，是当前高等院校金融教育教学改革的重要问题．

2　课程现状

江苏大学从 2021 年起在数学科学学院开设“量化投资”课程，是国内少数开设量化投资专业课程的院校之一．该课程的授课对象为金融数学专业大三本科生．在前置课程上,相关学生已修读完"高等代数""概率论""数理统计"等数学类课程,以及"计量经济学""会计学"等传统金融课程,同时通过"程序设计"课程已经掌握了至少一门编程语言. 这些前置课程要求充分体现了"量化投资"课程学科交叉的特点.

在日常教学中,我们发现学生的数学理论基础相对扎实,而涉及编程和数据处理的实际动手能力则相对薄弱. 事实上,编程教学一直是课程教学的一大难点. 计算机编程本身知识点的难度并不高,以 Python 语言为例,现在很多小学生都可以通过短期学习熟练掌握. 编程教学的主要难度在于需要学生进行大量的课后练习,只有通过大量的练习,学生才能从理解知识点到熟练掌握一门编程语言,从而能够完成具体的应用任务. 虽然在课程设计中,我们已经尽可能地保证学生的上机实践课时,但学生普遍对编程作业存在畏难情绪,需要教师在后续教学中不断引导.

使用何种语言进行编程教学也是量化投资教学所需要考虑的重要问题. 目前,市面上主流的量化投资编程软件包括 Python、Matlab 以及 R 语言等. 这些语言在使用时各有优劣,本课程最终选择 Python 作为编程教学语言. Python 具有免费、开源、多接口等优势,学习门槛较低,对编程新手较为友好. 另外,强大的开源社区为 Python 提供了丰富的函数库和外部接口,我们可以便捷地通过 Wind、Choice、同花顺等金融终端导入市场行情数据,极大地减少了前期数据预处理的工作量. 同时,在目前火热的人工智能和深度学习领域,Python 所提供的 Pytorch 和 TensorFlow 框架具有不可替代性. 学生学习 Python 编程,不仅可以用于量化投资领域,也为后续进一步研究和发展打下基础.

3 教学改革

量化投资是一门多学科交叉的课程,在教学改革上应当进行整体设计.

首先是编程教学,当前大多数院校的课程设置体系都缺乏整体性的规划,教师在教学时往往只教授自己熟练使用的软件,而不考虑学生的学习成本和学科的发展趋势. 例如,某些学校学生在大一"计算机基础"课程中学习了 C 语言,大二"数值分析"课程又改用 Matlab 进行数值计算,大三"多元统计分析"课程又要求使用 R 语言进行统计分析,大四"深度学习"专业课又需要 Python 的深度学习框架来实现. 学生看似学习了各种统计软件的使用方法,事实上却无法熟练掌握其中任何一门语言. 考虑到编程软件的学习需要进行大量的练习,在本科四年的课程设置体系中应当教授同一种语言. 当前主流的 Python 语言,具有免费开源、学习门槛低、函数库丰富等诸多优势,完全可以胜任量化投资以及其他统计类专业课程的教学任务,应当成为编程教学的首选.

其次,量化投资课程的教材选择也存在着一定的困难. 由于目前国内仅有少数院校开设专门的量化投资课程,市面上几乎找不到系统性教材. 大多数相关书籍都是面向金融从业者的工具书,而非专业的大学课程教材,在内容设计上缺乏整体性规划. 目前本课程使用弗雷德 · 皮阿德所著的《量化投资策略》作为教材,该书由山西人民出版社出版. 从过去几学期的使用情况看,该教材仍不能完全满足教学需求. 后续我们将考虑根据课程教学中总结出的案例和经验,自行编写一本"量化投资"课程教材,填补国内该领域的空白.

最后,“量化投资”课程除了涉及一般的本地编程教学,还需要通过外部数据接口获得最新的金融市场数据,这就需要学校和金融科技企业进行校企合作. 目前,江苏大学数学科学学院和深圳点宽网络科技有限公司进行了深度的战略合作,建立了初具规模的金融数学专业实验室,并于2022年获批教育部产学合作协同育人项目,联合打造专业的人工智能与大数据金融虚拟仿真实验室,为后续金融科技人才的培养奠定了良好的硬件和软件基础.

4 总结

随着人类从大数据时代步入人工智能时代,以深度学习为代表的人工智能技术正逐渐成为各个学科与应用领域中最热门的大数据分析工具. 各类企业对人工智能专业人才的需求快速攀升,特别是金融行业更加注重高校毕业生的大数据处理、人工智能算法实现,以及通过量化建模解决实际金融问题的能力. 因此,培养能够运用金融工具和专业数据分析方法解决金融实务问题的“金融+数学+计算机”复合型背景人才对于高校人才培养体系建设以及我国金融行业的发展具有重要意义.

参考文献

[1] 张晓燕,张远远. 量化投资在中国的发展及影响分析[J]. 清华金融评论,2022(1):44-45.

[2] 杨亭亭,许伯桐. 高等学校量化投资人才培养模式探析[J]. 金融理论与教学,2020(4):111-112,115.

[3] 舒家先,易苗苗,唐璟宜. 大数据时代量化投资人才培养模式优化研究:以安徽财经大学为例[J]. 赤峰学院学报(哲学社会科学版),2019,40(10):28-31.

[4] 孔傲. 关于金融类专业“量化投资”课程建设的思考[J]. 科教文汇(中旬刊),2019(1):99-101.

[5] 付志刚,沈慧娟.《量化投资实践》课程建设方式探讨[J]. 教育教学论坛,2018(21):214-215.

[6] 王超杰. 统计学本科专业课程体系建设研究[J]. 科教导刊(电子版),2021,26:161-162.

关于无限项之和或之积的极限问题探究①

卫敬东　周江波　甄在利

（江苏大学数学科学学院）

摘　要　在高等数学的学习过程中，有时会遇到关于无限项之和或之积的极限问题，这些问题无法直接使用极限的运算法则解决，这是因为极限的运算法则只适用于有限项之和或之积的极限运算情形. 本文系统地给出关于无限项之和或之积的极限问题的多种处理方法.

关键词　无限项之和　无限项之积　极限方法

高等数学的研究对象是一元（多元）函数的微积分理论，其所采用的基本方法为极限方法. 特别地，在一元函数的定积分理论的教学中，经常举的几何引例为平面曲边梯形的面积，物理引例为变速直线运动的路程. 经过分析，很容易发现这两个例子都涉及一个共同的数学问题：无限项之和的极限问题. 作为这个问题自身的数学延伸，有时还要研究另一个数学问题：无限项之积的极限问题. 因为极限的运算法则只适用于有限项的四则运算，所以解决无限项之和或之积的极限问题无法直接使用极限的运算法则. 在教学中，通常采用的同济大学编写的《高等数学》教材中并未给出这两类问题的解决方法，现有文献对这方面的研究也较少，且给出的方法不够全面. 本文将给出关于无限项之和或之积的极限问题的多种有效方法并举例说明其应用.

1　无限项之和的极限问题的解法

1.1　先求和，再求极限

可先利用常见的求和公式进行求和，再运用极限的四则运算法则求极限. 常见的求和公式有：

（1）自然数和公式

$$1+2+\cdots+n=\frac{n(n+1)}{2}$$

（2）自然数平方和公式

$$1^2+2^2+\cdots+n^2=\frac{n(n+1)(2n+1)}{6}$$

① 本研究得到镇江市科协青年科技人才托举项目资助.

(3) 自然数立方和公式

$$1^3+2^3+\cdots+n^3=\left[\frac{n(n+1)}{2}\right]^2$$

(4) 等差数列的前 n 项和公式

设 $a_1,a_2,\cdots,a_n$ 为等差数列,则前 n 项和公式为

$$a_1+a_2+\cdots+a_n=\frac{(a_1+a_n)n}{2}$$

(5) 等比数列的前 n 项和公式

设 $a_1,a_2,\cdots,a_n$ 是以 q 为公比的等比数列,则前 n 项和公式为

$$a_1+a_2+\cdots+a_n=\begin{cases}\dfrac{a_1-a_nq}{1-q}, & q\neq 1\\ na_1, & q=1\end{cases}$$

例 1　求极限 $\lim\limits_{n\to\infty}\dfrac{2+4+6+\cdots+2n}{n^2+n+1}$.

解:先由等差数列的前 n 项和公式得

$$\frac{2+4+6+\cdots+2n}{n^2+n+1}=\frac{n(2+2n)}{2(n^2+n+1)}=\frac{n^2+n}{n^2+n+1}$$

再求极限得

$$\lim_{n\to\infty}\frac{2+4+6+\cdots+2n}{n^2+n+1}=\lim_{n\to\infty}\frac{n^2+n}{n^2+n+1}=1$$

例 2　求极限 $\lim\limits_{n\to\infty}\left(1+\dfrac{1}{3}+\dfrac{1}{9}+\cdots+\dfrac{1}{3^{n-1}}\right)$.

解:先由等比数列的前 n 项和公式得

$$1+\frac{1}{3}+\frac{1}{9}+\cdots+\frac{1}{3^{n-1}}=\frac{1-\left(\dfrac{1}{3}\right)^n}{1-\dfrac{1}{3}}$$

再求极限得

$$\lim_{n\to\infty}\left(1+\frac{1}{3}+\frac{1}{9}+\cdots+\frac{1}{3^{n-1}}\right)=\lim_{n\to\infty}\frac{1-\left(\dfrac{1}{3}\right)^n}{1-\dfrac{1}{3}}=\frac{3}{2}$$

1.2　裂项相消法

在无限项之和的式子中将一般项进行裂开,从而使前后两项相消,进一步化简得到两项的和. 常见的裂项公式有:

$$\frac{k}{n(n+k)}=\frac{1}{k}\left(\frac{1}{n}-\frac{1}{n+k}\right)$$

$$\frac{1}{n^2-1}=\frac{1}{2}\left(\frac{1}{n-1}-\frac{1}{n+1}\right)$$

$$\frac{n}{(n+1)!}=\frac{(n+1)-1}{(n+1)!}=\frac{1}{n!}-\frac{1}{(n+1)!}$$

$$\frac{1}{n(n+1)(n+2)}=\frac{1}{2}\left[\frac{1}{n(n+1)}-\frac{1}{(n+1)(n+2)}\right]$$

例 3 求极限$\lim\limits_{n\to\infty}\left[\frac{1}{1\times3}+\frac{1}{3\times5}+\cdots+\frac{1}{(2n-1)(2n+1)}\right]$.

解: 因为

$$\begin{aligned}&\frac{1}{1\times3}+\frac{1}{3\times5}+\cdots+\frac{1}{(2n-1)(2n+1)}\\&=\frac{1}{2}\left[\left(1-\frac{1}{3}\right)+\left(\frac{1}{3}-\frac{1}{5}\right)+\cdots+\left(\frac{1}{2n-1}-\frac{1}{2n+1}\right)\right]\\&=\frac{1}{2}\left(1-\frac{1}{2n+1}\right)\end{aligned}$$

所以

$$\lim_{n\to\infty}\left[\frac{1}{1\times3}+\frac{1}{3\times5}+\cdots+\frac{1}{(2n-1)(2n+1)}\right]=\lim_{n\to\infty}\frac{1}{2}\left(1-\frac{1}{2n+1}\right)=\frac{1}{2}$$

1.3 运用夹逼准则

在无限项之和的形式中,当分子次数或分母次数不一致时,一般使用夹逼准则求之.

例 4 证明$\lim\limits_{n\to\infty}\left(\frac{1}{\sqrt{n^2+1}}+\frac{1}{\sqrt{n^2+2}}+\cdots+\frac{1}{\sqrt{n^2+n}}\right)=1$.

解:由$\frac{1}{\sqrt{n^2+n}}\leqslant\frac{1}{\sqrt{n^2+i}}\leqslant\frac{1}{\sqrt{n^2+1}}$ $(i=1,2,\cdots,n)$ 得

$$\frac{n}{\sqrt{n^2+n}}\leqslant\frac{1}{\sqrt{n^2+1}}+\frac{1}{\sqrt{n^2+2}}+\cdots+\frac{1}{\sqrt{n^2+n}}\leqslant\frac{n}{\sqrt{n^2+1}}$$

又注意到$\lim\limits_{n\to\infty}=\frac{n}{\sqrt{n^2+n}}=\lim\limits_{n\to\infty}\frac{n}{\sqrt{n^2+1}}=1$,再运用夹逼准则得

$$\lim_{n\to\infty}\left(\frac{1}{\sqrt{n^2+1}}+\frac{1}{\sqrt{n^2+2}}+\cdots+\frac{1}{\sqrt{n^2+n}}\right)=1$$

例 5 求极限$\lim\limits_{n\to\infty}\dfrac{1+\frac{1}{2}+\cdots+\frac{1}{n}}{\ln n}$.

解:先证明下列辅助不等式

$$\ln(1+n)\leqslant1+\frac{1}{2}+\cdots+\frac{1}{n}\leqslant1+\ln n \tag{1}$$

事实上,当 $x\in[1,2]$ 时,由 $1\geqslant\frac{1}{x}$ 得 $1\geqslant\int_1^2\frac{1}{x}\mathrm{d}x$;当 $x\in[2,3]$ 时,由 $\frac{1}{2}\geqslant\frac{1}{x}$ 得 $\frac{1}{2}\geqslant\int_2^3\frac{1}{x}\mathrm{d}x$…… 当 $x\in[n,n+1]$ 时,由 $\frac{1}{n}\geqslant\frac{1}{x}$ 得 $\frac{1}{n}\geqslant\int_n^{n+1}\frac{1}{x}\mathrm{d}x$,进而得

$$1+\frac{1}{2}+\cdots+\frac{1}{n}\geqslant\int_1^{n+1}\frac{1}{x}\mathrm{d}x=\ln(1+n)$$

当 $x\in[1,2]$ 时,由 $\frac{1}{2}\leqslant\frac{1}{x}$ 得 $\frac{1}{2}\leqslant\int_1^2\frac{1}{x}\mathrm{d}x$;当 $x\in[2,3]$ 时,由 $\frac{1}{3}\leqslant\frac{1}{x}$ 得 $\frac{1}{3}\leqslant\int_2^3\frac{1}{x}\mathrm{d}x$…… 当 $x\in[n-1,n]$ 时,由 $\frac{1}{n}\leqslant\frac{1}{x}$ 得 $\frac{1}{n}\leqslant\int_{n-1}^{n}\frac{1}{x}\mathrm{d}x$,进而得

$$1+\frac{1}{2}+\cdots+\frac{1}{n}\leqslant 1+\int_1^{n}\frac{1}{x}\mathrm{d}x=1+\ln n$$

综上,式(1)成立. 由式(1)得

$$\frac{\ln(1+n)}{\ln n}\leqslant\frac{1+\frac{1}{2}+\cdots+\frac{1}{n}}{\ln n}\leqslant\frac{1+\ln n}{\ln n}$$

注意到 $\lim\limits_{n\to\infty}\frac{\ln(1+n)}{\ln n}=\lim\limits_{n\to\infty}\frac{1+\ln n}{\ln n}=1$,再运用夹逼准则得

$$\lim_{n\to\infty}\frac{1+\frac{1}{2}+\cdots+\frac{1}{n}}{\ln n}=1$$

1.4 运用定积分的定义

对于某些无穷项之和,如果其同时满足以下两个条件:① 分子各项次数相同,分母各项次数相同;② 分母的次数比分子的次数高一次,则可以通过定积分的定义反向使用,即通过

$$\lim_{n\to\infty}\frac{1}{n}\sum_{i=1}^{n}f\left(\frac{i}{n}\right)=\int_0^1 f(x)\,\mathrm{d}x \text{ 或 } \lim_{n\to\infty}\frac{1}{n}\sum_{i=1}^{n}f\left(\frac{i-1}{n}\right)=\int_0^1 f(x)\,\mathrm{d}x$$

算出结果.

例 6 求极限 $\lim\limits_{n\to\infty}\frac{1}{n^2}\left(\sin\frac{1}{n}+2\sin\frac{2}{n}+\cdots+n\sin\frac{n}{n}\right)$.(2016 年考研 数二)

解:由定积分定义得

$$\lim_{n\to\infty}\frac{1}{n^2}\left(\sin\frac{1}{n}+2\sin\frac{2}{n}+\cdots+n\sin\frac{n}{n}\right)=\lim_{n\to\infty}\frac{1}{n}\sum_{i=1}^{n}\frac{i}{n}\sin\frac{i}{n}=\int_0^1 x\sin x\mathrm{d}x$$

$$=-\int_0^1 x\mathrm{d}(\cos x)=[-x\cos x]_0^1+\int_0^1\cos x\mathrm{d}x$$

$$=\sin 1-\cos 1$$

例 7 求极限 $\lim\limits_{n\to\infty}\sum\limits_{k=1}^{n}\frac{k}{n^2}\ln\left(1+\frac{k}{n}\right)$.(2017 年考研 数二)

解:由定积分定义可得

$$\lim_{n\to\infty}\sum_{k=1}^{n}\frac{k}{n^2}\ln\left(1+\frac{k}{n}\right)=\lim_{n\to\infty}\frac{1}{n}\sum_{k=1}^{n}\frac{k}{n}\ln\left(1+\frac{k}{n}\right)=\int_0^1 x\ln(1+x)\,\mathrm{d}x=\frac{1}{2}\int_0^1\ln(1+x)\,\mathrm{d}(x^2)$$

$$=\left[\frac{1}{2}x^2\ln(1+x)\right]_0^1-\frac{1}{2}\int_0^1\frac{x^2-1+1}{1+x}\mathrm{d}x$$

$$=\frac{1}{2}\ln 2-\frac{1}{2}\int_0^1\left(x-1+\frac{1}{1+x}\right)\mathrm{d}x=\frac{1}{4}$$

1.5 综合使用夹逼准则和定积分定义

例 8 求极限$\lim\limits_{n\to\infty}\left(\frac{2^{\frac{1}{n}}}{n+1}+\frac{2^{\frac{2}{n}}}{n+\frac{1}{2}}+\cdots+\frac{2^{\frac{n}{n}}}{n+\frac{1}{n}}\right)$.

解:令$\frac{2^{\frac{1}{n}}}{n+1}+\frac{2^{\frac{2}{n}}}{n+\frac{1}{2}}+\cdots+\frac{2^{\frac{n}{n}}}{n+\frac{1}{n}}=b_n$,由$\frac{2^{\frac{i}{n}}}{n+1}\leqslant\frac{2^{\frac{i}{n}}}{n+\frac{1}{i}}\leqslant\frac{2^{\frac{i}{n}}}{n}$ $(i=1,2,\cdots,n)$得

$$\frac{1}{n+1}\sum_{i=1}^{n}2^{\frac{i}{n}}\leqslant b_n\leqslant\frac{1}{n}\sum_{i=1}^{n}2^{\frac{i}{n}}$$

运用定积分定义得

$$\lim_{n\to\infty}\frac{1}{n}\sum_{i=1}^{n}2^{\frac{i}{n}}=\int_0^1 2^x\mathrm{d}x=\left[\frac{2^x}{\ln 2}\right]_0^1=\frac{1}{\ln 2}$$

$$\lim_{n\to\infty}\frac{1}{n+1}\sum_{i=1}^{n}2^{\frac{i}{n}}=\lim_{n\to\infty}\frac{n}{n+1}\cdot\frac{1}{n}\sum_{i=1}^{n}2^{\frac{i}{n}}=\int_0^1 2^x\mathrm{d}x=\frac{1}{\ln 2}$$

再利用夹逼准则得

$$\lim_{n\to\infty}\left(\frac{2^{\frac{1}{n}}}{n+1}+\frac{2^{\frac{2}{n}}}{n+\frac{1}{2}}+\cdots+\frac{2^{\frac{n}{n}}}{n+\frac{1}{n}}\right)=\frac{1}{\ln 2}$$

2 无限项之积的极限问题的解法

运用积的极限运算法则时,在取极限过程中项数要始终保持不变.而这里情形完全相反,随着 n 的增加其项数也增加,所以积的极限运算法则失效.接下来针对无限项之积的特征,介绍几种求其极限的方法.

2.1 恒等变形法

某些无限项之积可以运用恒等变形的相关公式,将 n 项积化简为易算或已知结论的极限代数式,用此法求无限项之积的极限题型有以下三种类型.

型 I:将分子、分母同乘以一因式,再反复运用平方差公式把 n 项积化为容易求极限的有理式.

例 9 设$|b|<1$,求极限$\lim\limits_{n\to\infty}(1+b)(1+b^2)(1+b^4)\cdots(1+b^{2^n})$.

解:因为

$$
\begin{aligned}
&(1-b)(1+b)(1+b^2)(1+b^4)\cdots(1+b^{2^n})\\
&=(1-b^2)(1+b^2)(1+b^4)\cdots(1+b^{2^n})\\
&=(1-b^4)(1+b^4)\cdots(1+b^{2^n})\\
&\cdots\cdots\\
&=(1-b^{2^n})(1+b^{2^n})\\
&=1-b^{2^{n+1}}
\end{aligned}
$$

所以当 $|b|<1$ 时有

$$\lim_{n\to\infty}(1+b)(1+b^2)(1+b^4)\cdots(1+b^{2^n})=\lim_{n\to\infty}\frac{1-b^{2^{n+1}}}{1-b}=\frac{1}{1-b}$$

型Ⅱ:将分子、分母同乘以一因式,再反复运用二倍角公式把 n 项积化为容易求极限的代数式.

例 10 求极限 $\lim\limits_{n\to\infty}\cos\dfrac{x}{2}\cos\dfrac{x}{4}\cdots\cos\dfrac{x}{2^n}$ $(x\neq 0)$.

解:因为

$$\cos\frac{x}{2}\cos\frac{x}{4}\cdots\cos\frac{x}{2^n}=\frac{2^n\cos\frac{x}{2}\cos\frac{x}{4}\cdots\cos\frac{x}{2^n}\sin\frac{x}{2^n}}{2^n\sin\frac{x}{2^n}}=\frac{\sin x}{2^n\sin\frac{x}{2^n}}$$

所以

$$\lim_{n\to\infty}\cos\frac{x}{2}\cos\frac{x}{4}\cdots\cos\frac{x}{2^n}=\lim_{n\to\infty}\frac{\sin x}{2^n\sin\frac{x}{2^n}}=\frac{\sin x}{x}\lim_{n\to\infty}\frac{\frac{x}{2^n}}{\sin\frac{x}{2^n}}=\frac{\sin x}{x}$$

型Ⅲ:运用等比数列的求和公式把 n 项积化为容易求极限的代数式.

例 11 设 $a>0$,求极限 $\lim\limits_{n\to\infty}(\sqrt{a}\cdot\sqrt[4]{a}\cdot\sqrt[8]{a}\cdot\cdots\cdot\sqrt[2^n]{a})$.

解:先将 n 项积化简为

$$\sqrt{a}\cdot\sqrt[4]{a}\cdot\sqrt[8]{a}\cdot\cdots\cdot\sqrt[2^n]{a}=a^{1/2+1/4+\cdots+1/2^n}=a^{[1-(1/2)^n]}$$

再求极限可得

$$\lim_{n\to\infty}(\sqrt{a}\cdot\sqrt[4]{a}\cdot\sqrt[8]{a}\cdot\cdots\cdot\sqrt[2^n]{a})=\lim_{n\to\infty}a^{[1-(1/2)^n]}=a$$

2.2 商式法

型Ⅰ:将 n 项积化为商的形式,使其分子、分母中的因式能交叉约分,从而化简这 n 项积,最后再求极限.

例 12 求极限 $\lim\limits_{n\to\infty}\left(1+\dfrac{1}{1\times 3}\right)\left(1+\dfrac{1}{2\times 4}\right)\cdots\left[1+\dfrac{1}{n(n+2)}\right]$.

解:将上式中 n 项积化为商的形式,再求极限得

$$\lim_{n\to\infty}\left(1+\frac{1}{1\times3}\right)\left(1+\frac{1}{2\times4}\right)\cdots\left[1+\frac{1}{n(n+2)}\right]$$
$$=\lim_{n\to\infty}\left[\frac{2^2}{1\times3}\times\frac{3^2}{2\times4}\times\cdots\times\frac{(n+1)^2}{n(n+2)}\right]$$
$$=\lim_{n\to\infty}\left(\frac{2}{1}\cdot\frac{n+1}{n+2}\right)=2$$

型Ⅱ:利用放缩技巧得到不等式,结合夹逼准则求极限.

例 13 求极限 $I=\lim\limits_{n\to\infty}\frac{2}{3}\times\frac{4}{5}\times\cdots\times\frac{2n}{2n+1}$.

解:令 $u_n=\frac{2}{3}\times\frac{4}{5}\times\frac{6}{7}\times\cdots\times\frac{2n}{2n+1}$,则

$$\begin{aligned}u_n&=\frac{2}{3}\times\frac{4}{5}\times\frac{6}{7}\times\cdots\times\frac{2n}{2n+1}\\&<\frac{3}{4}\times\frac{5}{6}\times\frac{7}{8}\times\cdots\times\frac{2n+1}{2n+2}\\&=\frac{3}{2}\times\frac{5}{4}\times\frac{7}{6}\times\cdots\times\frac{2n+1}{2n}\times\frac{2}{2n+2}\\&=\frac{1}{u_n(n+1)}\end{aligned}$$

于是得 $0<u_n<\sqrt{\frac{1}{n+1}}$,再由夹逼准则得

$$I=\lim_{n\to\infty}u_n=0$$

在高等数学中,关于无限项之和或之积的极限问题不仅是学生在学习中的重点和难点,也是教师在教学过程中的薄弱环节.教材也未对该问题专门进行归纳与总结.本文较为系统地给出了关于无限项之和或之积的极限问题的解决方法,并通过例题展示这些方法解决问题的过程和这些方法的有效性.这不仅能让学生更好地掌握这些方法,也能开阔教师的教学视野.最后需要指出的是,对于更为复杂的此类问题,需要仔细观察其极限的结构,并灵活使用本文中给出的方法和技巧,从而得到所要求的结果.

参考文献

[1] 同济大学数学系.高等数学上册[M].7 版.北京:高等教育出版社, 2021.

[2] 汤家凤.考研数学复习大全.数学一[M].北京:中国原子能出版社, 2015.

[3] 汤家凤.考研数学历年真题全解析.数学二[M].北京:中国原子能出版社,2021.

[4] 毛纲源.高等数学解题方法技巧归纳(上册)[M].武汉:华中科技大学出版社, 2017.

[5] 张洪光, 王晓英.无限项之和或积的极限[J].赤峰学院学报(自然科学版), 2012,28(17):1-3.

浅谈线性代数教学的几点体会

徐森荣[1]　夏利猛[2]　沈彩霞[1]

（1. 江苏大学数学科学学院；2. 江苏大学应用系统分析研究院）

摘　要　线性代数是用字母代替数组，研究数组的运算、变量间线性关系及其应用的一门学科，是师范院校和综合性大学理工科专业必修的理论课程之一. 具体内容包括行列式、矩阵及其运算、向量的线性相关性、矩阵的初等变换及二次型和线性空间等许多分支. 这门课程着重培养学生的抽象思维能力、逻辑推理能力，以及分析问题、解决问题的能力. 下面笔者根据自己近年来的教学实践，从课程、教师和学生三个维度谈谈自己对线性代数课程教学的体会和建议.

关键词　线性代数　课程教学　课程思政

1　教师上好第一堂课

线性代数课程与其他数学基础课程相比，对于抽象概念的把握和理解程度要求较高. 例如，学习代数时碰到的第一个重要概念是行列式：设有 n 个数，排成 n 行 n 列的一个数表，考虑表中所有不同行不同列的 n 个数的乘积，每一项再乘以 $(-1)^t$，其中 t 表示所选取的 n 个数的列标（行标按自然顺序排列）的逆序数，所有这样的项的代数和就称为一个 n 阶行列式. 学生初学时遇到的问题是行列式的定义显得很突兀，不禁会疑问为什么要学习行列式这个复杂的概念. 很多学生会觉得难以理解和无从下手. 事实上，行列式是线性变换的伸缩因子，而线性变换有其生动的几何直观性和应用意义. 然而，以江苏大学（下面简称“我校”）为例，线性代数的课程内容是学到二次型为止，关于线性变换的知识不能进一步学习，所以课时少的特点迫使教师想其他办法帮助学生理解行列式. 笔者认为较好的切入点是联系克拉默法则，考虑低阶线性方程组的求解例子，可以有效地帮助学生理解行列式，因为学生在中学阶段就已熟练掌握求解线性方程组，我们可以事先告诉学生克拉默法则的结论（告诉学生后面将会证明，这点不必担心），举一个二元非齐次线性方程组，让学生用中学学过的方法和运用克拉默法则的结论分别解题，最终得出答案一致的结果. 学生用中学学过的消元法（其本质上类同于行列式的运算），可更深刻地认识到行列式的重要性，增加学习兴趣. 这样把线性代数的第一堂课从抽象变为具体，增强学生学习的积极性和趣味性，从而为后续内容奠定基础.

2 线性代数课程特点:安排紧密,知识点多、联系性强

我校线性代数的课程是2学分,共32学时,上课时间为8周,每周4学时,具有内容多、课时少的特征.上课进度安排紧凑,因此学生感到知识点多且细碎,例如矩阵部分既与前面行列式存在联系,也与后面求解线性方程组密切相关,并且在不同章节中各种性质、判定法则和定理之间有着相互推导和前后呼应的关系.例如,对于矩阵的可逆性质判定就有多种方法,可以看其行列式是否为零,也可以看其作为系数矩阵的齐次线性方程组是否只有零解,还可以运用初等变换法化为行阶梯型,或者通过观察矩阵对应的列向量组是否线性无关来判别,等等.其中,初等变换可分为初等行变换和初等列变换,这样进一步产生了哪些情况下只可以用初等行变换,哪些情况下两种变换都可以运用等一系列问题.线性代数知识点的紧密联系性,使得线性代数的题目可以很灵活,一道题目就可以考到多个知识点,这要求学生具有很强的综合运用能力,同时也真正起到了对学生是否掌握本门课程的摸底调查作用.这些都是学生在学习时碰到的难点.如果没有认真预习、听课、做题和复习,学生在学习时可能一知半解.基于上述分析,学生在学习线性代数这门课时非常容易形成两极分化的现象,学得扎实、理解透彻的学生往往能在考试时得到高分,而学得不好的学生会混淆知识点,做题时容易云里雾里,感觉题目非常难.所以想要学好线性代数这门课程,必须下大决心、下苦功夫.因此,从另一个角度说,线性代数课程的这种特点可以很好地磨炼学生的意志,培养学生的科学思维和严谨求实的治学态度,这对于其今后的学习和工作大有裨益.

3 做好类比和总结,深入领会概念并掌握所学知识点

线性代数中很多概念看上去类似,实则并不相同,需要学生仔细区分和熟练掌握.例如,行列式和矩阵是两个重要概念,它们从表达式上看很接近.特别地,n阶行列式和n阶方阵描述的共同基础是n行n列的数表,区别在于n阶行列式是数表左右两条竖线,n阶方阵是数表左右两个括号,且它们表示的含义截然不同.前者表示的是一个数,而后者表示的是由n^2个数所组成的n行n列的一个数组,部分学生不注意区分,在求解线性方程组时把行列式写成矩阵,把矩阵写成行列式的现象时有发生.因此,这里需要着重强调并提醒学生注意避免犯低级错误.另外,行列式的计算一直是线性代数学习的难点.行列式的计算方法具有多样性:利用行列式定义直接计算;利用行列式性质化为上(下)三角行列式;利用行(列)展开定理降阶;利用递推公式、数学归纳法和加边法等.这些计算方法对学生的计算能力要求较高,学生在这方面有畏难情绪.为此,教师要引导学生深入理解每一种方法的适用范围,多举不同类型的题目,有针对性地讲解,后面随机选题,引导学生思考题目属于哪种类型,加强复习巩固环节,争取做到运用多种方法解同一题,把方法融会贯通,并形成自己的解题思路和特色.

4 讲好线性代数数学史,挖掘课程思政元素

在线性代数教学中,讲好线性代数的发展史,可增强学生对这门课程的熟悉感和亲

切感，教师从亲身经历和体会出发，在适当的时候自然地加入课程思政元素，可使教学效果更佳．例如，教授线性方程组的求解方法时，可向学生介绍《九章算术》．从先秦开始，经过各个时代学者的编撰修改，《九章算术》于西汉中叶成书。它是中国古代第一部数学专著，其中，“方程章”对线性方程组的消元法进行了详细说明，这比法国数学家笛卡尔对该方法的研究早了一千多年．经考证，这种方法是人类历史上首次出现的利用矩阵探究并求解线性方程组的方法．此外，在《九章算术》中，方程组是利用传统列表（计算筹布列）的方法进行求解的，对应于我们现在利用增广矩阵求解线性方程组的方法．介绍这些内容可增强学生的文化自信和民族自豪感．线性代数的发展是由数学大师推动的，比如莱布尼茨、克莱姆、范德蒙、凯莱、格拉斯曼、西尔维斯特等诸多伟大的数学家．数学家的人生经历和对学问的专注研究对学生有潜移默化的影响力和感染力，在讲授相关知识的过程中，适当引入数学家的故事，既可以活跃课堂气氛、增加学生兴趣，也有助于引导学生树立人生目标，提升自身素质．又如，在学习矩阵定义时，可以构建带有特殊数字含义的矩阵，深入挖掘课程思政元素，如从“19491001”“20210701”引出“中华人民共和国成立”和“中国共产党成立 100 周年”，这样既能让学生体会矩阵的具体形式，也可以让其感受到中华人民共和国成立以来的蓬勃发展和繁荣昌盛，激发爱国心、报国志，投入建设中国特色社会主义伟大事业中去，贡献自己的青春力量，实现人生价值．

5　教师通过自主出题和选题方式布置作业，确保学生独立完成练习

我校选用的教材是同济大学数学系编著的教材《线性代数》（第六版），该书条理清楚，难度适中，是一本优秀的线性代数教材．该书还配套习题辅导书，辅导书是对课堂教材的深入和补充，不仅能够引导学生提前预习，还能提供相关例题和解题思路，帮助学生理解、复习和拓展知识．但是在实际教学中，我们发现学生在做题时总是一碰到难题就看答案，更有甚者直接照抄答案，因此做题巩固的效果并不理想．为此，笔者建议教师通过自主出题，或者从课外资料中精选题目给学生布置课后作业，迫使学生认真思考，独立完成作业．作业批改完成后，教师讲解题目时下发答案，这样将大大加深学生对薄弱知识点的理解和记忆．笔者根据自己近年来的教学实践，发现此举收到了良好效果，学生的知识点掌握和成绩提升效果明显．

6　总结

针对传统线性代数课程教学中存在的课程难、内容多、课时少等特点，本文从教师和学生层面进行剖析，从课程教学如何展开，重视概念理解，紧密联系前后内容并做好类比、归纳和总结，添加数学史和课程思政元素，精心挑选作业题目五个方面提出了相应的体会和建议，这些建议在教学实践中收到了良好的教学反馈效果，学生参与课堂的积极性大大增强．另外，通过线性代数课程的学习，学生的创新意识得到了锻炼，也进一步培养了学生善于思考、敢于质疑、严谨求实的科学精神，为学生解决实际问题及今后从事相关工作打下了扎实的基础．

参考文献

[1] 李斐，张圣梅，郭卉. 矩阵可逆判定的等价命题[J]. 韶关学院学报，2020，41(3)：1-4.

[2] 王青梅. 浅谈"行列式"与"矩阵"的区别和联系[J]. 太原城市职业技术学院学报，2006(6)：155-156.

[3] 杨威，陈怀琛，刘三阳，等. 大学数学类课程思政探索与实践：以西安电子科技大学线性代数教学为例[J]. 大学教育，2020(3)：77-79.

[4] 同济大学数学系. 线性代数[M]. 6版. 北京：高等教育出版社，2014.

概率类课程教学的现状、想法与建议

于森林

(江苏大学数学科学学院)

摘　要　概率类课程在本科生与研究生教学中占有重要地位. 本科生课程包括概率统计与随机过程,研究生课程包括随机过程和测度论. 本文分析这三门课程的教学现状,并给出一些教学想法与建议. 通过举实例的方法讨论一些教学思想、技巧和手段,并给出这三门课程的教学框架和体系.

关键词　概率统计　随机过程　测度论　教学改革

1　概率统计课程教学的现状、想法与建议

概率统计课程教学改革方面的论文浩如烟海,如王慧丽、崔瑜等以应用为导向展开研究;张忠毅、王永静、金小梅等分别从高等数学、数学建模、课程思政的角度探讨了概率统计课程的教学改革.

朱翼隽编写的《概率论与数理统计》(第二版)是工科学生的教材,个别地方有错误,希望可以得到勘误. 某些省份的文科生在高中时没有学过排列组合、随机变量和期望等知识,对教学造成较大的干扰,讲概率统计前两章时需要兼顾这些同学. 还有的专业学生学的是高数 C,没有学习级数;还有个别学生学的是高数 E,没学二重积分,对概率统计课程教学的影响比较大. 概率统计课程教学时长八周,每周六个学时,节奏比较快,学生学起来有些吃力,而且大二的课程比较多. 大班教学 80 多人,不如安排 60 多人,学习效果会更好.

总体上看,教学时需要向学生重点讲述往年学生容易犯的错误点. 比如,进行事件运算时,前面不要加概率符号 P;全概率公式不能只写数字,一定要注意解题的规范性;正态分布会考一个大题,可以重点讲;二重积分涉及边缘概率分布与独立性的时候,多给几个例题;期望方差多结合直观含义,而不只是单纯地从数学的角度去看它,比如泊松分布的期望就可以用泊松定理来解释;常数的期望和方差分别是它本身和零,也是可以给出直观解释的;学生学习中心极限定理时比较吃力,可分三种情形逐一解释.

数理统计最开始要跟学生讲总体、个体的含义以及个体之间的关系,还有它们的联合密度函数和样本观测值. 对于个体之间的关系,要向学生解释清楚,在引入各种分布的时候也要讲这些分布的具体用处,否则学生会觉得引入的新知识比较突兀. 几个抽样分

布的性质也需要学生掌握.统计量所服从的分布是重中之重,必须熟记于心.由于时间关系,学生不需要知道矩估计与极大似然估计背后的理由,可以有的放矢.对于区间估计与假设检验,学生需要对统计量、解不等式以及比较大小烂熟于心.值得一提的是,单个正态总体的假设检验有几个例题是单侧的情形,但是最近几年期末考试考的皆为双侧的,为了减轻学生的负担,可以只讲双侧的情形,单侧的不讲.有的学生一下子接触这么多知识,会有些跟不上,有的学生前面的没学明白,后面的就放弃了,所以要多从学生的角度考虑.

建议考试前可以告知学生考试范围,比如可以明确告知学生区间估计与假设检验两个总体的情形、相关系数与协方差、二维随机变量的函数分布等不考,让学生在学习和复习时有的放矢,减轻学生的负担.

针对每年必考的六个大题,应多给学生讲几个例题以突出核心,包括全概率公式与贝叶斯公式、正态分布、二维随机变量二重积分的计算、期望方差、矩估计与极大似然估计及单个正态总体双侧的假设检验.此外,由于大二学生的课程多、负担重,因此有的知识点可以不讲,比如二维正态分布、卷积、协方差、相关系数、单侧区间估计与假设检验.对于非数学专业的学生,近年没考的知识点,比如二维随机变量的函数、几何分布、大数定律、数据处理、两个正态总体的区间估计与假设检验,可以只点一下,不做深入讲解.教学中还可以尝试从多个角度看同一个问题,比如二维随机变量的联合分布函数的性质,可以和一维情形的分布函数进行对比,证明时可以用平面上对应的区域的概率,也可以用事件的运算来推导,这样可使学生理解得更深刻.

2 随机过程课程教学的现状、想法与建议

孙春香、陈婷、刘仁彬、李旭东等对随机过程教学改革展开了研究.随机过程的教学,主要是面对大三学生和工科研究生.该课程教学的主要目标是复习大二的概率知识,并进一步学习概率变换和条件期望等较深的知识,熟悉泊松过程的基本性质及推广,理解更新过程的性质和极限定理,最后是离散时间马尔可夫链的状态分类与平稳概率.

结合江苏大学学生实际,四种概率变换的定义和性质需要重点阐述,对于条件期望,重点讲解离散型及条件期望的性质.考工科研究生时考的是高数三,没考概率统计,所以要复习一下本科的概率知识.在引入随机过程的概念和分类时,对于非数学专业的学生,严格的数学定义可以少介绍一些,不做严格的测度论处理,重点是带学生领悟.重点讲一些应用实例,随机游动的例子就可以泼墨如水.有限维分布族是一个新的知识点,需要仔细讲.

泊松过程的定义和计算蕴含的概率知识和直观背景较多,可展开讲,以加深学生对概率的理解.对于第一节,一定要结合实际背景,定义里的四条要求,除了从数学角度给出式子,更重要的是直观上说出它们的含义.后面的证明,每一步都要给出详细的解释.到达间隔的分布以及到达时刻的条件分布,需要学生动手去推导并悟出其中的奥秘,并给出直观解释.到达时刻的条件分布,是单个独立同分布且同均匀分布的顺序统计量,从数学角度看是很复杂的,但直观上就可以给它一个简洁明了的解释,这是概率课程的特

点.讲解剩余寿命与年龄时,要结合生活中的例子,比如零件或者灯管的更换,给学生一个框架,这样能够引导他们去领悟.泊松过程的推广也要结合生活中的实例,复合泊松过程的矩母函数需重点讲解,非时齐泊松过程和条件泊松过程只需点一下.

更新过程第一节数学推导的理论性和技巧性比较强,需要重点讲解.根据学生的情况,每一步都给出详细的解释,主要涉及卷积和拉氏变换.第二节极限定理的证明,主要是与概率极限理论相结合.Wald 停时比较有趣,可用于解决一些初等概率论里面让人束手无策的难题.更新过程的推广,不需要详细展开.

离散时间马尔可夫链最开始的引例结合前面随机游动的例子,以加深学生对"将来只与现在有关,与过去无关"的理解,复杂的例子可以不讲.后面是马尔可夫链的一些基本性质,需详细给出证明,主要涉及马氏性以及本科的条件概率等知识.状态的分类,需要详细阐述,教师要站得更高一些,要想给学生一杯水,自己就要有一桶水.对于常返、非常返和零常返的区别,如果学了更深层次的随机过程知识,学生肯定可以获得更好的解释,这很考验一个教师的教学功底和基本功,看得更深刻,才能讲得更透彻.把常返状态,看成一个更新过程,间隔期望怎么与常返状态相结合,特别是非常返状态出现的次数是一个几何分布,可以给学生解释一下.对于马尔可夫链的转移概率以及状态常返性的判别,除了需要严格的数学推导外,更重要的是要洞察背后的直观含义.状态的分类和平稳分布是难点,各种判别法,一方面涉及级数,另一方面涉及直观含义,主要用到取条件的技巧,多讲几个例子,以加深学生对这几个知识点的理解,级数的运算技巧与事件的分解是"重头戏".

3 测度论课程教学的现状、想法与建议

余楠、徐艳艳、严加安等对测度论教学改革展开了研究.测度论课程的主要内容有可测空间、可测映射、测度与积分,主要是将本科的概率论知识建立在测度论的基础上.对于可测空间,重点把握集合的运算和测度的延拓,可测映射的定义、结构和性质,各种收敛性,囊括的知识点较多.注意将随机变量及实变函数相联系,这样才能够看得更深刻.积分的定义和性质需要厘清,并注意将本科概率论里面的分布、期望、分布函数等知识与测度论相挂钩.积分号与极限号交换顺序,也是一大重点和难点.该课程涉及的知识多,较难理解.多画图,建立理论框架,有助于加深理解,要做到明明朗朗一条线,而不是迷迷糊糊一大片.

测度论的难度比较大,可以开门见山说明这门课的具体作用,即把本科的概率知识严格化,把随机变量看成一个可测映射.最开始学集类的运算时,让学生一点点地去理解那些结论和定义,对于集类的关系和乘积空间,只需要点一下.可测映射需要重点讲,因为这是学生第一次遇到的知识点.测度的延拓点一下即可.

逆像的性质,也需要向学生解释一下.可测性、各种收敛性和本科的大数定律和中心极限定理相结合,也要画一些图,让学生知道这些定理背后的深层含义.学生需熟悉一些例子,这样才能加深理解.积分理论分为四种情形,越往后越复杂,厘清它们之间的关系

以及定义,是一种常见的数学思想.对于积分的定义和性质,特别是积分号与极限号交换顺序,需要重点阐述,多举一些例子,并和数学分析一致收敛一节中积分号与极限号交换顺序所需的条件进行对比.

严加安院士的教材《测度论讲义》(第二版)比较高深,不适合初学者使用.总而言之,讲解测度论时一定要站在学生的角度,多画一些图,解释清楚相关定理.此外,还要解释为什么要引入这个概念,因为数学中的概念肯定不是无源之水.最后还要给出一个总体框架,阐明章与章之间的具体关系,有了逻辑性,才能建立整体框架,而不是把它们看成一个个孤立的知识点,这样才能把这门课程学透彻.

参考文献

[1] 王慧丽.以应用为导向的概率统计教学改革与创新实践探索[J].教育现代化,2019(26):43-44,51.

[2] 崔瑜,郑国萍,张云霞.应用大学转型背景下概率统计教学改革的探索与研究[J].科技资讯,2017,15(35):165-166.

[3] 张忠毅.概率统计教学与高等数学知识的结合探讨[J].科学咨询,2022(1):93-95.

[4] 王永静.数学建模思想在概率统计教学中的应用分析[J].数学学习与研究,2021(23):122-123.

[5] 金小梅,毛本清.课程思政在概率统计教学中的探索与实践[J].教育教学论坛,2020(18):106-107.

[6] 朱翼隽.概率论与数理统计[M].2版.镇江:江苏大学出版社,2015.

[7] 孙春香,李冠军.基于创新人才培养目标下"应用随机过程"教学改革探讨[J].中国多媒体与网络教学学报(上旬刊),2021(4):80-82.

[8] 陈婷,侯致武,刘清.高校应用随机过程教学探讨[J].现代商贸工业,2019,40(29):179.

[9]刘仁彬.关于应用随机过程教学改革的探索[J].教育现代化,2018,5(10):46-47.

[10] 李旭东.浅谈"随机过程"课程教学改革与实践[J].教育教学论坛,2019(24):67-68.

[11] 简思綦.《实变函数与泛函分析》课程改革:一维化方法和测度论,可测函数和积分论学习路径[J].教育教学论坛,2018(15):68-69.

[12] 余楠,丁兆东.实变函数测度论中有限无限的转化方法[J].科技风,2021(11):82-83.

[13] 徐艳艳,陈广贵,田萍.黎曼可积的测度论观点[J].科技视界,2015(14):50,99.

[14] 严加安.测度论讲义[M].2版.北京:科学出版社,2004.

数学分析教学初探[①]

张平正　陈文霞
（江苏大学数学科学学院）

摘　要　数学分析是数学、应用数学、金融等专业的基础课程，是学习常微分方程、实变函数、复变函数等后续课程的必备基础. 本文探索数学分析教学的几点体会.

关键词　数学分析　教学　爱国主义教育　拓宽知识面　能力培养

数学是理论严谨、系统性较强的一门学科，是较为成熟的基础理论工具. 数学分析是数学、应用数学、金融等数学专业的基础课，对后续课程的学习非常重要，是学习常微分方程、实变函数、复变函数、泛函分析、微分几何、拓扑学等后续课程的必备基础. 考虑到培养应用型技术人才的要求和学生毕业后从事教学和现代科技工作的现状，按照人才素质培养的要求，在教学中应着眼于如下三个方面：一是在讲授数学分析知识过程中，通过具体例子进行爱国主义教育，在当前新形势下，如何培养品德良好和专业知识扎实的大学生是每个任课教师的职责；二是拓宽学生的知识面，使学生掌握广博的数学知识以适应科技发展日新月异的社会；三是通过课堂教学，培养学生分析问题、解决问题的能力，使学生掌握良好的数学思维方法以便在将来的工作中能独当一面.

1　在教学中渗透爱国主义教育

爱国就是对祖国的忠诚和热爱，就是人们“千百年来形成的对自己祖国的一种最深厚的情感”. 这种情感集中表现为民族自豪感和民族自信心；表现为热爱祖国的河山和人民，热爱祖国的历史和文化，热爱祖国的一切物质财富；表现为把个人命运与祖国前途紧密地联系在一起，为祖国的富强、为祖国的利益英勇献身. 爱国主义情感是人们在社会实践中逐步形成的，更是人们受教育的结果. 对青年学生的教育不能照搬以前的老办法，要有新的发展. 对教师古来就有“传道，授业，解惑”之训，即要求教师既教书又育人，教师对学生的影响是很大的，教师教学育人不是单纯地说教，要能起到潜移默化的影响，才能收到好的效果.

翻开数学分析教材，不少学生感慨满目都是以西方人的名字命名的定理、公式，事实

① 本文得到江苏大学一流课程重点培育项目“数学分析”和江苏大学第二批课程思政示范项目“数学分析”（重点项目）支持.

上，从古至今，中国人的伟大发明曾造福于整个人类，在世界科学史上留下了光辉的一页，来自英国的世界著名科学史学家李约瑟教授曾说“中国在公元 3 世纪到 13 世纪之间保持一个西方望尘莫及的科学知识水平”，在数学分析领域也是如此.

早在三千多年前，《周髀算经》记录了西周早期的数学成果，包括商高定理（勾股定理），商高提出该定理比西方的毕达哥拉斯早了好几百年. 两千多年前（西汉时期）一部数学巨著《九章算术》在中国诞生，这部著作中出现了解线性方程组的方法. 该著作着眼于算，把问题分门别类，然后用一个固定的程式解决一类问题，它标志着机械化算法体系的完成，这是中国古代数学的特色.

魏晋时期的数学家刘徽著有《海岛算经》，公元 263 年他求圆周率时从圆内接正六边形算起，计算到正一百九十二边形，得出圆周率的近似值是 3. 141024，他称这个过程是“割之弥细，所失弥少，割之又割，以至于不可割，则与圆周合体而无所失矣”. 这个方法是他的创造，称为割圆术，他提出了一个极其重要的思想：用有限来逼近无穷，这个产生于一千七百多年前的思想实际上孕育着近代微积分最基本、最朴素的思想.

到了近代，中国又涌现出一批数学家，其中最著名的是李善兰，1864 年他写成了阐述微积分的《方圆阐幽》一书，他通过自己的精思妙语，得出了有关定积分公式，而此时西方的微积分理论还没有传到中国，他是沿着中国传统数学的发展历程开拓前进的，这说明即使没有西方传入的微分理论，中国数学家也会通过自己的途径，运用独特的思维方式掌握微积分的知识.

现代中国数学的成就更是多如繁星，如数学家华罗庚、吴文俊、陈景润、杨乐等在基础数学、应用数学、计算数学等领域做出了卓越的贡献，达到世界先进水平. 用中国数学家名字命名的定理、公式有华-王方法（华罗庚、王元）、陈氏定理（陈景润）、吴氏方法（吴文俊）等. 在平时教学过程中笔者见缝插针、如数家珍，向学生介绍中国数学家的伟大成就，学生的民族自豪感油然而生.

在讲极限理论时，引用《庄子 · 杂篇 · 天下》中的一句话“一尺之棰，日取其半，万世不竭”，这表明早在两千多年前我们的祖先就有了无限的概念，发现了趋近零而不等于零的量，这就是极限的概念. 这些引用活跃了课堂气氛，加深了学生对所学知识的理解，更重要的是对学生进行了爱国主义教育.

2　在教学中拓宽学生的知识面

近代数学和近代应用数学已深入理论和工程的各个领域中，如有限元、最优化方法几乎处处可遇到. 文献中的一些积分不是经典的黎曼积分而是勒贝格积分，还有些问题常常需在抽象空间中讨论，但许多学生对其很陌生，因此数学教育应包含初步的勒贝格积分和泛函分析的基础知识. 企业要求大学毕业生专业知识面要宽，基础和专业基础是十分重要的，打好数学基础可以提升一个人的应变能力和适应能力.

某段时间流行的对学生进行热爱专业的教育在培养学生的敬业精神方面起过积极的作用，但也存在不适应现实发展需要的弊病. 随着社会主义市场经济体制的建立和完善,工科院校已淡化了专业,不再划分得过细.苏步青教授说,大学教育的根本点一定要扩大学生的知识面,把基础知识的面尽可能拓宽,这样学生就有“后劲”,不仅能不断开辟出新的科研领域,还能为国民经济建设的需要随时“改行”,并能尽快地适应和拿出成果.高等教育应把大学生培养成“通才”,在教学上,不仅要清楚教材的内容(定义、定理、方法等),而且要注意取舍,如琐碎的东西可让学生自学,而对于重要的内容可介绍其背景及相关学科的知识.例如,在引进多元函数的梯度及极值等概念之后,可结合梯度的几何意义来介绍最优化理论中的某些内容,如盲人爬山法等,介绍这些内容一方面可使学生对梯度的概念有较深的理解,另一方面可使学生对数学在实际问题中的应用也有一些了解,更重要的是延伸了相关知识.

教师在表述时应尽量用近代数学语言及方法,如概率定义中的集合映射、线性代数中的迭代,这样有利于学生掌握更先进的工具以解决更深层次的问题.工科数学不同于理科数学,不需要像学理科数学那样学得那么深,但为了培养学生的专业能力,以利于学生在工程技术的各个领域发展,工科数学涉及的面应尽可能广一点,即不但要了解数学本身的论证、运算及应用,而且要掌握其思想方法,了解数学概念、理论、方法产生与发展的规律.但工科数学课时有限,不可能每门课都讲得很详细,从培养能力的角度来看,那些基本上不依赖于或较少依赖于既有成果的课程,应该详细地讲、多做练习、熟悉公式、掌握技巧,如微积分和线性代数;具有继承性的课程如概率、变分法等有些内容可略讲,讲清这些内容是怎么演变的、主要内容是什么、与以前相似而又不同的地方是什么,并指定一两本参考书即可,有些内容甚至可以穿插在其他课程中讲述.现代数学研究的是一般的数量关系和空间形式,通常的一维、二维、三维空间几何形象只是其特殊情形,学习现代数学可以突破感官的局限,深入比自然更深刻的本质.

3 培养学生解决问题的能力

数学分析有两个方面的作用:一方面,它是学习专业基础课、专业课的必备基础;另一方面,学生通过学习数学分析知识可提高思维能力,培养分析问题、理解问题、解决问题的能力.不能简单地认为数学分析是服务于专业课、从属于专业课的,这样只会过多地注重运算能力的培养,过多地注重某个具体问题的解决.科技在发展,知识在更新,只有在打好数学分析基本功的同时练就较强的抽象思维能力,才能在遇到数学问题时认清问题的本质,找到可以解决问题的方法.所以培养能力才是数学教育的根本目的.能力是人们生活与工作的主观条件,是“本钱”.高级技术人才在处理问题时,应该有对实际问题的理解能力,有由表及里、去伪存真的抽象分析能力,有做出合乎逻辑的推断的能力,有运用所学知识解决问题的能力,如果做进一步要求,他们还应有创造能力及在解决问题后的归纳总结能力.数学教育在这些能力的培养上起着至关重要的作用.有人精辟地指出,数学教育是基础教育中最重要的内容之一,数学教育是训练人的思维、增长人的智慧的重要手段.

因此,数学分析教学应避免中学教法,如课内信息量小,讲得过细、仅使用一本教材,易教易学,教与学两方面压力都不大.例如,讲不定积分时,有的教师花很多时间讲各种各样的技巧,似乎要穷尽一切方法,这样做不仅教师花费很大精力,学生也穷于应付,即使掌握了一些技巧,也没有多少时间自己动脑.没有经过"分析—试探—碰壁—再试探—解决"的步骤,学生就没有得到启迪,没有在自然的思维演绎中学到新东西、寻找出解答问题的规律,就不能使能力得到培养.教师应当以适当的"悬念"和"问题"来调动和刺激学生的主动思维,例如,在引入不定积分换元法时,不是先交代换元法的定理和方法,而是先给出一个问题,如判断函数项级数、广义黎曼积分、含参数黎曼积分是否收敛,应用狄利克雷和阿贝尔判别法时,比较他们的相同和不同之处,这样和学生一起想办法、展开讨论,研究如何从已有知识出发,逐步找出解决问题的办法,在解决问题的同时,将新的内容自然呈现在学生面前,学生就有主动参与感,思维能力也能得到提高.学校教育是基础,其基本功能是能力的培养,教是为了不教,没有也不可能有某种教育包罗万象.合格的大学毕业生应具备进一步学习、研究、分析、解决本专业所涉及的数学问题能力的基本功,不应该在走上工作岗位后,遇到问题时说某个问题在学校没学过、不会做.这里再次指出能力培养的重要性,能力培养是教育的出发点和归宿.

参考文献

[1] 李俨.中国数学史[M].北京:商务印书馆,1937.

[2] 龚升.从刘徽割圆谈起[M].北京:科学出版社,1978.

[3] 华东师范大学数学科学学院.数学分析[M].5版.北京:高等教育出版社,2019.

概率论与数理统计教学改革探索

——以全概率公式的课堂教学为例

周培培

（江苏大学数学科学学院）

摘　要　随机事件(发生)的概率是概率统计研究的基本问题之一.概率论中经常会涉及复杂随机事件的概率计算问题,比如产品质量检验问题、疑难病症诊断问题等,因此,如何计算复杂随机事件的概率是概率论的首要问题.作为讨论复杂随机事件概率的主要方法,全概率公式自然而然是概率论中最重要的公式之一,它既是课堂教学的重点,也是难点.在教学过程中,如何帮助学生全面、深入地理解和掌握全概率公式,进而熟练应用其解决实际问题是关键所在.结合笔者的教学实际,本文先从生活实例入手,引导学生,从特殊到一般,逐步推出全概率公式的定义及其应用条件.然后,对全概率公式的内涵进行剖析,并总结出应用全概率公式的一般步骤.最后,通过具体实例讲解来进一步巩固全概率公式.通过这种启发式、剖析式和总结式相结合的教学方法,学生更能透彻地理解和掌握全概率公式,达到良好的课堂教学效果.

关键词　全概率公式　划分　加权平均

概率统计是研究随机现象统计规律的数学基础学科之一,它的理论和方法的应用是非常广泛的,几乎遍及自然和社会科学的所有领域以及工农业生产和国民经济中.概率统计研究的基本问题之一是随机事件(发生)的概率,其中经常会涉及复杂随机事件的概率计算问题,比如产品质量检验问题、疑难病症诊断问题等.因此,如何计算复杂随机事件的概率是概率论的首要问题.作为讨论复杂随机事件概率的主要方法,全概率公式自然而然是概率论中最重要的公式之一,它既是课堂教学的重点,也是难点.很多概率统计的教材通常都是以定理的形式直接给出全概率公式.然而,笔者在近几年的教学实践中发现,以这种方式引入全概率公式,学生会觉得索然无味,而且接受起来存在一定的困难,进而不能很好地应用该公式解决一些贴近生活的实际问题.因此,如何帮助学生全面、深入地理解和掌握全概率公式,进而熟练应用其解决实际问题,是广大教师一直想解决的问题.

亚里士多德说:“思维从问题、惊讶开始。”所以在全概率公式的课堂教学过程中,可以先从最贴近学生切身利益且易激起学生兴趣的生活实例“奖学金分配问题”入手，通过适当地设问，引导学生，从特殊到一般，逐步推出全概率公式的定义及其应用条件. 然后，对全概率公式的内涵进行剖析，并总结出应用全概率公式的一般步骤. 最后，通过具体实例讲解来进一步巩固全概率公式. 通过这种启发式、剖析式和总结式相结合的教学方法，学生更能透彻地理解和掌握全概率公式，达到良好的课堂教学效果.

1 引例

奖学金分配问题是日常生活中最贴近学生切身利益且易激起学生兴趣的实例. 通常，学校设立奖学金的目的是鼓励学生在学好基础课的同时，能够多方面发展，成为复合型人才. 通过对某校近几年奖学金获得者的数据进行分析发现，该校的学生若获得校级奖项，则他申请到奖学金的概率为 0.3；若是优秀学生党员，则申请到的概率是 0.4；若获得省级奖项，则申请到的概率是 0.5；若获得国家级奖项，则申请到的概率是 0.6. 这些学生只能是上述四种情况中的一种，不能兼并. 该校学生中获校级奖项的比例是 40%，是优秀学生党员的比例是 30%，获省级奖项的比例是 20%，获国家级奖项的比例是 10%. 现在又到了一年一度申请奖学金的时候了，请大家分析一下一个学生能够申请到奖学金的概率是多大.

分析：我们从结果倒推出导致该结果发生的可能性有哪些. 从题中容易发现，这个学生申请到奖学金有 4 种可能，第一种是这个学生是校级奖项获得者而申请到奖学金，其概率为该生获得校级奖项的条件下申请到奖学金的概率乘以该校学生中获校级奖项的比例，即 $0.3\times40\%=0.12$；第二种是这个学生是优秀党员而申请到奖学金，其概率为该生是优秀党员的条件下申请到奖学金的概率乘以该校优秀学生党员的比例，即 $0.4\times30\%=0.12$；第三种是该生是省级奖项获得者而申请到奖学金，可得其概率为 $0.5\times20\%=0.10$；最后一种是该生是国家级奖项获得者而申请到奖学金，可得其概率为 $0.6\times10\%=0.06$. 将这 4 种可能性的概率值相加即为所求的概率. 下面，将上述分析过程通过数学的语言描述.

解：先利用概率的符号（事件）表示题中的量. 记 $A_1=\{$该校学生获校级奖项$\}$，$A_2=\{$该校优秀学生党员$\}$，$A_3=\{$该校学生获省级奖项$\}$，$A_4=\{$该校学生获国家级奖项$\}$，$B=\{$一个学生申请到奖学金$\}$. 由题目可知，A_1,A_2,A_3,A_4 是两两互不相容事件，且有 $P(A_1)=0.4, P(A_2)=0.3, P(A_3)=0.2, P(A_4)=0.1$. 另外，事件 B 的发生总是伴随着事件 A_1,A_2,A_3,A_4 中的一个发生，即 $B=A_1B+A_2B+A_3B+A_4B$ 且 A_1B,A_2B,A_3B,A_4B 两两互不相容. 因此，根据概率可加性可得

$$P(B)=P(A_1B)+P(A_2B)+P(A_3B)+P(A_4B)$$

再利用概率的乘法公式得到

$$\begin{aligned}P(B)&=P(A_1B)+P(A_2B)+P(A_3B)+P(A_4B)\\&=P(A_1)P(B|A_1)+P(A_2)P(B|A_2)+P(A_3)P(B|A_3)+P(A_4)P(B|A_4)\end{aligned}$$

$$= \sum_{i=1}^{4} P(A_i)P(B|A_i) = 0.4\times0.3+0.3\times0.4+0.2\times0.5+0.1\times0.6 = 0.40$$

即一个学生能够申请到奖学金的概率为 0.40.

实际上，上述引例求解过程的本质是将一个复杂事件(B)拆分成几个两两互不相容的简单事件(A_1B,A_2B,A_3B,A_4B)，然后根据概率可加性及乘法公式求得这个复杂事件的概率. 解决了上述奖学金分配问题之后，可以进一步通过设计下面的问题来启发和引导学生思考如何将上述方法推广到一般的情形：

(1) 如果导致事件 B 发生的可能性有 n 种($A_1, A_2, \cdots, A_n$)时，能否得到类似的表达式?

(2) 需要满足什么条件，上述表达式才能成立?

学生回答上述两个问题后，引出划分的概念以及全概率公式.

2 全概率公式

2.1 全概率公式的概念

定义 1 设样本空间 Ω 中的一组事件 $A_1, A_2, \cdots, A_n$ 满足

(1) 两两互不相容性:$A_iA_j=\varnothing$ $(i,j=1,2,\cdots,n,\ i\neq j)$;

(2) 完全性: $A_1 \cup A_2 \cup \cdots \cup A_n=\Omega$,

则称事件组 $A_1, A_2, \cdots, A_n$ 构成样本空间 Ω 的一个划分.

定理 1 若事件组 $A_1, A_2, \cdots, A_n$ 构成样本空间 Ω 的一个划分，且 $P(A_i)>0(i=1, 2,\cdots,n)$，则对任一个事件 B，有

$$P(B) = \sum_{i=1}^{n} P(A_i)P(B|A_i)$$

上式称为全概率公式.

给出划分的概念以及全概率公式后，需要强调事件 $A_1, A_2, \cdots, A_n$ 构成样本空间 Ω 的一个划分是全概率公式成立的条件之一. 此外，将全概率公式与引例的分析过程对照，指出引例中的表达式实际上是全概率公式在 $n=2$ 时的特例，进而启发学生思考能否根据引例的求解过程证明定理 1. 这里证明略去，详细的证明过程可查阅相关教材.

2.2 全概率公式的剖析

全概率公式形式漂亮、结构工整，但对学生而言，由于未能透彻理解它的内涵，所以应用其解决一些贴近生活的实际问题时，经常毫无头绪. 为此，笔者从下面两方面剖析全概率公式的内涵.

(1) 划分可看作是对立事件概念的推广. 在选取样本空间 Ω 的划分时，需要把引起事件 B(视为目标事件)发生的所有可能性 $A_1,A_2, \cdots,A_n$ 全部找出来，并确保 $A_1,A_2, \cdots, A_n$ 是两两互不相容的事件，做到“不重不漏”. 由此可知，全概率公式本质上就是通过“化整为零”的思想，对样本空间做一个合适的划分，进而将一个复杂事件的概率拆分成若干个两两互不相容的简单事件的概率之和，化复杂为简单.

（2）若把 $A_1, A_2, \cdots, A_n$ 视为导致目标事件 B 发生的所有可能“原因”，则全概率公式表明，目标事件 B 发生的概率实际上即为事件 B 在这些“原因”$A_1, A_2, \cdots, A_n$ 下的条件概率的加权平均，其中权重分别为 $P(A_i)$. 因此，全概率公式也称为“由因导果”公式.

2.3 应用全概率公式的一般步骤

应用全概率公式的关键在于找到样本空间的合适划分，这也是难点. 在实际问题中，同学们可以通过图示法、倒推法、概率树等方法，快速、准确地找出一个合适的划分，具体的内容可查阅陈丽和李晓红等发表的文章. 为了方便记忆定理 1 的内容，可以把应用全概率公式的一般步骤归结如下：

① 找出样本空间的一个合适的划分 $A_1, A_2, \cdots, A_n$；

② 求 $P(A_i)$，$i=1,2,\cdots,n$；

③ 求 $P(B|A_i)$，$i=1,2,\cdots,n$；

④ 根据表达式 $P(B)=\sum_{i=1}^{n} P(A_i)P(B|A_i)$，计算目标事件 B 发生的概率 $P(B)$.

3 实例

全概率公式在日常生活中的应用非常广泛. 下面通过两个经典实例来阐述全概率公式的应用.

例 1（产品检验问题） 在实际生产过程中，一批产品出厂之前，检验人员都会对这批产品进行一次抽检，抽检合格后才能发货. 当然，卖家收到这批产品后，也会进行简单的验货. 若某个工厂生产一批儿童玩具，工厂检验员在这批玩具发货前进行了抽检. 假设这批玩具共有 1000 个，其中正品率为 99.9%，检验员随机抽走了一个玩具，则卖家验货时再次抽到次品的概率是多大？

分析： 由古典概型的知识可知，检验员抽到的玩具是次品的概率为$\frac{1}{1000}$. 而卖家抽到的玩具是次品的情况与检验员抽到的结果有关系，可以分为两种可能性：一种是“检验员抽到次品且卖家抽到次品”，另一种是“检验员抽到正品但卖家抽到次品”. 显然，这两个事件构成样本空间的一个划分. 因此，可以应用 $n=2$ 的全概率公式来求解卖家抽到的玩具是次品的概率.

解： 记 $A=\{$检验员抽到的玩具是次品$\}$，$B=\{$卖家抽到的玩具是次品$\}$. 显然，A 和 $\bar{A}$ 构成样本空间的一个划分. 根据古典概型的知识，易得

$$P(A)=\frac{1}{1000}, P(\bar{A})=\frac{999}{1000}, P(B|A)=0, P(B|\bar{A})=\frac{1}{999}$$

于是根据全概率公式得

$$P(B)=P(A)P(B|A)+P(\bar{A})P(B|\bar{A})=\frac{1}{1000}\times 0+\frac{999}{1000}\times\frac{1}{999}=\frac{1}{1000}$$

因此，卖家验货时再次抽到次品的概率是 0.001.

由上述计算结果可见,检验员抽到的玩具是次品的概率与卖家抽到的玩具是次品的概率是一样的. 事实上,这个结论对于彩票、抽签等问题也成立,即无论先买彩票还是后买彩票、先抽签还是后抽签,中奖的概率都是一样的. 正因为如此,检验员的抽检结果实际上客观地反映出该批儿童玩具的质量,因此产品发货前的抽检是非常有必要的.

例 2(蒙提霍尔问题) 在一个电视游戏节目中,有分别编号为 1、2、3 的三扇门,其中一扇门后有一辆汽车,另外两扇门后各有一只山羊,参赛者不知道每扇门后面有什么,但主持人知道. 参赛者答对题后,可以打开任一扇门,赢得相应的奖品. 假设该参赛者选中了 1 号门,主持人将未选的两扇门中打开一扇,当然打开的门的后面是一只山羊(比如 2 号门). 这时主持人会问参赛者是否坚持他原来的选择,如果你是参赛者,你是否会改变选择,将选中的 1 号门换为 3 号门呢?

分析: 易知,"改选"或"不改选"的关键在于哪种选择会使参赛者更可能赢得汽车. 若坚持原选择,则参赛者赢得汽车的概率是$\frac{1}{3}$. 若改变选择,则参赛者赢得汽车的情况与 1 号门后是汽车还是山羊有关系,可以分为两种情况:一种是"1 号门后是汽车且参赛者赢得汽车",另一种是"1 号门后是山羊且参赛者赢得汽车". 显然,这两个事件构成样本空间的一个划分. 因此,可用全概率公式来求解该问题.

解: 记 $A_1=\{1$ 号门后面是汽车$\}$, $A_2=\{1$ 号门后面是山羊$\}$, $B=\{$参赛者不改变选择赢得汽车$\}$, $C=\{$参赛者改变选择后赢得汽车$\}$. 显然, A_1 和 A_2 构成样本空间的一个划分. 利用古典概型的知识可得

$$P(A_1)=\frac{1}{3},\ P(A_2)=\frac{2}{3},\ P(B)=\frac{1}{3},\ P(C|A_1)=0,\ P(C|A_2)=1$$

于是根据全概率公式得

$$P(C)=\sum_{i=1}^{2} P(A_i)P(C|A_i)=\frac{1}{3}\times 0+\frac{2}{3}\times 1=\frac{2}{3}$$

因此,参赛者改变选择后赢得汽车的概率为$\frac{2}{3}$,即参赛者改变选择后更可能赢得汽车.

尽管参赛者改变选择也不一定能赢得汽车,但至少可以将赢得的概率从$\frac{1}{3}$提高到$\frac{2}{3}$. 其实刚开始很多人都无法接受这个结果,因为他们认为改或不改选择赢得汽车的概率应该是 0.5. 这也正体现了概率论中"概率存在于被给予的条件下,不能寄托在实际的物体上"这句经典的话.

4 小结

在概率统计的课堂教学中,全概率公式一直以来都是重点和难点. 如何帮助学生全面、深入地理解和掌握全概率公式,进而熟练应用其解决实际问题,是广大教师一直想解决的问题. 本文先通过一个最贴近学生切身利益且易激起学生兴趣的生活实例"奖学金

分配问题”引出全概率公式,进而剖析全概率公式的内涵,并对应用全概率公式的一般步骤进行总结,最后通过两个实例“产品检验问题”和“蒙提霍尔问题”巩固全概率公式的应用. 通过这种启发式、剖析式和总结式相结合的教学方法,帮助学生全面、透彻地理解和灵活应用全概率公式,使课堂教学质量得到有效的提升.

参考文献

[1] 朱翼隽. 概率论与数理统计[M]. 2 版. 镇江:江苏大学出版社, 2015.

[2] 杨波. 关于全概率公式及其实际应用[J]. 鸡西大学学报, 2015,15(11):52-54.

[3] 上海交通大学数学系. 概率论与数理统计[M]. 2 版. 北京:科学出版社, 2007.

[4] 赵云平. 关于全概率公式的教学探析[J]. 农村经济与科技, 2016,27(22):239,241.

[5] 张晴霞,闵超,林敏. 从蒙提霍尔问题到全概率公式:关于全概率公式的教学设计[J]. 数学学习与研究, 2017(1):33-34.

[6] 陈丽, 兰德品. 关于全概率公式及其应用的教学设计[J]. 科技信息, 2012(12):44-45.

[7] 李晓红. 概率树在全概率公式中的应用[J]. 高等数学研究, 2008,11(4):60-62.

问题导向教学法在泛函分析教学中的应用

朱茂春
（江苏大学数学科学学院）

摘　要　泛函分析是数学专业硕士研究生的一门重要的核心基础课，课程中的概念较为抽象且枯燥乏味，学生在学习过程中往往难以透彻理解与准确把握，学生很容易失去对泛函分析学习的兴趣. 为了能更好地解决这一问题，激发学生的学习兴趣，在教学过程中可以采用问题导向教学法，这一方法可以激发学生对泛函分析的学习兴趣，使学生更好地理解课程中的重要概念. 本文针对问题导向教学法在泛函分析教学中的应用进行了分析，并提出了相关的解决方案.

关键词　列紧集　完全有界集　稠密集与可分空间　弱收敛

泛函分析隶属于分析学，是一门以无穷维线性空间中的泛函和算子为研究对象，分析空间具备的各种拓扑结构，聚焦其中的重要概念与定理的分析数学. 经过 20 世纪四五十年代的发展，它已经渗透到各个应用领域，如几何、拓扑、微分方程、计算数学、最优化理论等数学分支中，还广泛应用于连续介质力学、量子场论以及工程技术等诸多专业领域. 由于其高度抽象的学科特点，学生在学习过程中往往感到困难重重、无力和乏味. 如何高效地进行这门课程的教学，激发学生的兴趣，是任课教师面对的重要问题. 很多专家学者已从不同的角度对泛函分析课程的教学进行了有效的研究和探索. 本文结合自己的教学实践，说明如何在教学过程中使用问题导向教学法，帮助学生更好地理解泛函分析中的一些重要概念. 下面我们将从列紧集、完全有界集、稠密集与可分空间以及弱收敛这四个基本概念出发，介绍问题导向法在泛函分析教学中的运用.

1　列紧集概念的引入问题

列紧集是度量空间中的一类特殊子集，其概念如下：设 A 是度量空间 X 中的无穷集，如果 A 中的任一无穷点列必有收敛到 X 的子点列，就称 A 是 X 中的列紧集. 如果收敛点恰好在 A 中，那么称 A 是自列紧集.

列紧集的概念比较抽象，学生很难理解为什么需要引入这种奇怪的集合. 在教学实践中，我们将首先回顾数学分析中关于有限维空间的一些基本性质，例如，若 $A\subset\mathbf{R}^N$ 是一个有界集合，设 $\{x_k\}$ 是 A 中的一个无穷点列，则必存在 $\{x_k\}$ 的子列 $\{x_{n_k}\}$ 使得 x_{n_k} 的极限存在，该结果可以很容易利用分割区域法证明. 但若空间是无穷维的，那么是否还有类似的

性质呢？学生会很自然地思考这个问题，思考片刻后，我们举出一个反例：考虑序列度量空间

$$l^2 = \{x = (x_1, x_2, x_3, \cdots)\}$$

其上的度量定义为 $d(x,y) = \sqrt{\sum_{i=1}^{\infty}(x_i - y_i)^2}$，考虑集合 $A = \{e_i = (\underbrace{0,0,\cdots,0,1}_{i},\cdots)\}$，显然，集合 A 在该度量空间中为有界无穷集合，但根据收敛序列 $\{e_i\}$ 的认可子列都不收敛，因此有界集合 A 并不满足有限维空间上有界集合的性质. 因此有界无穷集合具有收敛的子列并不是一个通用的性质，我们需要将这种性质概念提炼出来，这就形成了列紧集概念. 通过引入上述问题，让学生从已知熟悉的知识点出发，对列紧集概念以及意义有更好的理解和认识.

2 有界集、完全有界集和紧集的引入

首先我们回顾一下这三个概念的基本定义：

一个集合 A 称完全有界集是指存在一个球可以覆盖 A，即 $A \subset B_{\mathbf{R}}(a)$.

一个集合 A 称完全有界集是指对于任意的 ε，均存在 N_ε 个点 $a_1, a_2, \cdots, a_N$ 使得

$$A \subset \bigcup_{i=1}^{N} B_\varepsilon(a_i)$$

一个集合 A 称为紧集是指若 A 有一个开覆盖，则一定存在有限个子覆盖，即若 $A \subset \bigcup_{i} B_i$，其中 B_i 为开集，则存在有限个开集 B_{i_k} 使得 $A \subset \bigcup_{k=1}^{N} B_{i_k}$.

这三个概念比较难以理解，尤其是后面两个，我们在讲解的过程中可以采用问题导入法，首先回顾数学分析中连续映射、一致连续映射以及 Lipschitz 连续的基本概念，然后提出一个问题：具备什么性质的集合可以在这些连续映射下保持不变？先考虑最基本的有界集，是否都能被保持. 此时我们可以举一个反例，考虑 $\mathbf{R}$ 上的连续映射 $f(x) = \frac{1}{x}$，和有界集 $(0,1)$，学生很容易发现集合在映射 $\frac{1}{x}$ 作用下的像是无界集合 $(1, +\infty)$. 那到底什么性质的集合可以被保持呢？自然的一致连续映射又可以保持什么样性质的集合呢？什么样的连续才可以保持有界性呢？我们可以通过证明下面三个小命题给出答案.

命题 1 Lipschitz 连续映射可以保持有界集合.

命题 2 一致连续映射可以保持完全有界集合.

命题 3 连续映射可以保持紧集.

通过证明这三个简单命题，可以让学生将看似毫不相干的三个概念联系到一起，以便于学生理解和记忆这些概念. 同时也通过这几个命题让学生对这些常见的连续映射有一个更深刻的认识.

3 稠密集与可分空间的理解

稠密集与可分空间的概念虽然不难理解,但同学们对为什么要引入这些概念很困惑,为此我们将通过现实中的距离问题来介绍稠密和可分的意义.

实际计算中,

(1) 在有限点集度量空间上,其上任意两点的距离可以直接得到.

(2) 在可数点集度量空间上,其上任意两点的距离可以通过某种算法精确算出,但是需要更多的时间.

(3) 在可分度量空间上,其上任意两点的距离不能精确地算出,但可以利用其可逼近性质近似计算出.

(4) 在不可分度量空间上,找不到合适的算法计算或近似计算其上任意两点的距离.

通过上面的距离计算可以让学生更深刻地理解和体会稠密和可分的意义.

4 弱收敛和弱列紧性概念的理解

弱收敛利用的是线性有界泛函定义的某种收敛性,也是泛函分析中的核心概念之一,其在数学研究中起着极其重要的作用,但是初学者往往很难明白其意义和价值. 为此,我们还是从一开始的例子说起,在前面讲过无穷维空间的有界无穷点列可能不具有收敛的子列,那么在无穷维空间有界无穷点列虽然可能无收敛子列,但会不会具备某种更弱意义下的收敛子列呢?

实际上,这也是泛函分析要研究所谓弱收敛的原因,首先,弱收敛确实要比正常的收敛要弱一些,而且在一定条件下(自反空间)确实可以做到有界无穷点列具有弱收敛的子列,这在一定程度上弥补了无穷维空间有界无穷点集无收敛子列的缺陷,通过引入这些小的例子,可以让学生对弱收敛以及弱列紧性有更深刻的体会和理解,也对后面的弱列紧性的学习兴趣更大.

5 小结

上面是笔者在泛函分析教学中的一些问题导向教学法的教学案例. 要激发学生学习泛函分析的兴趣,就必须在基本概念的导入上多下功夫,寻找更多更好的问题导入案例,让学生更好、更自然地理解和明确泛函分析的学习目标和学习内容,帮助学生在学习中有的放矢,起到事半功倍的学习效果.

参考文献

[1] 翟成波. 泛函分析教革研究与探索[J]. 高等数学研究, 2013,16(1):99-100.

[2] 张恭庆,林源渠. 泛函分析讲义[M]. 北京:北京大学出版社,1996.

[3] 定光桂. 关于《泛函分析》课程教学改革的试探[J]. 高等理科教育,2001(3):8-10,17.

[4] 陈白棣,温淑萍,向雪萍.泛函分析教学的几点建议[J].新疆师范大学学报(自然科学版),2006,25(4):92-95,98.

[5] 程其襄,张奠宙,魏国强,等.实变函数与泛函分析基础[M].3版.北京:高等教育出版社,2010.

课程思政融入数学课堂教学实践与思考

——以“6.1 函数”为例

胡芬芳

（镇江市伯先中学）

摘　要　2022年落地的新课标，要求义务教育阶段学生养其根、立其本.“本”就是核心素养，培养要落在学生核心素养的养成上.这就是我们经常讲的，对学生将来踏入社会有意义，甚至对学生的一生都有意义的一些素养，即正确价值观、关键能力和必备品格.本文以“6.1 函数”为例，具体呈现了如何通过有效的课堂教学，有计划、有组织地系统展示在初中数学教学中融入课程思政，即关注智育的同时，关注学生的品格教育，旨在探索课堂教学新样态，使德育与智育相融合，实现全员全过程全方位育人.

关键词　课程思政　数学学科　品格提升

任何学科的教学都隐含着德育资源.这种德育资源主要有两个方面：一是隐含在教学内容中的道德因素；二是隐含在教学形式中的德育因素.要把品格教育和学科教学融为一体，就必须让品格教育进入学科教学课堂；否则，素质教育最多也只能算在学校实施了“一半”，“育人为先”的课堂教学也难以真正落实.因此，学科品格教育应运而生.所谓学科品格教育，即在各个学科教学中实施品格教育，把新课程标准提出的学科素养与品格教育完全结合起来，实施对学生的全面教育，培养既有学识又有高尚道德品质的人，其核心在于培养有社会责任感的人.因此教师在学科教学中关注学生品格提升，应从以下两个方面入手：一方面深入研读教材，挖掘蕴含在教材中的学生必备品格指向因素；另一方面在选择教学方法和管理方式时，遵循以人为本的原则，尊重学生，关爱学生，努力创造民主平等的课堂氛围，使学生品格在潜移默化中提升.基于此，本文以苏科版八年级上册“函数”章节为例，谈谈笔者在品格提升视角下初中数学课堂教学的实践与思考.

1　教学实录

1.1　研学反馈

活动内容：我们生活在一个千变万化的世界：随着四季的变化，气温也随之变化；随着年龄的增长，大家的个子越来越高……“变化”让我们的生活多姿多彩，“变化”也时常给我们带来困惑,所以"变"引领我们去探索新知.生活离不开数学,数学来源于生活,请同学们在上学的路上仔细观察、思考,抓住生活中的一个场景,将这个场景与组内同学交流,并说一说这个场景涉及哪些量?有哪些不变的量,有哪些变化的量?

学生活动:观察生活,与组内同学交流,组长记录同学们所举实例,组内选择一个典型实例在班级内交流.

教师活动:及时发现学生在活动中出现的问题,收集信息(对学生的发言给予肯定,并让其他同学补充).

设计意图:由学生熟悉的话题引入,让学生观察身边事物的动态变化并感悟变化.从实际问题引出数学知识,进行教学,开展来源于实践又服务于实践的认识论教育.在小组合作学习活动中,培养学生认真倾听、主动表达、尊重他人等的良好品质.

1.2 感知体验

活动内容:根据每个小组提出的实例,归纳出两个新的概念:常量与变量.

学生活动:学生分组讨论并归纳.

教师活动:及时发现学生在活动中出现的问题,给出数学规范语言.

师生达成共识:综上所述,在某一变化过程中,数值保持不变的量叫作常量;在某一变化过程中,可以取不同数值的量叫作变量.

设计意图:由"变"到"变化的量"实现生活到数学的自然过渡.通过生活中的实例,学生亲身经历了"提出问题—寻找其中的量—对量进行分类—归纳概念"的概念形成的全过程,感受数学概念形成的自然性与合理性.这能引导学生观察生活、提出问题,从而提升学生的科学素养.

1.3 活动探索

活动内容:给出各小组所举的活动情境,思考在各种变化过程中是否往往存在着两个互相联系的变量;不同的变化过程中变量与变量之间的关系有什么共同之处.

学生活动:学生独立思考、交流.

教师活动:教师点拨,从三个方面探索变量之间的关系.关键词:变化,确定,对应.

师生达成共识:综上所述,每个变化过程都有两个变量,且当其中一个变量变化时,另一个变量也随之发生变化;当其中一个变量确定时,另一个变量也随之确定.

设计意图:在这个环节中,学生利用自己搜集的材料进行探索,引导学生从生活中发现数学的价值,从而产生成就感;在教学中,渗透实践第一的观点,渗透事物相互联系、相互转化的观点,渗透事物发展变化的观点,渗透抓主要矛盾的观点等.

1.4 形成概念

活动内容:基于上面的讨论与归纳,教师给出函数的概念,并提供与函数史相关的资料让学生阅读.

学生活动:了解函数的概念,并用函数的语言描述各小组所举的活动情境中两个变量之间的关系.

教师活动:教师规范学生的数学语言,提供函数史的资料.

设计意图:由于学生首次接触函数概念,因此在学习中重在让学生通过大量的具体实例,充分认识到事物的变化过程,并探索在这个过程中两个变量之间的相互关系,从而形成函数概念.介绍函数发展史料,让学生了解数学科学的悠久历史和灿烂成就,并学习历代著名数学家的优秀品质,进行科学精神教育.

1.5 应用解决

活动内容:判断两个变量之间的关系是否是函数关系.

学生活动:根据前面活动的经验,学生尝试提出问题并回答.

教师活动:教师规范学生的数学语言,提供函数史的资料.

设计意图:在学生解题的过程中强调"用函数的定义来思考",回到定义以启发学生领会观察问题和思考问题的科学方法.

1.6 归纳整理

活动内容:回顾本节课的内容,说一说认识了哪些概念.举出身边函数的例子.小组内成员交流,互评.

设计意图:尝试对知识方法进行归纳、提炼、总结,形成理性认识,内化数学的方法和经验.小结不仅可以帮助学生梳理知识、理清脉络,还能够起到提升认识、内化认知结构的作用.老师、同学、自己三方融为一体进行知识梳理、答疑、解惑,很好地发挥了学生的主观能动性,有利于培养学生的反思能力、问题意识.但作为一个初学者,由于学生对新概念缺乏较为全面、系统、深刻的认识和把握,所以小结不宜完全脱离教师的引导和归纳.

2 教学反思(学生品格提升落实课堂的评析)

2.1 教学内容定点到位

陈景润正是在课堂上听了老师讲的哥德巴赫猜想,才产生了摘取皇冠上明珠的强烈愿望,他通过不懈努力,最终成为享誉世界的大数学家.以学科知识为载体使德育常态化,体现了知识与道德、教学与教育、教书与育人的统一.教材是知识载体,不论是社会科学还是自然科学,新课改后中小学教材的内容与形式既贴合生活又紧跟时代,文本编写遵循科学性、思想性与趣味性相统一的原则.因此,教材内容中蕴含着品格指向的内容,只不过有的品格指向内容是显性的,教师可以据此直接进行教育,有的是隐性的,需要教师对文本仔细研读与琢磨,以发现其中的德育价值.

在本节课中,通过函数发展史料介绍数学科学的悠久历史和灿烂成就,介绍数学家历经艰辛、百折不挠、发现真理的曲折过程,从而培育学生勇于剖析、坚毅勇敢、追求真理的科学态度以及向上向善的品质,这是显性的品格指向素材.隐性的品格指向素材则隐含在数学知识当中,例如,学习变量和常量的概念时,在感悟变与不变的过程中,引导学生理性地剖析问题,领悟"透过现象看本质"的辩证唯物主义思想;学习函数概念时,研究的是两个变量之间的关系,渗透抓主要矛盾的观点等.此外,数学知识本身的严谨性、逻辑性也有助于培养学生严谨、认真、实事求是的科学态度.

2.2 教学方式潜移默化

人的良好品格的塑造、基本观点的确立到正确的世界观、人生观、价值观的形成，是一个长期的过程，不可能一蹴而就. 在这个过程中，丰富的感性认识和积累的知识、经验是基础，对教育内容的领会、接受、内化是关键，实践、认识不断从量变到质变是过程. 在课堂教学中，营造自主、独立、自由与平等的学习氛围尤其重要，这使学生在课堂上接受各科知识的同时受到感染和熏陶，这种潜移默化的渗透符合学生身心发展特点，有利于学生在学习和实践活动中逐步形成良好的品格和正确的世界观等.

研究性学习使教学方式发生了转变. 数学教学应该是从学生的生活经验和已有的知识背景出发，向他们提供数学实践活动和交流的机会，让他们经历实验、想象、分析、猜测、交流、验证和推理等过程，使他们在自主探索的过程中真正理解和掌握基本知识、思想和方法，同时积累经验，成为数学学习的主人，这样的教学方式可培养学生的创新精神.

本节课是“函数”起始课. 对学生来说，“函数”是一个抽象、陌生的概念. 但在本节课的教学过程中，教师没有生硬地提出问题. 课堂上问题的提出、概念的形成，都是基于学生自己的生活实例. 教师引导学生自悟、合作交流，自然理解概念. 学生不仅能在课堂上勇于发言，而且敢于质疑并且能做到言之有理，还能积极参与小组讨论与交流，共同分享团队协作的成果. 小组合作学习活动，可培养学生合作与奉献的精神.

学生品格提升非一朝一夕之事，有关的研讨还需继续，研究数学课堂教学如何提升学生品格更不能就此停下. 我们应抓住课堂中的点滴契机，创新教学形式，以“润物细无声”的方式滋润学生心灵，锤炼学生品格.

参考文献

张志峰. 将品格教育融入学科教学全过程[J]. 中国德育，2013(8)：75-77.

正定二次型的一个应用

倪　华　王丽霞　田立新
（江苏大学数学科学学院）

摘　要　周期变系数线性微分方程组的系数矩阵的所有特征值皆为负时，并不能保证方程的稳定性；在周期系数矩阵及其转置矩阵之和的特征值的平均值满足一定的条件时，通过构造正定二次型的 V 函数，得到方程的稳定性，获得了一些新的结论.

关键词　正定二次型　变系数　周期线性微分方程组　稳定性

1　引言

考虑 n-维变系数线性微分方程组：

$$\frac{\mathrm{d}\boldsymbol{x}}{\mathrm{d}t}=\boldsymbol{A}(t)\boldsymbol{x} \tag{1}$$

其中，$\boldsymbol{A}(t)=\begin{pmatrix} a_{11}(t) & a_{12}(t) & \cdots & a_{1n}(t) \\ a_{21}(t) & a_{22}(t) & \cdots & a_{2n}(t) \\ \vdots & \vdots & & \vdots \\ a_{n1}(t) & a_{n2}(t) & \cdots & a_{nn}(t) \end{pmatrix}$，$a_{ij}(t)(i,j=1,2,\cdots,n)$ 均是定义在 $\mathbf{R}$ 上的 ω-连续周期实函数，$\boldsymbol{x}=(x_1,x_2,\cdots,x_n)^{\mathrm{T}}$，T 表示转置. 对于变系数线性方程组(1)，即使系数矩阵 $\boldsymbol{A}(t)$ 的一切特征值 $\lambda(t)$ 满足 $\mathrm{Re}\,\lambda(t)<-\alpha$，$\alpha$ 是某正数，也不能保证方程组(1)是稳定的. 本文利用李雅普诺夫函数法，研究了微分方程组(1)的稳定性，得到了微分方程组(1)的稳定和不稳定的充分性条件.

2　利用正定二次型判定方程组的稳定性

定理 1　考虑线性微分方程组(1)，如果 $\dfrac{\boldsymbol{A}(t)+\boldsymbol{A}^{\mathrm{T}}(t)}{2}$ 的最大特征根 $\lambda(t)$ 满足：

$$\int_0^{\omega}\lambda(t)\,\mathrm{d}t < 0$$

则线性微分方程组(1)是稳定的.

证明：构造李雅普诺夫函数

$$V(t,\boldsymbol{x})=\boldsymbol{x}^{\mathrm{T}}\boldsymbol{x} \tag{2}$$

其中,$\boldsymbol{x}(t)$是线性微分方程组(1)满足的初始条件$\boldsymbol{x}(t_0)=\boldsymbol{x}_0$的解.

对式(2)沿着线性微分方程组(1)的解求导可得:

$$V'(t,\boldsymbol{x})=\boldsymbol{x}^{\mathrm{T}}[\boldsymbol{A}(t)+\boldsymbol{A}^{\mathrm{T}}(t)]\boldsymbol{x} \tag{3}$$

因为$\boldsymbol{A}(t)+\boldsymbol{A}^{\mathrm{T}}(t)$是实对称矩阵,故存在正交矩阵$\boldsymbol{P}(t)$,使得

$$\boldsymbol{P}^{\mathrm{T}}(t)[\boldsymbol{A}(t)+\boldsymbol{A}^{\mathrm{T}}(t)]\boldsymbol{P}(t)=\begin{pmatrix}\lambda_1(t) & & & \\ & \lambda_2(t) & & \\ & & \ddots & \\ & & & \lambda_n(t)\end{pmatrix} \tag{4}$$

其中$\lambda_i(t)(i=1,2,\cdots,n)$是实对称矩阵$\boldsymbol{A}(t)+\boldsymbol{A}^{\mathrm{T}}(t)$的$n$个特征值,所以式(3)为

$$\begin{aligned}V'(t,\boldsymbol{x})&=\boldsymbol{x}^{\mathrm{T}}\boldsymbol{P}(t)\begin{pmatrix}\lambda_1(t) & & & \\ & \lambda_2(t) & & \\ & & \ddots & \\ & & & \lambda_n(t)\end{pmatrix}\boldsymbol{P}^{\mathrm{T}}(t)\boldsymbol{x}\\&\leqslant 2\lambda(t)\boldsymbol{x}^{\mathrm{T}}\boldsymbol{x}\end{aligned} \tag{5}$$

由式(5)可得

$$\frac{\mathrm{d}\,\|\boldsymbol{x}(t)\|^2}{\mathrm{d}t}\leqslant 2\lambda(t)\,\|\boldsymbol{x}(t)\|^2 \tag{6}$$

式(6)移项后从t_0到$t(t\geqslant t_0)$可得

$$\|\boldsymbol{x}(t)\| \leqslant \|\boldsymbol{x}(t_0)\|\exp\left(\int_{t_0}^{t}\lambda(s)\mathrm{d}s\right) \tag{7}$$

因为$A(t)$是$\mathbf{R}$上的ω-周期连续函数,故$\lambda_i(t)(i=1,2,\cdots,n)$也是$\mathbf{R}$上的$\omega$-周期连续函数,因此最大特征值$\lambda(t)$也是$\mathbf{R}$上的$\omega$-周期连续函数,故$\lambda(t)$是有界的,由条件$\int_0^{\omega}\lambda(t)\mathrm{d}t<0$,于是存在正数$M$,使得$\int_{t_0}^{t}\lambda(s)\mathrm{d}s\leqslant M$.

因此,由式(7),$\forall\varepsilon>0$,$\exists\delta=\frac{\varepsilon}{\mathrm{e}^M}>0$,当$\|\boldsymbol{x}(t_0)\|<\delta$时,$\|\boldsymbol{x}(t)\|<\varepsilon$,所以线性微分方程组(1)是稳定的.

类似定理1的证明,我们可得:

定理2 考虑线性微分方程组(1),如果$\frac{\boldsymbol{A}(t)+\boldsymbol{A}^{\mathrm{T}}(t)}{2}$的最小特征根$\lambda(t)$满足:

$$\int_0^{\omega}\lambda(t)\mathrm{d}t>0$$

则线性微分方程组(1)是不稳定的.

教学建议:在实二次型中,正定二次型占有特殊的地位;本文的定理1和定理2通过构造正定二次型的李雅普诺夫函数,得到齐次线性微分方程组的稳定性的两个结论,这

是正定二次型理论在微分方程中的一个应用.在微分方程课程齐次线性微分方程的教学过程中,我们可以穿插讲解本文的定理1和定理2,这样能使学生更好地掌握二次型的概念及其用途,同时也能激发学生对科研的热情,进一步提升他们对未知领域的探索能力.

参考文献

金福临.应用常微分方程[M].上海:复旦大学出版社,1991.

金融数学课程的多学科能力目标孤立困局分析及破解①

刘　悦[1]　傅　敏[2]　李靠队[1]　石志岩[2]

（1. 江苏大学财经学院；2. 江苏大学数学科学学院）

摘　要　金融数学兼具基础学科、新兴学科、交叉学科的诸多特色，在本科及研究生课程教学中既具难度又显魅力．本文以金融数学课程的多学科能力目标为研究对象，深度解析其多学科能力目标孤立困局，并提出破解机制，最终通过对期权定价相关章节课程的实际案例的研究，破解多目标孤立困局，以期实现多学科能力目标协同实现的教学愿景．

关键词　金融数学　多学科能力目标　教学目标协同

1　引言

党的二十大报告指出："加强基础学科、新兴学科、交叉学科建设，加快建设中国特色、世界一流的大学和优势学科．" 基础学科、新兴学科、交叉学科在高等教育体系中占据着重要地位，是为新时代社会主义建设持续提供智力支持的关键环节．金融数学课程具备以下三方面特点，该课程立足于数学这一基础学科的基石，数学分析、现代概率论、随机过程等数学课程将作为其必需的数学基础为学生配备；该课程不同于应用数学传统课程，是在近几十年现代化金融体系建立和发展过程中逐渐形成与完备的；金融数学最鲜明的学科特点在于金融与数学学科在量化层面的高度融合统一．因此，金融数学的高等教育教学不仅特征鲜明而且难度较大，该课程的三方面特点也要求其实现对学生三方面能力的培养，即数学推导能力、金融分析能力、编程实现能力．

这三方面能力对应于本科教育中三大不同门类的学科课程：一是以分析学为支撑的现代概率；二是金融衍生品市场和投资分析；三是计算机汇编语言如 C 语言、VB、Matlab 以及算法设计．在实际教学中，对三方面能力的培养皆有明确的目标，但与这三方面能力相关的本科学科大类之间存在差异，多学科的能力目标是孤立的，这将使得在有限课时内完成教学任务的难度增加．因此，我们将金融数学课程的多学科能力目标孤立现象视

①　本文得到国家社会科学基金后期资助项目（22FGLB030），江苏大学 2021 年高等教育教改研究课题（2021JGYB082），2022 年江苏大学课程思政教学改革研究课题，一流课程培育项目，以及江苏大学应急管理学院教育教改研究（JG-01-04）支持．

为必须破解的困局,本文就其困局的形成机理和破解路径进行理论分析及可行性设计.

2 金融数学课程多学科能力目标简介

金融数学课程具有鲜明的多学科融合特征,在该课程的教学实践中,多学科理论和技能对应着多学科能力培养目标的设定.首先是数学推导能力,该能力的培养始于数学专业课程“数学分析”,在后继课程“实变函数”“复变函数”“测度论”等课程中得到进一步加强,学生应具备严谨的数学分析初步能力和“应用随机过程”相关知识背景;其次是金融分析能力,其一般在“微观经济学”“货币金融学”“投资学”等前期课程中有所铺垫,学生应初步了解金融市场的交易概况并熟悉金融衍生品的交易操作及资产属性特点;最后是编程实现能力,学生一般已掌握至少一种汇编语言如C语言、Matlab、VB或者Python,能实现简单的算法设计.

通过本课程的学习,这三方面能力将得到一定程度的提高,具体的目标如下.对数学推导能力而言,学生应能对价格过程建立以布朗运动为基础的简单随机模型,初步掌握以布朗运动为基础的随机计算,实现BS公式的独立推导;对金融分析能力而言,学生应进一步熟练掌握衍生品的盈利分析和操作决策知识,形成对金融衍生品报酬分析和估值的量化思维,具备将数量结果翻译为投资决策依据的能力;对编程实现能力而言,学生应具备使用自己所熟悉的汇编语言模拟价格动态过程的技能,熟练设计蒙特卡洛模拟算法,初步掌握离散时间下最优决策的算法设计.

3 多学科能力目标孤立困局形成机理

由上文可见,数学推导能力的提高主要依赖于学生数学分析能力的前期积累,短期提高数学推导能力较难实现;金融分析能力的提高在一定程度上需要借助于金融市场交易的参与或见习经历;编程实现能力的提高则在于目标导向下的算法设计及代码实现的操作积累.三方面能力目标相去较远,在金融数学的课程教学过程中,当发现学生在某方面能力欠缺时,再临阵磨枪往往需要增加课时,同时会影响主线教学任务的推进,安排不当往往会捉襟见肘,教学效果将大打折扣.

金融数学课程教学多能力目标之间缺乏必要联系,因而各自成为孤岛,目标孤立困局形成的原因就在于三方面目标在一定程度上将能力培养的方向指向不同层面.图1所示为多学科能力目标孤立困局形成机理示意图.如图1所示,数学推导能力、金融分析能力、编程实现能力分别被指引向不同的终端形式——书面、市场、电脑,这些终端形式彼此割裂,从而造成数学推导能力、金融分析能力、编程实现能力培养目标之间关联的断裂.因此,其结果将是金融数学课程多学科能力目标孤立困局形成.

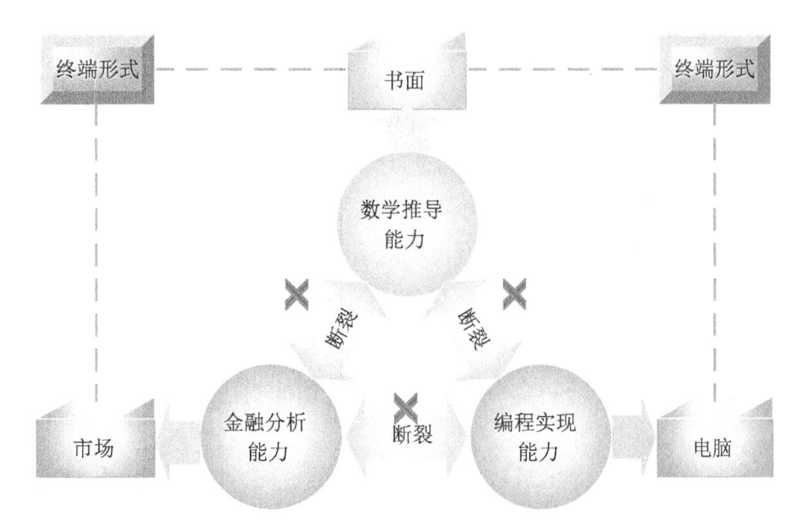

图 1　多学科能力目标孤立困局形成机理示意图

4　多学科能力目标孤立困局破解机制

由上文可知，金融数学多学科能力目标孤立困局的形成在于其三种能力目标之间关联的断裂，而造成这一现象的根本原因在于能力提升的终端形式对能力目标的实现形成不同方向的矢量拉力，因而造成目标孤立的困局. 其破解机制的设计将基于对统一目标的定位和设定展开，其次就是需要引入外部力量将这三种能力目标“推挤”在一起，形成一个整体，这就需要设计多目标之间的内部黏性，使得多目标聚合之后彼此协同不排斥.

基于以上设计思路，本文提出以子任务为目标聚合提供导向的破局思路. 将金融数学课程中多章节重点分解成供学生探索完成的子任务，而能力的提升贯穿于子任务的完成过程之中. 从三种能力目标的外部将其“推挤”在一起，该动力的实现机制在于奖励措施下学生小组的课堂作业形式，而在各能力目标提升之间增加内部黏性的实现则在于子任务完成的一致性和协同性要求. 为此，本文进一步设计了“角色扮演—数字孪生—穿越视角”三位一体的作业形式，在金融数学课程的课堂教学中将发挥出奇制胜的作用，同时将会极大提升学生参与课堂和探索学习的积极性.

其中，“角色扮演”是指子任务中小组成员承担交易对手双方角色，这将使学生置身于交易之中，想象自己就是资产持有者和市场参与者，有益于激发学生盈利驱动下的才能发挥；“数字孪生”指的是子任务中小组成员以计算机编程的方式同步模拟实现小组中角色成员所作决策的后继表现，其“孪生”就是指虚拟与现实共生，从而实现信息互通，以得到预测的校准和决策的支持；“穿越视角”是指设立子任务中的中立小组，其透视全局信息，如当前交易的时间区间为 0 到 T，而当前时间为 $T/2$，其他小组最多获得 0 到 $T/2$ 时间内的市场公开信息，但“穿越视角”小组的成员则可以获得未来(即 $T/2$ 到 T 时刻之间)的所有信息，“穿越视角”小组的成员负责进行最终的总结和反思. 教师在全过程中引导角色扮演的成员从随性决策开始逐步带入量化思考，在“数字孪生”小组成员模拟实验结果的影响下,逐步萌生建立随机模型以用于量化估值和优化决策的探索,而“穿越视角”小组的成员则可将一切看在眼里,见证“角色扮演”的市场参与者如何一步步由感性走向理性的全部过程.在此模式下,通过全员参与的形式,学生将经历每一轮子任务的实操过程,提升三方面能力中至少一方面的能力.在之后的子任务中,教师将安排角色互换,使得不同小组的学生有机会尝试不同性质的任务,三轮之后所有学生都在这三种岗位上“走”了一遍.据此,学生三方面能力目标提升可渐进式实现.

在上述课堂任务完成的过程中,“角色扮演”小组的学生主要可提升金融分析能力(前期)和数学推导能力(后期),“数字孪生”小组的学生主要可提升编程实现能力(为主)和数学推导能力(仅部分同学会有此意识),“穿越视角”小组的学生主要可提升金融分析能力.

图 2 所示为多学科能力目标孤立困局破解机制示意图,教师在该课堂实验中主要偏向于指导“角色扮演”和“数字孪生”小组的学生,因为这两组学生是该课堂实验中的主体部分,而“穿越视角”小组的学生则主要是边看边学,“轮岗”后他们进入“角色扮演”和“数字孪生”小组才有机会将自己掌握的知识运用于实践.

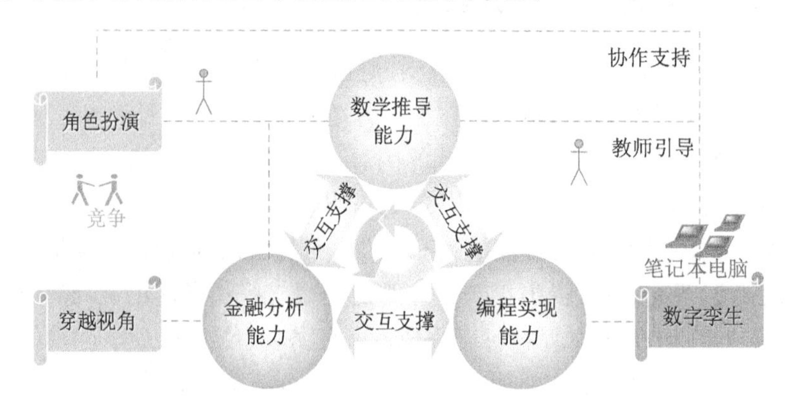

图 2　多学科能力目标孤立困局破解机制示意图

5　多学科能力目标协同实现案例演示

上文演示了金融数学课程中多学科能力目标孤立困局的破解机制,下面将以案例的形式具体演示这一设计.该案例分析以金融数学核心章节授课为素材,故选取“期权定价”这一节.该节内容涉及期权定价的历史发展背景、期权定价的量化思想、BS 模型的建立、BS 公式的推导等.该节课所需的前期准备见表 1.

表 1 “期权定价”课前知识与技能准备

知识与技能门类	数学	金融	编程
具体理论、方法、技能	布朗运动的理论基础及运算	期权的概念及分类	汇编语言初级能力
	ITO 公式及随机微分方程初步	期权报酬函数及图像	算法设计及编程实现
	概率测度、条件概率、概率期望	看涨看跌期权平价公式的证明与应用	蒙特卡洛模拟

在学生充分复习并具备上述知识与技能的基础上，课堂教学过程的具体步骤可设计如下：

（1）将授课对象分为三组：角色扮演、数字孪生、穿越视角. 其中角色扮演小组的学生最多，其次是数字孪生小组，穿越视角小组所需的人数最少，三组人数的比例大致为 5∶3∶2.

（2）宣读该课堂实验的任务主题和实施细则. 角色扮演小组的学生分别扮演期权的买方和卖方，教师规定某期权的参数：标的资产、资产的交易头寸、行权期、行权价格. 买卖双方报价，由教师填入 excel 文件，通过课前写好的 VB 程序自动撮合交易，在教室屏幕上显示交易达成的结果.

（3）在第一阶段中，角色扮演小组的学生一般会随意报价（根据前期所学知识，报价范围大致在期权交易标的的当前市场价格的 1%至 20%之间），然后数字孪生小组的学生实现对交易标的价格的动态模拟和预测，角色扮演小组的学生最终根据教师预设的价格走势作出决策判断，即是否行权.

（4）这一轮次结束后，教师组织三组同学进行交流与讨论，角色扮演小组的学生以最终盈利为目的（注意：期权卖方也可以盈利）进行反思和报价改进. 在此过程中，教师应引导角色扮演小组的学生和数字孪生小组的学生展开讨论，安排结对合作.

（5）通过多轮交易，教师将引导角色扮演小组的学生积极地寻求数字孪生小组学生的模拟实验结果的支撑，一起验证自己交易策略的设想. 最终让学生对量化报价产生依赖.

（6）中断交易实验，教师介绍 BS 期权定价的成果. 恢复实验之后，一定仍有部分学生以之前交易的经验挑战 BS 期权定价方式，这样又形成新的角逐. 在以盈利为导向的任务目标下，最终让学生在多轮交易后发现，自从有了 BS 期权定价公式，期权的成交价格将显著受到 BS 期权定价公式数值结果的影响，见识到理论倒逼市场的惊奇现象.

（7）穿越视角小组的学生在每一轮交易之后，以完整的信息和前两组学生进行交流，将有效促进该实验整体构想的圆满实现.

在该教学实验结束之后，教师适当进行总结，并继续 BS 期权定价推导证明的相关讲解. 但回顾这一段教学过程，我们将发现：学生的数学推导能力、金融分析能力、编程实现能力都得到了不同程度的提升. 据此设计金融数学课程其他章节的教学内容，将有望实现多学科能力目标协同发展.

6 结语

南京大学戴万阳教授作诗曰:“日久方能见人心，和谐函数量社会. 公平竞争公正鞅,随机微分与对策.”金融数学的教学本可以与其市场实际应用一样充满挑战与收获,邀广大同仁协与探讨之.

参考文献

[1] 胡金焱. 山东大学“金融数学与金融工程基地班”人才培养模式探索[J]. 中国大学教学,2010(1):31-33.

[2] 姜礼尚,徐承龙. 金融数学课程体系、教材建设及人才培养的探索[J]. 中国大学教学,2008(10):11-13,26.

[3] 林健武,周毅,田雅芳. 以立体式实践教学体系培养金融工程硕士研究生的探索[J]. 学位与研究生教育,2020(3):28-34.

[4] 孙春香,李冠军. 基于创新人才培养目标下“应用随机过程”教学改革探讨[J]. 中国多媒体与网络教学学报(上旬刊),2021(4):80-82.

[5] 谭英平. “应用随机过程”教学方法的探讨[J]. 中国大学教学,2011(4):47-49.

[6] 危平,杨明艳,金紫怡,等. 高校双语教学课程体系的构建研究:以金融学为例[J]. 现代大学教育,2015(5):105-110.

[7] 夏元清,戴荔,闫莉萍,等. 教育部来华留学研究生英语授课品牌课程建设方法探究:以“随机过程理论及应用”为例[J]. 学位与研究生教育,2019(12):42-45.

[8] 徐守萍. 信息技术环境下现代金融学有效课堂教学策略研究[J]. 现代教育技术,2014,24(6):32-36.

教师教育实践性课程思政建设及实施

宋晓平

（江苏大学数学科学学院）

摘　要　本文从教师教育课程思政的研究现状出发，分析实践性课程思政存在“落不实”“不够真”等问题，并提出解决方案，力图实现理论创新、教学创新、实践创新与方法创新，破解师范生师德修养和教育情怀评价的“卡脖子”问题.

关键词　课程思政　教师教育　教学实践

教育的关键问题是“怎样培养人”，习近平总书记在全国高校思想政治工作会议上的讲话指出，思想政治理论课要坚持在改进中加强，其他各门课都要守好一段渠、种好责任田，推动“思政课程”与“课程思政”同向同行，创新协同育人新模式. 建设高水平人才培养体系，必须将思想政治工作体系贯通其中，必须抓好课程思政建设，解决好专业教育和思政教育“两张皮”的问题. 所谓课程思政，简而言之，就是高校的所有课程都要发挥思想政治教育作用. 深刻把握“课程思政”的价值意蕴，对于高校坚持社会主义办学方向，培养德才兼备的人才具有重要实践意义.

1　国内教师教育课程思政研究现状

近年来，课程思政渐成为学界研究热点. 本文通过对相关学术文献进行量化统计和质性分析，系统梳理了 2014 年以来我国“课程思政”相关研究的现状，并聚焦课程思政的内涵、价值、元素及实践进行综述.

1.1　课程思政的内涵研究

要探究什么是课程思政，必须厘清“课程思政”与“思政课程”的区别与联系，进而从概念出发把握内涵. 课程思政作为一个新概念，学界对其内涵界定尚未达成共识. 不同学者从“课程观”“实践活动”“理念”“方法”“课程体系”“属性”等维度尝试对其进行了界定.

一是将课程思政理解为一种指导思想或方法. 多数学者认为课程思政是新的教育理念、方法或课程体系、课程观. 有学者认为课程思政既是一种教育理念，也是一种思维方法，他强调所有学科进行课程思政建设具有应然性；还有学者认为课程思政是一种全新的课程观. 这些学者的共识是认为课程思政是在所有课程中融入思政教育元素的指导思想，体现课程思政育人“全员全程全方位”的政策要求.

二是将课程思政理解为一种实践活动. 课程思政的内涵应涵盖理论与实践两个维度,是将思想政治教育融入大中小学各类非思政课程的教学各环节、各方面,实现"三全育人"的理论与实践.

1.2　课程思政的价值研究

课程思政要求所有学科、所有课程承担起德育的职责,与思政课程同向同行,以培养合格的中国特色社会主义事业的建设者和接班人,因此其具有十分重要之作用. 一是课程思政能够推动知识传授与价值引领相统一;二是课程思政能够深化教育教学改革;三是课程思政能够推进教师践行教书育人使命,提升学生学习主动性. 课程思政是"以人为本"教育理念的升华,突出体现以人的全面发展为根本目的,帮助学生树立正确的价值观,尊重人的思想差异,尊重人的人格、个性和创造性,并启发学生的自觉性,调动学生的积极性.

1.3　课程思政的元素研究

《高等学校课程思政建设指导纲要》指出"要深入梳理专业课教学内容,结合不同课程特点、思维方法和价值理念,深入挖掘课程思政元素,有机融入课程教学",并提出课程思政建设的内容重点是融入"习近平新时代中国特色社会主义思想""社会主义核心价值观""中华优秀传统文化""宪法法治""职业理想和职业道德"等.

课程思政的建设基础在课程,重心在思政元素,关键在教师,成效在学生. 课程思政已有研究在总体上还处于浅层探索阶段,理论体系还未完整构建. 而课程思政理论是具有中国特色的社会主义教育理论体系的重要组成部分,具有极强的研究价值. 此外,如何挖掘专业或学科的思政元素、开展行之有效的实践等也有待进一步研究. 有学者认为人文精神是新时代高校思政元素的基石,将自然科学类课程的思政元素归纳为 3 类,其一就是科学精神与人文精神.

1.4　实践类课程思政研究

实践类课程兼有理论性和实践性双重特点且更加注重应用性. 首先应综合设计课程体系. 有学者认为,要对授课对象进行立体化安排,分层教学,根据教育对象、学习内容的差异因时因地施教. 课程体系的建构不能忽视课堂外的拓展,丰富第二课堂、线上教学等同样重要. 其次是在理论和实践中改进思想政治教育工作.

综上,课程思政研究缺乏对实施途径的研究,更缺乏实践性课程的探索研究. 现有的研究提出了挖掘课程中的思政元素,主要是针对教材等,几乎没有涉及教材之外的可供借鉴的素材——实践性素材. 课程思政的建设终究是要通过各种形式的载体和实施方法来传输一定的价值观念,只有以一定的实施路径为纽带,才能将社会对高校学生思想政治素养的要求真正落到实处.

特别是,教师教育实践性课程思政研究未见文献资料. 本研究对完善课程思政研究起到积极意义,也将填补教师教育实践性课程思政空白.

2 课题研究的目标与主要解决的问题

2.1 教师教育实践性课程思政的目标

在教师教育实践性课程思政的建设和实践的过程中实现“实”“润”“真”.

“实”,一是“落实”,即将课程思政教育建设落在实实在在的具体实践环节,落在实践内容,落在具体的实践体验这三个层次上;二是“真实”,即课程思政建设的立足点是紧扣课程本身所固有的思政要素,在此基础上通过重点挖掘和深入讲解,或结合现实案例做自然的延伸,努力做到“贴切不牵强、可信不空洞”;三是“做实”,即重视实际效果,真正做到入脑、走心、不流于形式.

“润”,要让课程思政教育达到像春雨一样“润物细无声”的境界. 一是破掉“难”字,选择经典阅读材料贴近学生群体的兴趣需求;二是从“细处”着手,特别是要巧妙寻找适合的切入点,找到能够引起共鸣的触发点,这是课程思政教育能够取得实效的不二法宝;三是在“渗透力”上下功夫,一方面要确实触动到灵魂,另一方面要连续不断线,把暂时的激动固化为内在的理念,这样才能说起到了价值导向的作用.

“真”,一是“认真”,即“精益求精”,这不仅是最基础的态度,还是在践行教师的职业道德,教师要严格要求自己,以自己为示范影响学生;二是“求真”,即“实事求是”,追求真知,讲授的内容和案例一定要严谨规范,经得住推敲,这是一种精神;三是“本真”,要鼓励和培养学生有自信和定力,保持本真,这是一种境界.

2.2 主要解决的问题

本研究成果主要解决实践性课程内容重构、教学方法创新和评价循证等关键问题.

(1) 实践性课程体系思政从“割裂”到“融合”

师范生实践性课程体系存在思政元素与学科知识、思政实践与教育实践“割裂”的现象. 本研究深入挖掘数学知识的思政元素,使学科知识与思政融会贯通,强化数学中思政的学科属性,充分发挥课程思政在教育实践中的契合与支撑作用. “融合”的实践性课程思政体系更加凸显数学师范专业属性.

(2) 探索实践性课程思政的教学方法和手段

探索实践性教学的翻转课堂、CBL、PBL 等教学改革,建设与运用微课、精品课程、共享资源课及在线开放课程等. 运用渗透式教学,着力实践课程思政从行动到内化的过程实施.

(3) 解决实践性思政评价方式从“单一”到“全面”

传统的“单一”质量评价方法,重教学、轻目标达成,重校内、轻后期增值,导致评价结果片面. 全面构建结果与过程、知识与能力、课内课外、校内校外评价新体系,极大提高了评价信度和效度,破解了师范生师德修养和教育情怀评价的“卡脖子”问题.

3 课题研究的重点与创新点

3.1 教师教育实践性课程思政的重点

重点一:构建教师教育实践性课程思政体系.立足教师教育专业知识,挖掘课程思政结合点.在确保专业知识传授不受影响的基础上,充分挖掘“思政”内涵,将专业知识与社会主义核心价值观和理念信念等内容与专业知识点对应,充分讨论并设计教学方案.如在教学设计、微格教学实践环节融入思政元素;在教育见习、教育研习和教育实习中分阶段、分层次地融入感悟型思政内容.

重点二:构建教师教育实践性课程思政内容价值体系.教师教育实践性课程内容要体现“科学性、育人性、有效性”.挖掘所包含的情怀、价值、科学精神等思政资源,结合教师教育实践性课程特点,融入我国在教育、科学等领域中的伟大成就,培养学生的爱国情怀等,在找到融入点后,还要深入分析师范专业特点、学习需求、心理特征等,再将这些要素巧妙地融入实践性教学,避免生硬的附加式、标签式的道德说教,从而引发学生的体验共鸣、情感共鸣、价值共鸣,实现在知识传授的同时进行价值引领和塑造.

重点三:挖掘实践性课程思政素材,即在实现人文情怀培养、职业素养训练、科学精神塑造等方面的育人素材.倡导科学无国界,科学是不断发展的开放体系,不承认终极真理;主张科学地自由探索,在真理面前一律平等,对不同意见采取宽容态度,不迷信权威;提倡怀疑、批判、不断创新进取的精神.素材主要包括理性、开放、批判与开拓创新、公平与尊重事实、敬业与团队协作、回馈社会等方面.积极探索课程思政实践性教学,促使学生将理论知识在实践中运用升华.

重点四:制定教师教育实践性课程思政标准.教师教育实践性课程思政标准以习近平新时代中国特色社会主义思想为指导,坚持知识传授与价值引领相结合,通过积极培育和践行社会主义核心价值观,运用马克思主义方法论,引导学生正确做人和做事,各教学科目和教育活动应结合师德风范、政治导向、专业伦理、学习理论和核心价值的内容进行设计.实践性课程思政标准分为理念、课程目标、课程内容要求、质量标准、教学建议、实施建议、课程资源开发和评价等八部分.

3.2 教师教育实践性课程思政的创新点

(1) 理论创新

构建“一轴两翼融合型”立体化教师教育实践性课程思政实施培养模型,它是一个由外部(教研室、中小学)和内部(课程与教学)构成的相互联系和相互作用的系统.“一轴”是“立德树人”,“两翼”由实践性课程中理论融入思政内容教育和实践环节中通过教育见习、教育研习和教育实习开展课程思政构成.

这一模型的研制具有重要的示范意义.首先,“一轴两翼融合型”立体化教师教育实践性课程思政实施培养模型立足社会和时代发展潮流,聚焦教师教育改革前沿,具有鲜明的时代特征.其次,“一轴两翼融合型”立体化培养模型解决了师范教育中实践课程体系课程思政理论与实践割裂的问题,为未来师范生创新实践能力培养提供了新的理论基础.最后,“一轴两翼融合型”立体化培养模型抓住了新时代卓越教师思政能力培养由低到高发展培养路径这一关键.

(2)教学创新

师德养成,以“德”育人.实践性课程实现课内外贯通、校内外融合,师德养成教育坚持第一、第二课堂一体化培养.通过思政课程、课程思政和名师工作室,帮助师范生坚定从教意愿,认同教师工作的意义和专业性;通过校内教育、教育实习和社会实践,把师德体验从校内延伸到校外,孕育师范生的责任感和教育情怀.

课程建构,以“识”育人.在教师教育实践课程中进行“知识重构”的实践课程教学,融通专业思政与学科教育、教学方法与思政方法、通识技能与专业思政技能,强化对思政实践教学的契合性与指导性;在“体验内化”的思政实践实训环节中,构建以思政内容结构化为主要特征的见习、研习和实习三阶段思政实践体系,突出思政实践育人.

教学革新,以“能”育人.以学习者为中心,以思政能力提升为重点,如教学创新促进学生对思政问题探究能力的提升,校内校外和课内课外贯通促进学生思政项目学习研究能力和创新思政实践能力提升.

(3)实践创新

研制见习、实习和研习思政结构化教程,开展模块化、递进式思政教育实践.汇聚基础教育优质思政资源,打造教师教育专业思政发展共同体,邀请一线专家深度介入课程思政体系建构、课程设计与教学、项目指导、实践实训等环节,实施全流程联合培养.

(4)方法创新

本研究使用德尔菲法和SWOT分析法研究实践课程体系重构.在对所要研究的问题征得专家的意见之后,应用德尔菲法进行整理、归纳、统计,再匿名反馈给各专家,再次征求意见,再集中,再反馈,直至得到一致的意见.SWOT分析,即基于内外部竞争环境和竞争条件下的态势分析,就是将与研究对象密切相关的各种主要内部优势、劣势和外部的机会和威胁等,通过调查列举出来,并依照矩阵形式排列,然后用系统分析的思想,把各种因素相互匹配起来加以分析,从中得出一系列相应的结论,而结论通常带有一定的决策性.

参考文献

[1] 董翠香,韩改玲,朱春山,等.师范类专业认证背景下体育教育专业课程思政教学实践探索[J].天津体育学院学报,2022,37(1):32-37.

[2] 邱伟光.课程思政的价值意蕴与生成路径[J].思想理论教育,2017(7):10-14.

数学教育学课程思政的研究与实践

冯志刚
（江苏大学数学科学学院）

摘　要　通过探讨数学教育学课程思政的重要性、机理和实践情况，强调在教学中融入思政教育元素的必要性．数学教育学课程思政的实施，可以为培养具有数学素养和正确思想观念的新时代人才做出积极贡献．

关键词　数学教育　课程思政

数学教育学课程思政，是数学教育与思想政治教育有机结合形成的，是促进学生全面发展的重要途径之一．在当今社会，数学作为一门重要的学科，不仅是培养学生逻辑思维能力、分析问题和解决问题能力的重要工具，也是培养学生社会责任感、树立正确价值观和人生观的有力支撑．因此，将数学教育学与思想政治教育相结合，既能够提高学生的数学素养，又能够引导他们树立正确的思想观念和价值观，为其未来的成长和发展奠定坚实的基础．

1　课程思政融入数学教育学的机理

"课程思政"指的是将高校思想政治教育融入课程教学和改革的各环节、各方面，润物细无声地实现"立德树人"．课程思政既是对大学生思想政治教育的创新探索，也是新时代增强思想政治教育实效性的必由之路．

1.1　数学教育学课程思政的方向

在已有课程思政建设成果的基础上，配合学校重点课程建设，进一步深化课程思政体系、教学内容和教学方法的改革，吸取同类课程思政教学的优点，改进不足，将"数学教育学"建设成为课程思政示范课程．

通过深度挖掘、提炼专业知识体系中所蕴含的思想价值和精神内涵，科学合理拓展专业课程的广度、深度和温度，增强课程的知识性、人文性，提升引领性、时代性和开放性等，优化课程思政内容供给．

1.2　数学教育学课程思政的实践情况

我们始终坚持"以学生为中心"的专业建设理念，逐步形成本专业的课程特点．第一，贯穿"专业思政"，着力学生师德风尚与教育情怀的养成．体现师范特色，落实"立德树人"根本任务，引导学生立志成为"四有"好教师；第二，构建融合课程，促成学生课程思政理论水平与实践能力协同发展. 数学的教学理论、课程理论和教学设计理论均蕴含课程思政内容.

数学教育学课程思政注重培养人文情怀、职业素养和科学精神. 数学强调科学无国界,这是一个不断发展的开放体系,不追求终极真理. 我们提倡科学地自由探索,平等对待真理,宽容对待不同观点,不盲从权威. 我们倡导质疑、批判和持续创新的精神. 其中的内涵主要包括理性、开放、批判与开拓创新、公平与尊重事实、敬业与团队协作、回馈社会等方面.

本课程的思政内容包括爱国主义精神、唯物辩证法观点、理性精神和创新意识、数学文化与美的陶冶等五个部分. 我们将深入挖掘这些思政元素,并进行教学设计,以确保学生在课程中能够全面理解和领会这些内容的重要性. 这样的课程设置,能够在培养学生专业知识的同时,促进他们的思想发展和人格塑造.

1.3 改进教学方法

以问题化学习促进课堂教法创新. 通过创新教师教学方法,引导学生基于问题学习,鼓励采用讲授与互动体验式学习相结合的教学方法.

以信息化学习促进教学时空拓展. 加强慕课、微视频课程建设,引进优质网络课程,建设教师教育资源共享课程. 课程信息化促进师范生享有更大的自由空间,加强学生信息化素养培养.

以项目学习促进课堂内外学习结合. 鼓励师范生参与各种形式的项目学习,把学习的探究活动、体验活动从课堂引向课外,认定项目学习学分.

2 课程思政特色与创新

2.1 数学教育学课程思政特色

课程思政贯穿爱国教育,涵养家国情怀. 将课堂专业知识与数学家爱国故事相结合,向学生讲述所学知识和立志报国的联系,学生备受鼓舞.

课程思政融入民族数学文化,育人润物无声. 课程思政建设不仅贯穿爱国主义教育的主线,还立足于地方综合性高校的实际,弘扬数学文化,激发学生的爱国热情.

课程思政结合实践育人,力求学以致用. 创新育人方式,充分利用教师基本功竞赛、创新创业竞赛、社会实践和专业实习,以赛促教,以赛促学,学以致用,服务社会,鼓励学生把论文和研究写在祖国大地上,探索出课程思政结合实践育人的有效途径.

2.2 数学教育学课程思政创新点

结合“数学教育学”课程特点,在理论上系统地研究课程思政的原则和功能,提出实施课程思政的教学模式. 课程思政实施结合课堂内外教学,充分发挥“三全育人”实践教育基地作用,促进学生对课程思政的理解、内化与行动.

3 数学教育学课程评价与成效

第一,将学生的认知、情感、价值观等内容纳入课程思政考核评价体系,体现评价的人文性、多元性. 为此,逐步将客观量化评价与主观效度检验结合起来,综合采用结果评价、过程评价、动态评价等方式,制定更为精细和系统的评价指标,充分并及时反映学生成长成才情况,反映课程中知识传授与价值引领的结合程度,以科学评价提升教学效果.

第二,形成性考核作为教学质量监控的重要环节,是促进学生自主学习、提升学生综合素质、科学测评学生学习效果和能力培养的重要途径.

第三,建立多元评价体系. 采用多样化的考核方式,构建学生自评和互评耦合教师评价的多元协同评价体系,将学生评价的针对性和灵活性及教师评价的客观性、权威性和规范性进行有机结合.

第四,将课堂教学与思政育人紧密结合,在专业教育中增强学生的价值认同,积极构建数学专业一流人才培养体系,逐步形成全员全过程全方位育人的大格局,课程思政教学改革取得了显著成效,得到同行和学生们的高度认可.

参考文献

冯颖,潘小东,田俐萍. 课程思政融入数学素养教育的路径[J]. 教育探索,2019(5):74-77.

专业建设和拔尖人才的培养与探索

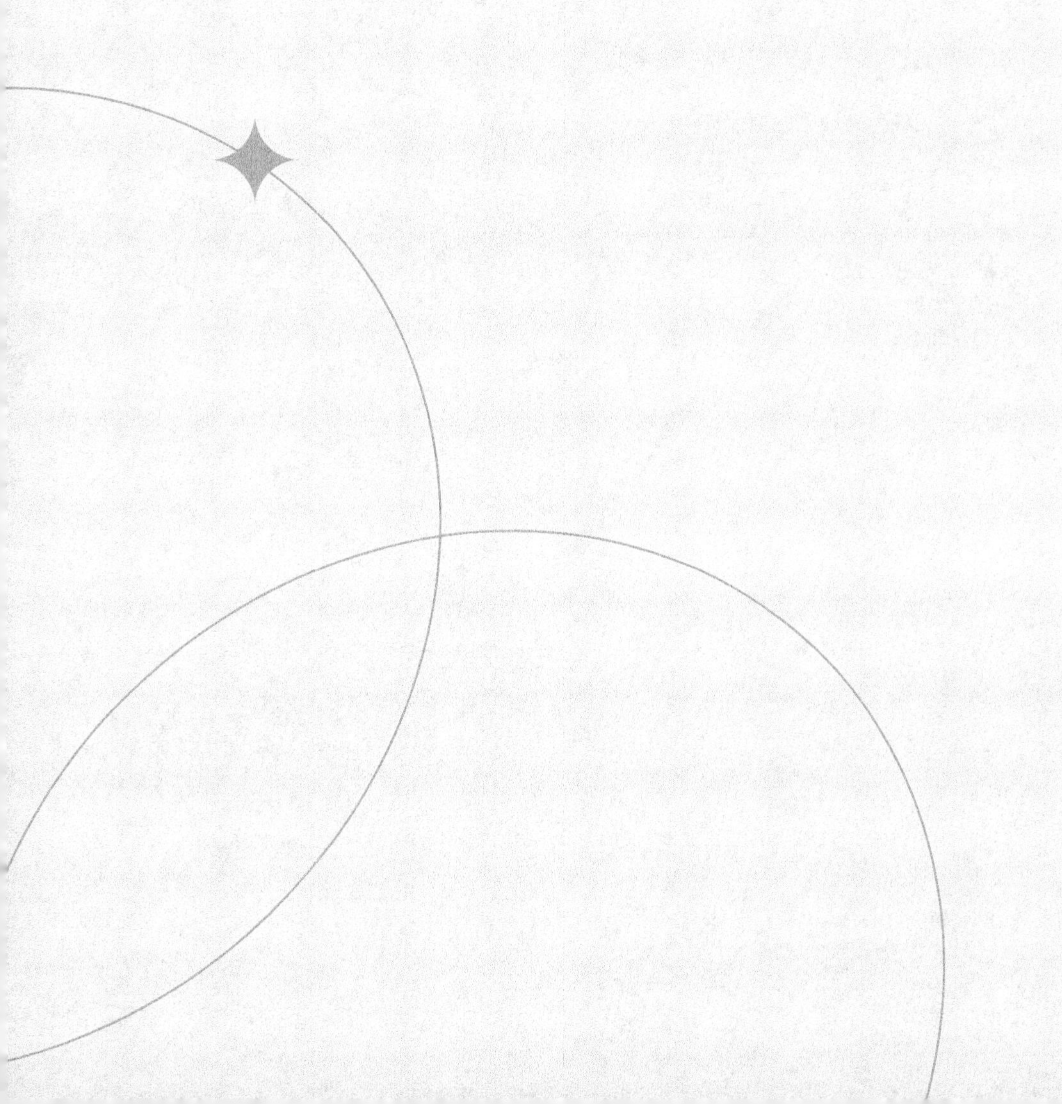

数学专业建设现状及改革发展探索[①]

陈文霞　田立新

（江苏大学数学科学学院）

摘　要　数学科学的成就已成为当今高科技时代所赖以进一步发展的重要基础，而数学科学本身的发展是整个科学事业兴旺发达的强有力的支柱，即数学是科学技术的基础. 新时代为数学人才培养带来了新的机遇与挑战，数学专业改革势在必行. 本文以江苏大学数学专业建设为例探讨新时代背景下数学专业改革的新动能的内涵和本质、新活力的产生机制与实施策略和新方法.

关键词　数学专业　现状　发展

1　引言

数学科学的成就已成为当今高科技时代所赖以进一步发展的重要基础，而数学科学本身的发展是整个科学事业兴旺发达的强有力的支柱，即数学是科学技术的基础. 新时代为数学人才培养带来了新的机遇与挑战，数学专业改革势在必行.

学院现有3个本科专业：数学与应用数学（包括师范、非师范、中外合作办学三个方向）、金融数学、数据计算与应用. 数学类专业为江苏省重点专业，数学与应用数学专业获批首批国家一流专业建设点，江苏省高校品牌专业建设工程二期项目. 数学师范专业通过教育部师范类专业二级认证. 与美国阿卡迪亚大学合作的数学与应用数学（中外合作）专业于2017年获批“江苏高校中外合作办学高水平示范性建设工程”培育点. 根据全国教育大会和新时代高校本科教育工作的会议精神，要全面提升本科拔尖人才培养质量，因此，我们需要进一步探讨新时代背景下数学专业改革的新动能的内涵和本质、新活力的产生机制与实施策略和新方法. 确定新时代背景下数学专业改革的新动能的内涵和本质，即课程体系现代化的内涵和本质、实践实训智能化的内涵和本质、数学能力全程化的内涵和本质. 研究新时代背景下数学专业改革新活力的产生机制和策略，即科研活力助推教学改革的机制和策略，新教材活力激发学习热情的机制和策略，信息化活力提升教学质量的机制和策略. 研究新时代背景下数学专业改革的新方法，即课堂教学智能化

① 本文得到江苏省高等教育学会教改项目（2021JSJG063，2021JDKT046），教育部产学合作协同育人项目（202102090021），江苏大学教改课题（2019JGYB011），江苏大学一流课程重点培育项目和江苏大学第二批课程思政示范项目（重点项目）支持.

助力教师教学能力提升的途径与策略,新专业培养体系实践使知识更贴近应用型人才课程策略和深度学习成就拔尖人才的途径与方法.

2 数学专业人才培养现状

通过对清华大学、北京大学、南京大学、浙江大学、上海交通大学、北京航空航天大学等25所高校数学专业人才培养计划的调研,本文在人才培养目标、课程体系、课程设置等方面梳理、分析当前国内人才培养的现状.

数学专业人才培养目标强调德、识、能.清华大学:培养德才兼备并且具有强烈的社会责任感和使命意识的学生,使学生具备扎实的数学基础、丰富的自然科学知识、从事交叉学习和研究的能力、强烈的创新意识和服务社会的综合素质,以及在现代数学及相关学科继续深造并成为学术领军人才的潜力.北京大学:抓数学基础知识和专业基础知识的学习,注重对学生的创造性和创新能力的培养,使学生初步具备在基础数学或应用数学某个方向从事当代学术前沿问题研究工作的能力.浙江大学:培养基础扎实、心理健康、学习自主,富有创新精神和创新能力、优秀综合素质的数学研究人才和未来数学领军人物;培养的学生要具备深厚的数学基础知识,掌握扎实的数学研究基本方法,具备良好的数学思维能力;培养学生的自学能力、对数学知识自我更新的能力,具有创新意识和开阔的国际视野;培养的学生要了解数学与应用数学的理论前沿、应用前景和最新发展动态,为其继续深造成为数学研究后备人才打下扎实基础.上海交通大学:以培养"基础理论扎实,知识面宽,受到严格的数学训练,科研能力强、适应能力强、应用能力强的高端人才"为目标,培养品德优良、具有扎实的数学和统计理论功底、系统掌握统计专业知识、熟练运用计算机和统计软件、具有创新意识和实践能力的复合型人才.北京航空航天大学:教学面向数学前沿的重大基础性问题、航空航天领域的重大需求和战略高科技领域的重大应用性问题,致力于培养具有坚实数理基础的高素质的数学创新人才和具有解决重大应用数学问题潜质的复合型创新人才.南京大学:立足国内经济建设,培养一流应用人才,一是以世界数学发展趋势为目标,培养高层次、厚基础、少而精的数学研究人才;二是以主动适应我国社会政治、经济、科技、文化发展的多元化需要为目标,培养大批知识面广、能力强的数学应用型人才.东南大学:致力于发挥每一位学生的创新潜能和创新活力,为国家和社会培养造就一批具有高尚的道德情操、敏锐的数学直觉、严谨的数学思维、宽广的国际视野,掌握数学科学的基本理论、方法与技能的人才.综上,高校的培养目标具有使命感.高校立足国家重大战略需求,关注学生个性发展,关注学生数学基础知识、基本思想方法的掌握,关注学生基本数学能力的培养.

数学专业人才培养课程体系形式多样.各高校根据学校人才培养定位、数学专业人才培养目标,构建了多种类型的课程体系.梳理国内高校课程设置体系,可以分为以下四大类型.类型1:通识课程、学科专业课程(学科平台课、应用模式是核心课)、开放选修课程模块(跨模块选修、公共选修).类型2:通识教育、专业教育(自然科学基础课、数学学科基础课、专业核心课).类型3:公共与基础课程、核心课程、限选课程、通识与自主选修课程.类型4:通识课程、专业课程(专业必修课、实践教学环节)、个性修读课程、跨专业模块、国际化模块.

数学专业人才培养途径多元化.当前国内高校对数学人才培养途径进行了积极的探索,主要体现在出台各类人才培养计划,如强基计划;探索数学人才培养的实验班,如基地班、以数学家命名的班级,以及以数学为重要支撑的理科实验班等.但是,数学类人才中有很大比例的学生毕业后,并不从事数学研究工作,而是逐渐从传统的高等院校、科研院所等,扩展到信息、软件、金融、保险、管理、计算机等行业.一大批原来从事数学研究的专业人才转而投向其他研究领域,凭借其数学优势在交叉学科和交叉研究领域做出非凡的成就.

当前国内高校正在不断面向国家重大需求制定数学专业人才培养目标,逐步探索复合型人才培养目标体系,但人才目标与学校办学定位具有高度相关性,对接社会需求略显不足;课程体系基本保持以数学理论为主,支撑跨专业和亟需数学人才培养的实践明显不足;理论教学与实践教学明显脱节,实践教学基地建设较为薄弱.

我校数学人才培养过于强调理论体系的系统性和完整性,生产实习等实践类教学环节的比例明显不足;不同类别、不同层次人才培养的课程体系差别不大;使用的教材大多是统一的"规划教材";专业缺少行业特色和学校特色.因此在新时代背景下,针对当前我校数学专业课程体系、实践实训、教学手段等影响学生数学能力提升和数学拔尖人才培养不足等问题,本文提出数学专业教学改革新思路——"三新"(新动能、新活力和新方法)改革.

3 专业建设和改革策略

课程体系重构在宏观上要实现现代化,中观上要实现实践实训智能化,微观上要落实在数学能力全程培养上,这些都将成为数学专业改革新动能.科学研究深度融合教学改革,充满鲜活生命力的教材和信息技术整合内容成为数学专业改革新活力.新专业实践体系更加贴近应用型人才和拔尖人才培养,成为数学专业改革新方法.新时代背景下数学专业改革的"三新"(新动能、新活力和新方法)内涵,对新专业建设、课程体系建构、课堂教学改革、学习方式变革、科研助推人才培养等方面具有重要意义.

3.1 改革的重点

重构"三新"理念下数学人才培养的融合型课程体系.融合型课程体系包括:数学基础课程和专业方向课程融合、专业方向课程与研究型课程融合、理论课程与实践课程融合;智能化融入人才培养,如实践实训智能化、课堂教学智能化;科研活力深度融入教学;深度学习融入课堂.

凸显"三新"理念数学教材新活力内涵与呈现.教材内容要选取应用数学领域,可以激发学生学习数学的兴趣并结合其他学科与数学学科的重要关联点,由此创新出的数学推理可以引发新的观点及应用.在已有理论的基础之上,创新方法,发掘新观点,解决新问题,研究出具有理论和学术价值的新教材.

落实“三新”理念数学专业创新教学方法和手段.突出以学生为主体,以全程数学能力培养为核心,实践实训智能化,创新设计新教材,将理论知识融入学习情境中,使理论知识学习与知识应用融为一体,提升学生的学习能力和知识应用能力.依托数学前沿项目载体,以科研活动助推教学改革,引导学生深度学习,通过真实工作任务的项目化教学增强学生自主学习的积极性.

3.2 改革的创新点

理论创新:提出新时代背景下彰显时代特色,凸显新活力、新动能和新方法的数学专业改革新思路,以及“数学+”人才培养新模式.模式将学术领先目标、未来培养目标和个性化目标三者有机地结合为一体,培养具有学术创造力的创新型人才.模式充分体现数学文化和审美意识教育的内容,改善和创新数学课程传授方式,激发学生学习和研究的兴趣,增加跨学科的研讨活动,拓宽学生视野.

实践创新:首先研制“基础理论+方向理论”“方向理论+专题研究型课程”“理论+实践”的融合型课程新体系,探索开放型人才培养新途径,借助研究院(所)科研活力推动数学拔尖人才培养,借助产学研基地进行应用型人才培养.进一步探索实践实训智能化的新途径与方法,如构建碳核算课程体系.建立基于应用统计设计、大数据分析经济学及碳排放演化规律的碳排放核算科学体系,包括如下课程:① 应用数理统计;② 大数据分析方法;③ 碳排放演化规律;④ 空间经济学.

方法创新:使用德尔菲法和 SWOT 分析法研究课程体系重构.在对所要研究的问题征得专家的意见之后,应用德尔菲法进行整理、归纳、统计,再匿名反馈给各专家,再次征求意见,再集中,再反馈,直至得到一致的意见.SWOT 分析,是指基于内外部竞争环境和竞争条件下的态势分析,就是将与研究对象密切相关的各种主要内部优势、劣势和外部的机会和威胁等,通过调查列举出来,并依照矩阵形式排列,然后用系统分析的思想,把各种因素相互匹配起来加以分析,从而得出一系列相应的结论,而结论通常带有一定的决策性.

4 结论

专业建设决定人才培养质量与办学水平.我们应该围绕学校定位和中长期发展规划,结合学院专业建设和人才培养实际情况,积极开展教育教学改革,充分发挥优势,注重培育专业特色品牌.在分析国内外数学人才培养的历史和现状的基础上,进行数学人才培养的前提性反思,而后采用科学的研究方法,在人才培养目标的确定、课程体系的重构和课堂教学变革等方面进行理论研究和实践探索.我们要始终坚持“学生中心、产出导向、持续改进”的理念,长期潜心改革,紧紧围绕学校重大发展规划,制订人才培养方案,充分发挥数学科学在人才培养中的战略作用,发挥数学学科在高校人才培养中的基础性作用,积极落实课程思政.

参考文献

［1］王建华. 关于一流本科专业建设的思考:兼评“双万计划”[J]. 重庆高教研究，2019,7(4):122-128.

［2］闫长斌,时刚,张素磊,等.“双一流”和“双万计划”背景下学科、专业、课程协同建设:动因、策略与路径[J]. 高等教育研究学报,2019,42(3):35-43.

金融数学专业建设的实践与探索

——以江苏大学为例

房厚庆　陈文霞

（江苏大学数学科学学院）

摘　要　金融数学在2012年被教育部批准为金融学类特设专业，是数学与金融学交叉结合形成的专业.为了进一步完善金融数学专业建设体系，更好地培养满足当代社会需要的学科交叉复合型人才，本文基于江苏大学金融数学专业建设的实践，就金融数学专业建设的几个关键问题，包括专业课程体系设置、师资队伍建设、人才培养模式、实践教学体系建设等，阐述专业建设的路径、措施、成效与存在的问题.

关键词　金融数学　专业建设　课程体系　产学研合作　实践教学

1　引言

金融数学又称数理金融学、分析金融学.它是新兴的边缘学科，是数学与金融学交叉结合形成的专业.其研究对象是在对金融现象进行定性分析的基础上，应用现代数学方法、计算机及人工智能技术，研究金融系统的数量表现、数量关系、数量变化及其规律性.其核心内容是研究随机环境下的最优投资组合理论、风险管理理论和资产定价理论等.其人才培养目标是培养掌握金融与数学的基本理论与方法，并接受严格数理金融思维训练，能够在银行、保险、投资、证券、信托及教育和科研等部门从事金融业务、技术与管理的具有国际视野的复合型高级人才.

20世纪80年代，金融数学课程开始进入本科层次教育，如美国哥伦比亚大学数学系.随着我国资本市场的不断发展，金融数学的研究与应用也随之发展起来.1996年，国家自然科学基金委员会将“金融数学、金融工程、金融管理”列为国家“九五”重大研究项目.1997年，北京大学数学科学学院建立了全国第一个金融数学系.随后山东大学、同济大学、南开大学、西南财经大学、苏州大学等高校相继设立应用数学专业的金融数学方向.2012年，金融数学作为金融学类专业正式获教育部批准设立.金融数学专业以培养具有国际视野复合型高级人才为目标，以现代化和国际化的教育思想为引领，全面改革课程体系、教学内容、教学方法和手段，所培养的学生可通过继续深造成为熟练应用数学工具,力求探索打破学科、专业界限的新型金融人才. 目前,全国有 100 多所本科高校开设此专业. 如何进一步完善普通本科院校金融数学专业的建设,培养金融与数学兼备的具有国际视野复合型高级人才是如今的高校面临的一项新课题.

2 江苏大学金融数学专业发展历程

江苏大学数学科学学院现有数学与应用数学、金融数学、数据计算及应用等三个本科专业以及数学一级学科博士点和硕士点等相关学科专业. 数学与应用数学专业于 2002 年 9 月开始招收首届本科生, 2006 年 6 月获理学学士授予权, 2019 年获批国家一流本科专业建设点. 金融数学专业于 2017 年 9 月开始招收本科生,先后通过省厅新设专业评估和学位授予权评估,目前已招收六届学生,共 176 人. 数据计算及应用专业于 2021 年 9 月开始招收本科生,目前已招收两届学生,共 59 人.

江苏大学数学科学学院下设金融数学系,负责金融数学专业和数学与应用数学(中外合作)专业日常教学管理工作. 数学与应用数学(中外合作)是江苏大学唯一本科层次的中外合作办学项目,与美国阿卡迪亚大学合作举办,于 2011 年开始招生,实行小班化双语教学,专业方向设置为金融数学. 经过十余年的发展,办学成效显著,人才培养质量突出,近三年来有超过三分之二的学生被美国耶鲁大学、加州大学伯克利分校、哥伦比亚大学等世界百强名校录取为研究生,江苏大学被评为江苏省高水平示范性中外合作办学专业建设单位和江苏省高校中外合作办学科研平台建设单位. 数学中外合作项目的教学管理为金融数学专业积累了丰富的国际化办学经验,并成为金融数学专业的重要办学特色之一.

3 江苏大学金融数学专业建设规划

根据高等教育发展的新形势和学校发展的整体建设规划,按照人才培养的规格和要求,坚持多元化与特色化相结合的教育培养模式. 在开办之初,本专业经过周密调研,制定了一套能凸显综合性大学特色的专业发展规划,使金融数学专业的发展能适应和满足社会需要.

目前,金融数学专业建设规划主要分为两个阶段:

2017—2021 年是专业建设的初始阶段. 其目标是以高起点、高要求的标准,制订科学合理的专业培养方案;大力进行硬件设施和图书资料的建设,完善教学科研的基础设施;引进具有国际视野和数学、统计、经济学等多学科背景的高水平师资队伍,完成师资队伍的初步建设;组建核心专业课程团队,鼓励教师参与课程建设和教材建设,收获一系列教学与改革成果;认真做好在校本科生的教育教学工作,取得学士学位授予权.

2022—2026 年是专业建设的发展阶段. 以课程建设为平台,以师资队伍建设为基础,以优秀中青年学术骨干为生力军,加强专业的内涵建设,带动重点和精品课程建设,全面推进教学改革,优化课程设置,形成专业特色;加强对外交流,推进国际合作,探索国际合作办学模式,促进专业的国际化发展;全面提高教育教学工作水平,进一步充实专业骨干教师队伍，使教师的教学科研能力进一步增强、人才培养质量进一步提升，力争将该专业建设成江苏省特色专业.

4 江苏大学金融数学专业建设措施

金融数学专业以培养具有现代化和国际化鲜明特色的复合型人才为导向，在优质教师梯队建设、打造量化金融特色课程、培养建模分析能力和实践能力等方面持续改进，不断提升专业建设水平. 建立课程教学体系、实践教学体系和教学管理持续改进的机制. 定期修订培养方案、课程大纲，在教材选编、教学方法、实践教学、考核方法和教学管理的改革方面，积极参考现代金融教育的新理念、新技术和用人单位的回馈意见；鼓励教师积极地用研究的态度和方法，学习、思考、实践金融数学专业的教学新理念、新方法.

4.1 建设优秀教学梯队

围绕金融经济学、计量经济学、金融风险管理、多元统计分析、时间序列分析、量化投资等方向核心课程群，以优秀教师为领军人、中青年教师为主力军，全力打造具有专业特色的数理金融教学梯队. 依据各优势方向设立明确的教学改革目标、完善的团队运行机制和激励机制，并制订切实可行的实施方案. 坚持教师均在教学一线，以教学经验丰富的老教师为教学楷模，以科研拓展金融数学教学高度和深度. 坚持青年教师随堂听课学习，以老带新，快速提升青年教师的教学水平. 大力引进海内外高水平教师补充教学队伍，定期安排教师去国内外名校进行学术访问和专业进修等，全力提升教学梯队的连续性和活力.

4.2 打造量化金融特色课程

本专业以量化金融为专业特色，充分利用数学科学学院在数学和统计学学科的师资力量和教学资源，强化学生的数理基础. 同时结合前沿数据分析理论和现代金融实践，让本专业的学生在学习经典的金融数学理论知识的基础上，具备一定的数据分析和投资实践能力，以适应实际金融市场的发展要求.

4.3 培养建模分析能力

在学好基础知识和特色专业知识的同时，更注重知识的理解和应用，建立金融数学实验室，设置相关的培训和实践建模课程，加强理论知识的深入理解和熟练应用，并与相关的企业和研究所等合作建立实习基地，使得学生更好和更快地应用数学知识分析金融问题.

4.4 注重实践环节

在学好基础知识和特色专业知识的同时，科学合理安排学生的实践和实习环节，注重培养学生分析和研究金融实际问题的能力. 建立学业导师负责制，鼓励专业兴趣方向明确的学生，尽早加入相关课题组进行学习和实践.

5 江苏大学金融数学专业建设成效

5.1 师资队伍建设方面

充分利用江苏省和校级人才政策,积极引进高水平国际化人才,以环境和情感吸引高层次拔尖人才,打造高水平的团队领军人物;面向国家重大需求和地方经济发展需要,大力培养现有人才,促进快速成长,推进对外合作. 目前,本专业学术梯队层次明显提高,高端国际化人才集聚. 本专业现有专业教师 33 人,专任教师中,教授 9 人、副教授 18 人、讲师 6 人;45 岁以下的青年教师占比 76%,具有博士学位的占比 94%,具有一年以上海外留学经历的占比 36%.

5.2 资源平台建设方面

充分发挥江苏大学综合性大学的学科优势,依托数学、统计学和应用经济学均为一级学科硕士点的多学科平台,合力打造金融数学这一新兴交叉学科. 本专业积极与企业联合建立学生实习实训基地和产学研基地,目前已与苏州高博应诺信息科技有限公司开展校企合作,打造"三全育人"实践基地,举行课程设计、综合实训、项目实训等活动;与惠生(中国)投资有限公司共建大数据联合实验室;与江苏傲天数字科技有限公司共建大数据实践教育基地,为学生提供大数据分析和训练的平台;与中国平安股份有限公司、中国工商银行等机构建立多个实习基地;与深圳点宽网络科技有限公司开展实质性合作,培养量化投资人才,这些举措为学生参与金融实践提供了重要平台,使学生在金融实务、金融建模、量化投资以及创新能力等方面得到了锻炼.

5.3 专业课程体系设置方面

本专业将强化数学基础、以量化金融为特色、培育金融素养作为专业课程体系设置原则与思路.

如图 1 所示,在进行专业培养方案课程体系设置时,按"通识教育课程、专业教育课程、实践环节课程"三大类,分别体现"人文综合素养、数理基础能力、专业特色教育、金融实践能力"四个方面的培养目标要求,使学生有兴趣、有研究、有实践地学习专业领域的知识,逐步、系统地提高数理分析能力和金融实践能力.

一是在通识教育类别上,按照金融人才培养的共性要求和培养高素质人才的要求设置,并为推进全面素质教育奠定基础,包括综合基础和基本技能两个模块.

二是在专业教育类别上,依托数学、统计学和经济学多学科平台开展专业教育,主要包括专业基础教育和专业特色教育两个模块.

三是在实践教育类别上,实践环节课程主要包括金融数学建模、量化投资、创新创业实践、专业实习和毕业设计等,加深学生对专业理论的理解及对金融实践的认识,使学生深入理解金融数学在相关行业的应用,培养学生从事该专业工作所必须具备的金融实践能力.

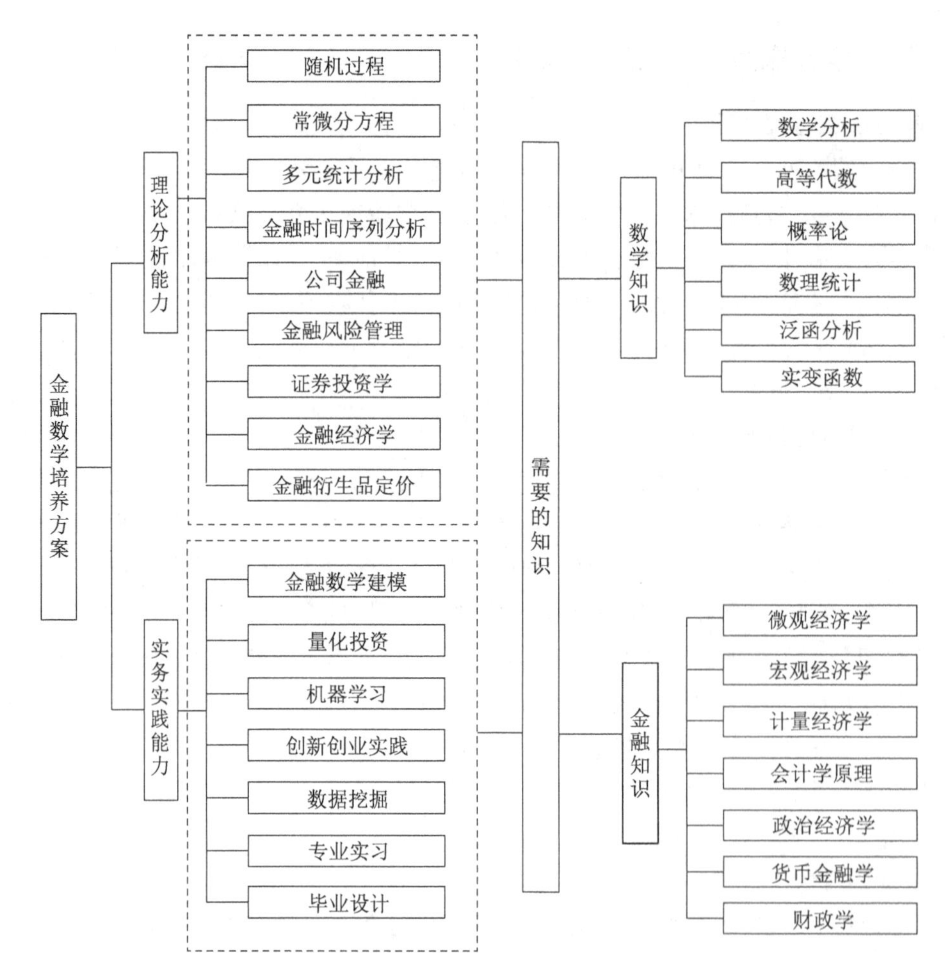

图 1　江苏大学金融数学专业课程体系

5.4　以学生为主体的人才培养模式方面

以课程教学为平台，培养学生有心志爱学、有方法会学、有能力学好的学习能力；激励学生在掌握既有知识的基础上大胆创新，并通过实习、实践活动提高学生解决金融问题的意识和能力.

为保证本专业的培养质量，课程设置采用将课内教学与课外教育有效结合、相互补充的培养体系：通过"大力开展第二课堂、鼓励学生参加大学生科技竞赛、形式多样的开放性实践环节"等，形成丰富多彩的课外教育机制，使课内教学与课外教育有效结合、相互补充，培养学生的金融数学创新能力. 从升学情况看，主要以考研为主. 考研情况以第一届 2017 级为例，2017 级招生计划 30 人，经过近四年的理论学习和企业实践，考研成绩比较突出，有 18 位同学达到国家硕士研究生复试分数线，其中 14 人被录取. 具体录取情况如表 1 所示.

表 1　江苏大学金融数学专业第一届考研录取情况

序号	姓名	班级	录取学校	录取专业	成绩
1	杨雨龙	金融数学 1701	北京师范大学	应用统计	427
2	李欣然	金融数学 1701	东南大学	金融学	402
3	倪鑫磊	金融数学 1701	上海财经大学	数量经济学	418
4	顾天阳	金融数学 1701	上海财经大学	金融学	401
5	孙蒙瑶	金融数学 1701	对外经济贸易大学	金融学	376
6	陈欣妤	金融数学 1701	苏州大学	金融学	397
7	黄子恒	金融数学 1701	暨南大学	金融学	380
8	芦娜	金融数学 1701	中南财经政法大学	金融学	413
9	杨小苗	金融数学 1701	中南财经政法大学	保险学	415
10	彭警波	金融数学 1701	中南财经政法大学	保险学	376
11	杨人硕	金融数学 1701	西南财经大学	应用统计	411
12	康勤	金融数学 1701	江苏大学	应用经济学	352
13	濮宇涛	金融数学 1701	华东交通大学	应用统计	363
14	阙贤慧	金融数学 1701	云南财经大学	产业经济学	355

本专业学生出境读金融工程(数学)方向的研究生的比例大幅上升,这从侧面说明江苏大学金融数学专业人才培养成效在逐步提升.

本专业学生在学科竞赛、各类评奖评优、科研创新、社会实践等方面都取得了不错的成绩.其中,在学科竞赛获奖方面,3 人获全国大学生数学建模一、二等奖,12 人获全国大学生数学竞赛一、二等奖,13 人获江苏省大学生数学竞赛一等奖;在各类评奖评优方面,共有 10 位同学获得国家励志奖学金,金融数学 2018 级班级获得 2019—2020 学年校级“先进班集体”的荣誉;在科研创新方面,近三年本专业学生共获批 15 项科研立项项目、3 项大创项目,其中 2017 级杨帆同学申请的国家发明专利得到受理,发表 SCI 一区论文 1 篇,2018 级何乐同学发表 4 篇一作 SCI 检索论文,被山东大学研究生院录取,另有 5 位同学在《华北金融》、*Communications in Theoretical Physics* 等期刊上发表学术论文;在文体竞赛获奖方面,多名学生获江苏省紫金合唱节二等奖,镇江市金山合唱节银奖,“古歌拉丁杯”长三角地区国际标准舞联赛金奖、银奖,江苏省第十三届体育舞蹈锦标赛二等奖;在参加社会实践方面,多名学生积极参加社会实践,组成的团队获镇江市三下乡社会实践活动优秀团队称号,4 人获镇江市三下乡社会实践活动优秀个人称号,1 人赴香港中文大学交流获优秀学子称号,2 人参加 2019 年暑期香港保诚公司(世界 500 强)实习活动,多名学生到美国阿卡迪亚大学参加冬季访学活动,2 名学生到加拿大多伦多大学金融数学等专业参加校际交流两年.

6 结语

江苏大学数学科学学院在开设金融数学专业的过程中,从专业建设的发展历程、师资力量、专业培养目标、人才培养模式等角度梳理了金融数学专业建设的几个关键问题,并进行了有益的探索与实践,供有关高等学校参考.

目前,国内金融数学专业建设过程中还存在如下突出问题:缺乏熟悉中国国内金融市场和发展的金融数学实践教学教师队伍,缺乏合适的实践教学教材与教学案例,缺乏无缝链接的学科交叉教学研究平台等,需要高等学校给予高度重视.

参考文献

[1] 胡金焱.山东大学"金融数学与金融工程基地班"人才培养模式探索[J].中国大学教学,2010(1):31-33.

[2] 刘永辉,方勇,沈春根.金融数学专业人才培养模式的改革与探索[J].上海金融学院学报,2012(5):114-120.

[3] 宋旼珊,孙波,王桂平.高校金融数学专业建设新探[J].教育教学论坛,2012(36):231-232.

[4] 徐承龙,边保军.金融数学课程设置与专业建设的一些体会[J].大学数学,2014,30(1):49-52.

[5] 何启志,李波,朱世友.关于金融数学专业建设的思考[J].黑龙江教育(高教研究与评估),2016(11):35-37.

[6] 黄在堂,隆广庆.高校金融数学专业金融交易实验教学中心建设探究[J].广西师范学院学报(自然科学版),2016,33(3):107-109.

[7] 黄敬频,唐国吉,卢若飞.合格评估视野下高校金融数学专业建设探索[J].广西民族大学学报(自然科学版),2018,24(4):113-118.

[8] 徐承龙,刘继军,顾桂定,等.金融数学人才培养的实践与探索[J].财经高教研究,2022,7(1):155-164.

[9] 谢承蓉.基于数学建模的金融数学专业本科毕业论文指导探析[J].汉江师范学院学报,2022,42(6):108-111.

数据计算及应用专业建设的思考与探索

——以江苏大学为例

王林君

（江苏大学数学科学学院）

摘　要　数据计算及应用专业是2019年教育部特设应用理科数学类专业，是理科衍生的“新工科”专业．本文阐述了江苏大学数据计算及应用数学类新专业的人才培养目标，并结合江苏大学的实际情况探讨了数据计算及应用专业的建设规划与建设措施．

关键词　数据计算及应用　专业建设　路径探索

1　引言

2019年，数据计算及应用作为数学类新专业正式获教育部批准设立．目前，全国已有包括中国人民大学、江苏大学在内的多所高校开设此专业．本专业面向数据链前端（数据收集、存储、传输、共享），瞄准数据链末端（数据工程），解决数据链中间端（数据建模、计算、理解、挖掘）问题，强调学生数据建模、数据分析和数据计算能力的训练与培养；重点关注核心算法和技术；注重多模型融合、多算法集成；强化学科交叉与工程实践，按照学有专攻、多专多能的要求，切实践行“应用导向、问题驱动”的培养过程，落实“学思结合、思行统一”的理念，坚持多学科交叉，多主体协同育人．

本专业以数学和统计学为基础，结合科学计算技术和数据处理技术，培养德智体美劳全面发展、掌握现代数学和数据科学的思想和方法、具有深厚理科基础和较强工科应用能力的复合型应用理科专业人才；培养具备较扎实的数学基础和数学思维能力，掌握数据科学与大数据技术相关的基本理论、方法和技能，具有较强的实践能力、创新意识、国际视野、团队合作精神和良好的沟通能力，具有较好的人文社会科学素养、较强的社会责任感、良好的职业道德，能在数据处理和科学计算领域从事科学研究、软件开发和数据处理等工作的高级专门人才．本专业毕业生能在企业、医疗单位和金融部门从事信息和数据分析等开发、应用和管理工作，或在科研、教育部门从事研究和教学工作．

2　江苏大学数据计算及应用专业建设措施

江苏大学数学类专业包括数学与应用数学、金融数学、数据计算及应用专业．江苏大学数据计算及应用专业始终坚持中国特色社会主义办学方向，落实“立德树人”根本任务，坚持以德为先、能力为重、全面发展和个性发展相结合的原则，培养具有深厚的数学基础和计算机科学与技术基本理论、方法和技能，具备运用所学知识和技能解决跨学科、跨领域大数据实际问题能力的应用型人才；为新时代国家实施大数据发展行动，加强新一代大数据研发应用，培养满足国家需求和行业急需的复合型数学人才；为建设“强富美高”新江苏提供一支具有国际视野、通晓计算与大数据应用的人才队伍；为江苏大学创建国家“双一流”学科以及江苏大学数学博士点的蓬勃发展提供强有力的支撑. 具体专业规划与建设措施如下：

2.1　打造一支满足本专业人才培养需求的混合型教学科研团队

团队具备高尚师德、精湛业务、团结协作能力，富有创新精神和创新能力. 大力培养具有国际视野和数学、统计学、大数据背景交叉混合的高水平教师队伍. 除融合数学、统计学、数据科学专任教师之外，团队聘请企业专家为兼职教师，承担或参与本科实践教学. 为提升教师队伍整体素质和教学能力、确保教学质量稳步提高，在引进和培养新教师时严格实施青年教师助理教学制度，鼓励在职教师积极参加教学竞赛、在国内外高校“访名校、拜名师”. 以科研拓展专业教学的高度和深度，提升青年教师的科研、教学水平，全力加强梯队建设. 教学团队“教研相长”，以科研带动教学，科研反哺教学，有力激发教师教学、科研和大学生学习的潜力，形成长效规范的运行机制，实现“教研学”多赢局势.

2.2　按照人才培养目标完善人才培养方案，建设基础课程模块、方法和技术模块及应用实践模块三大课程体系

以数学和统计学为理论基础、以科学计算和数据处理为核心技术、以处理实际应用中的各类数据问题为目的设计教学大纲和课程体系，制定专业规范和细则，三者相互联系、逐层递进，形成了通识教育与专业教育相结合的多样化培养模式. 建立课程教学体系、实践教学体系和教学管理持续改进的机制. 定期修订培养方案、课程大纲，在教材选编、教学方法、实践教学、考核方法和教学管理的改革方面，积极融入大数据发展的新理念、新技术和用人单位的反馈意见；鼓励教师积极地用研究的态度和方法，学习、思考、实践数据计算及应用专业的教学新理念、新方法. 建设基础课程模块、方法和技术模块及应用实践模块三大课程体系，体现数学特征、交叉领域特征、学科前沿特征和国际化特征.

2.3　贯穿“问题—建模—分析—计算—模拟”应用理科培养模式

以课程教学为平台，培养学生有心志爱学、有方法会学、有能力学好的学习能力；激励学生在掌握既有知识的基础上大胆创新，并通过实习实践活动提高学生解决实际问题的意识和能力. 坚持数学学科体系的完整性与应用性紧密结合，以数学、统计学、数据科学知识体系教育为基础和载体，开展以“问题—建模—分析—计算—模拟”为主要内容的应用理科数学专业教育. 建立与人才培养目标相适应的人才培养模式，完善主辅修制度、导师制和产学研协同育人机制，通过科研促教学，着力培养学生的实践能力和创新精神. 探索深化本硕或本硕博贯通培养模式改革，优化培养方案并切实实施，提高学生数据思维、数据建模与数据计算的综合能力. 以第一课堂教学为主体进行数学基础理论和数据

思维能力的培养,其目标为夯实理论基础. 以第二课堂和第三课堂为科技创新思维能力培养的平台,提高学生的数据建模与数据计算能力.

2.4 架构"多元型"一体化实践教学平台

IT 行业职能、技能培养出口是建立科研数据分析、软件开发等职业能力的实践平台. 通过建立"大数据行业联合培养基地""金融数据实习基地"等,形成"一体化"岗位胜任能力的培养基地,实现校企联合培训. 在学好基础知识和特色专业知识的同时,科学合理安排学生的实践和实习环节,注重培养学生分析和研究用数据解决实际问题的能力. 基于扎实的数学基础,培养学生交叉领域数据建模与计算能力,在开源软件平台上解决数据工程中的技术问题,进行深度开发,实现数学与应用领域的深度融合. 利用大数据分析主流软件框架,搭建与业界用户一致的实验与科研环境,将理论课程中学到的数据挖掘算法运用到实际的数据分析问题,提升学生的动手操作和项目实践能力. 通过专业的大数据分析计算资源搭建的开放式大数据分析平台,充分融合科研需求,师生在开放的平台环境下开展大数据科研工作,提升科研创新能力. 与企业深度合作,开发学生实习实践基地,探索校企合作的培养方式,让学生毕业都能找到专业对口的工作.

2.5 构建和实施"平台+模块"课程与教学资源建设

构建以"平台+模块"为结构特征的多元立体课程体系,制定以"系统课程群"为理念的多模式结构的培养体系,包含通识基础课平台、数学专业基础课平台、数学专业方向模块群,三者相互联系、逐层递进,使通识教育与专业教育相结合,这是实现人才培养目标的基本规格和实现学生全面发展的共性要求. 不断完善人才培养方案及课程体系,建设好专业基础课程和方向模块课程及优质教学资源,积累建设成果,培养高素质学生,夯实专业人才培养体系,凸显人才培养水平新跨越、新成就. 积极申请国家、省级一流课程,制定数据计算及应用专业课程建设规划,积极准备数据建模案例及课件等相关素材;加强课程思政建设,系统地开展数学分析、数据科学、统计学等核心课程教材建设,开发一批可以通过网络实现共享的资源. 引进一批国外先进教材,吸收数据科学前沿内容,开设双语课程. 制作核心课程交互式的案例演示材料,开设网上互动式自我检测与考试栏目及网上数学疑难问题解答栏目,建立各门课程学习资源库.

3 结语

江苏大学新开设的数据计算及应用专业跨出了原有信息与计算科学专业在大数据时代背景下内涵式发展的第一步,接下来将结合学校的优势和办学特色,按照既定专业规划与建设措施实现跨越式发展.

参考文献

[1] 杨斌鑫,王希云. 数据计算及应用专业的建设与实践:信息与计算科学专业在大数据时代下的内涵式发展[J]. 教育教学论坛,2020(53):382-384.

[2] 王义遒. 从应用理科到"新工科"[J]. 高等工程教育研究,2018(2):5-14.

［3］王鹏，史娜，惠周利，等. 新工科背景下数据计算及应用专业课程设置的思考［J］. 科技视界，2021(9)：36-37.

［4］王莹. 大数据技术专业人才培养中的校企合作模式实践研究［J］. 黑龙江科学，2022，13(3)：50-51.

［5］徐翠翠. “课程思政”理念融入应用数学课程教学探析［J］. 大学（研究），2020(8)：18-19.

数据计算及应用专业人才培养的思考

王　震
（江苏大学数学科学学院）

摘　要　针对新工科背景下的数据计算及应用专业，本文提出了加强思想政治教育、制定导师制度和加强校企合作的人才培养模式，以适应当今社会发展的需要.

关键词　数据计算及应用　新工科　人才培养

1　引言

信息与计算科学专业(Information and Computing Science)原名“计算数学”，1987 年更名为“计算数学及其应用软件”，1998 年教育部将其更名为“信息与计算科学”，其是以信息领域为背景，数学与信息、计算机管理相结合的数学类专业.但后来部分高校取消了该专业，因为这个专业的毕业生无法满足行业内对人才的需要，就业前景一般.因此，要想信息与计算科学得到更好的发展，必须要解决目前专业发展面临的问题，培养出符合社会需求的应用型人才，才能实现该专业的可持续发展.2017 年，复旦大学、吉林大学、西安交通大学等高校联合申报的新工科研究与实践项目顺利通过教育部立项，开始探索如何在大数据时代下实现信息与计算科学专业的转型与发展，并着手应用型理科专业——数据计算及应用的研究与实践.2019 年，教育部正式批准设立数据计算及应用专业.笔者结合自己担任江苏大学 2022 级数据计算及应用专业学业导师的经历，对目前专业人才培养过程中遇到的一些问题进行了思考并提出了一些想法，希望能够促进该专业的发展，也为社会培养出更多高素质人才提供支持.

2　数据计算及应用专业人才培养

数据计算及应用专业是数学、统计学和信息科学多学科交叉融合的应用理科专业.该专业重点关注核心算法和技术，强调数据建模、数据分析、数据计算能力的训练与培养，注重算法设计与实现，强化学科交叉与工程实践.一方面，本专业训练学生的数学思维能力，使学生掌握数学、统计学、信息科学的基本理论、方法与技能；另一方面，本专业培养学生运用所学知识与技能解决数据分析、信息处理、科学与工程计算等领域实际问题的能力，使得学生毕业后能够就数据行业的相关问题与业界同行及社会公众进行有效沟通和交流,包括撰写报告和设计文稿、陈述发言、清晰表达或回应指令.

2.1 加强思想政治教育

加强思想政治教育一方面能够调动学生的学习积极性,对所学专业有一个更深层次的了解,另一方面也能够提升学生的思想境界,从而塑造更为完美的人格. 此外,加强思想政治教育能够展现高校良好的育人功能. 高校是育人的重要场所,不仅传授学生知识,更要教育学生如何做人.

从目前高校的教育模式来看,教师在课堂上主要以传授书本知识为主,没有时间对学生的思维方式进行引导,对学生的思想政治教育远远不够,从而导致学生不清楚所学专业的内涵,进而导致学习态度消极,甚至产生一种厌学心理. 部分学生开始对自己产生怀疑,觉得自己不适合这个专业,盲目地转专业. 以 2022 级数据计算及应用专业的学生为例,部分学生来到学校以后发现这个专业是在数学科学学院,觉得自己在高中的时候最不擅长的就是数学,因此刚入学就想着转专业. 再加上大一第一学期,开设的都是数学专业核心课程(数学分析、高等代数、解析几何),这就更加坚定了他们转专业的决心,极大地影响了学习效果. 此外,毕业生可能因为对专业没有正确的认识,找工作时面试成绩不理想. 因此,加强思想政治教育,无论是对提升在校生的学习效率还是对提高毕业生的就业率都有很大的帮助.

2.2 制定导师制度

“导师制”是指聘请有经验的老师在双向选择的前提下担任本科生指导老师,对本科生进行思想引导、专业辅导和心理疏导等. 有意向担任导师的教师可以在每个学期初把自己的研究方向、目前所研究的课题公布出来,然后学生根据自己的兴趣和自身条件选择导师. 确定师生关系之后,学生通过参与导师的课题研究学到更多的知识,开阔眼界. 导师在平时的学习和生活当中对学生也会产生潜移默化的影响,提高学生的思想水平. 导师制度可以拉近学生和老师的距离. 同时,学生在实际的科学研究中,也可以巩固书本上的专业知识,提高自己分析问题和解决问题的能力.

2.3 加强校企合作

不同于传统的数学专业——数学与应用数学(师范),数据计算与应用专业作为一个新型的数学类专业,更加强调的是应用能力的培养,使学生能够“学好、用好数学”,这些能力包括一定的数据建模、高性能计算、大数据处理及程序设计能力,运用所学知识与技能解决数据分析、信息处理、科学与工程计算等领域实际问题的能力. 因此,该专业应注重创新能力和实践能力的培养,加强校企合作,为学生提供身临其境的企业环境和实践锻炼机会. 目前,很多高校大学生到了临近毕业的时候才考虑自己的就业问题,缺乏应试前的准备以及相关经验的积累. 依托校企合作能够有效地促进学生树立就业意识,激发学习兴趣. 同时通过校企合作,从中发现优秀的毕业生,也为企业日后的发展提供技术支持.

3 结语

在数据行业快速发展的背景下,数据计算及应用专业的开设,实现了信息与计算科学的内涵式发展，顺应了时代的潮流. 学校应当吸取先前的宝贵经验，结合自身的办学理念和特色，通过各种途径实现该专业人才培养模式的完善和创新，从而培养出更多优秀的应用型人才，为我国现代化发展提供坚强的人才支撑.

参考文献

[1] 杨斌鑫，王希云. 数据计算及应用专业的建设与实践：信息与计算科学专业在大数据时代下的内涵式发展[J]. 教育教学论坛，2020(53)：382-384.

[2] 王鹏，史娜，惠周利，等. 新工科背景下数据计算及应用专业课程设置的思考[J]. 科技视界，2021(9)：36-37.

[3] 吴超云，郝庆一. 信息与计算科学专业教学改革实践[J]. 科技与信息，2020(10)：140-141.

大数据驱动下应急管理人才培养的协同机制研究

石志岩
（江苏大学数学科学学院）

摘　要　大数据背景下，应急管理人才协同培养机制的研究是一个重要议题．本文从国内外应急管理人才培养的现状出发，着重分析我国在应急管理人才培养机制方面存在的问题，提出应急管理人才培养协同育人课程体系，为我国输送高质量的应急管理人才提供有力支撑．

关键词　应急管理　应急培训　能力提升

随着我国经济不断发展，改革步伐加快，发展不确定性因素不断增加．在这种背景下，培养具备应急管理知识与应急管理能力的专业人才显得愈发重要，这是符合时代要求和应急管理工作发展趋势的．夯实理论基础，坚持理论联系实际，是培养应急管理人才的根本所在．高等教育是培养应急管理人才的重要途径．为了能够游刃有余地应对复杂的社会形势，构建完善的应急人才培养机制已成为摆在我们面前的一道迫切而深刻的课题．

1　国内外应急管理人才培养的发展现状

1.1　国内外应急管理存在的问题

目前，国内外对于大数据为应急管理带来的机遇与挑战的研究还不够深入．目前的研究较多的是从宏观的大环境进行分析，缺少对于应急管理的数据来源、数据处理、数据关联和数据挖掘等方面的系统研究，也缺少对大数据对于应急管理思维、治理结构、治理内容、治理手段、治理范式方面的全面考察．

美、英、德等国家的高校对应急人才的培养体系注重对学生的评判性思维、复杂情境分析能力等应急管理能力的培养；其次，其课程资源综合，具有多学科交叉特点，各高校可结合实际情况设置课程，并考虑企业、政府行业相关的总体目标；另外，在协同培养机制的类别上，其重视对应急人才的实践能力培养和实践活动考核，紧密贴合企业、政府、行业对应急管理人才的要求，实现有效联动．

1.2 国内外应急管理人才培养的现状分析

从人才培养目标设置来看，虽然我国众多高校已经制定了应急人才培养目标，但国家层面还未正式提出有关高校应急人才培养的整体目标.从高校的角度看，各院校所设置的应急人才培养目标无法全方位考虑国家的整体需求；从企业的角度看，企业对于人才的需求，尤其是对有实践经验的管理型人才的需求很难得到满足；从政府的角度看，缺乏对高校人才培养和企业人才需求的统筹规划，使得供求关系难以实现平衡.

我国应急人才培养协同体系还有待进一步完善：

其一，大数据时代背景下，传统应急管理模式存在缺陷.大数据时代的到来，信息技术快速变革、风险特征深刻变化、协同治理呼声高涨，使得我国的应急管理面临新的挑战与机遇，过去政府作为单一管理主体，依靠传统经验的应急模式已经难以为继.传统应急管理人员已经难以实现对海量、多源和异构数据的收集、存储和组织，缺乏运用新型大数据技术和工具，以及大数据思维对这些数据进行分析和加工处理的能力，最终难以提供给应急决策者高效和高质量服务.大数据环境下突发事件的快速响应和有效应对，离不开应急管理人才的支撑.因此，在这种背景下，培养具备应急管理知识与能力的专业应急管理人才显得愈发重要，这是符合时代要求和应急管理工作发展趋势的.

其二，应急管理人才培养体系缺乏协同培养机制.目前，应急管理人才培养体系缺乏协同培养机制，主要体现在以下两个方面：一方面，目前开展的校企合作项目的主要问题是协同机制比较松散、不稳定.企业积极性很高，但学校处于被动状态，有时还会有冲突和质疑，学校对企业教学缺乏考核监督机制，相互之间难以建立信任.另一方面，相关法规和人才培养制度比较模糊或缺失.目前，我国尚未重视应急管理队伍的建设，相关的法律法规不完善，这使得在实际工作中难以做到有章可循和有法可依，极不利于应急管理人才培养.国内目前也没有相关的应急管理人才培养制度出台.

2 构建应急管理人才培养的策略与体系

习近平总书记指出，善于获取数据、分析数据、运用数据，是领导干部做好工作的基本功.大数据背景下，数据在不断融合、收集的过程中高速变化，不断累积成基础变量.应急管理大数据人才应当具有以下几方面的能力：一是能够收集大量数据，在杂乱的数据中发现疑似事件，在不断的筛选与分化中将信息加以整理；二是能够利用各种工具和方法对相关信息进行分析处理，对应急管理事件的起因、事件的发展规律进行分析，并作出合理的预测，从而对应急管理工作给予建议和指导.本研究基于应急管理人才培养的协同育人培养目标、培养模式、课程体系、实践课程新体系展开.

（1）数据驱动背景下协同智慧育人应急、主动应急的综合性人才培养目标

基于不同专业，培养目标的制定应当分为基本目标和特异性目标，基本内容包括：① 培养具有较强的抗压能力、使命感、社会责任感的应急管理人才；② 培养能熟练掌握应急管理内涵及相关学科知识的应急管理人才；③ 培养具有较强的危机和风险意识，在不同环境下有良好适应能力的应急管理人才.

（2）数据驱动背景下协同育人培养模式

基于现有应急管理人才协同培养体系的短板，通过因子分析的方法，从定量的角度，分析应急管理人才培养目标，明确跨行业应急管理人才的运行规律和需求，实现由政府发起转为高校主动开放办学，保证高校与企业、政府、行业紧密联系. 其目的是支撑学生专业应急知识、能力及素质的培养，在处置突发事件时更高效地协调沟通、管理，提升应急管理人才的行业适应能力.

（3）数据驱动背景下协同育人培养课程体系

通过深入企业、政府行业，使学生认识到国家对应急管理人才的需求，感受先进企业文化，培养学生的社会责任感和使命感，形成高校、企业、政府、行业在应急管理人才培养目标、培养标准、课程体系构建、师资队伍建设等方面的协同关系，协同提升应急管理人才的职业道德和职业素养.

（4）数据驱动背景下人才培养实践课程新体系

校内各职能部门应当根据其职责，负责与地方相关企业、政府部门进行协调与合作，以充分发挥诸如学生工作部门、国有资产管理部门在相关领域应对突发事件的作用. 根据不同类型的突发事件，按照职责分工协调校内与校外地方政府相关职能部门、企业等的关系，建立健全突发事件应急管理的联动机制和联席会议制度，以实现培养有理论基础、有实践经验、契合用人单位期许的全方面人才的目标.

2.1　研究目标

应急管理人才协同培养机制的研究是一个重要议题. 明确高校、企业、政府行业在应急管理人才培养中的作用，是应急管理人才培养方案顺利实施的重要保障，对培养应急管理人才有着重要的意义. 本研究基于人才培养在应急管理体系建设中的重要地位，着重探讨了大数据背景下，校、企、政府行业人才协同培养模式和策略实施成效，以及应急人才培养体系的优化问题，提出以下几个研究目标。

研究目标一：研究大数据背景下，根据我国校、企、政府行业应急管理人才培养的现状，对比国内外人才培养策略的实施路径，探索应急管理人才培养的模式.

研究目标二：研究大数据背景下，我国应急管理人才培养机制，明确优化应急管理人才培养体系的目标.

研究目标三：研究应急管理人才培养协同育人课程体系，搭建由政府行业机构、相关企事业单位、高校、社会团体组成的人才培养资源共享平台.

研究目标四：构建大数据驱动下应急管理人才协同育人成效评价体系.

2.2　拟解决的关键问题

拟解决的问题一：如何充分且全面地了解在大数据背景下我国的学校、企业、政府、行业应急管理人才培养的现状、应急管理人才培养的模式；如何通过国内外人才培养策略的对比，了解培养策略的差异，找到适合我国国情的应急管理人才培养的协同机制.

拟解决的问题二：以往的研究多着重于定性分析，本研究则着重于如何从定量的角度，科学有效地从各个角度分析影响人才培养策略的因素，从而确定优化应急管理人才培养协同机制的目标,能够使师资结构合理化,构建完整的协同育人课程体系.

拟解决的问题三:应急管理培训效果评估体系是指运用科学的理论、方法和程序从培养结果中收集数据,并将其与整个组织的需求、目标联系起来,以确定培养项目的优势、价值和质量的评估体系.因此,在构建完整的协同育人课程体系后,还应健全协同育人效果评估机制,最终能够为江苏大学应急管理学院的相关人才培养规划提供参考.

2.3 研究方法

文献研究法:利用文献检索功能,通过查看文献来获得资料,从而全面、正确地掌握所要研究的问题.在初次检索结果的基础上,输入专业检索式进行限定检索,结果显示应急管理领域下的协同人才培养体系的研究亟待完善.

定性分析法:对应急管理人才协同培养的现状进行“质”的分析,运用归纳和演绎、分析与综合以及抽象与概括等方法,对搜集的相关资料进行思维加工,得到其本质和内涵.

因子分析法:从研究指标相关矩阵内部的依赖关系出发,把一些信息重叠、具有复杂关系的变量归结为少数几个不相关的综合因子,探究我国应急管理人才培养机制不完善的主要影响因素.

功能分析法:采用功能分析法,分析大数据背景下应急管理协同机制在培养应急管理人才领域的作用,探讨现有应急管理人才培养体系的规律和特点.

2.4 研究的创新点

理论创新:本研究提出的大数据时代背景下应急管理人才培养模式,其重点关注政府、学校、企业三方面的人才协同培养模式.该模式从做好应急管理学科顶层设计、推动应急管理科研协同综合性人才培养、提升应急管理社会服务能力入手,优化应急管理人才培养体系,建立分类管理的人才协同培养方案,充分体现应急管理人才培养中高校、企业、政府行业三者的协同作用.

实践创新:本研究基于对协同培养综合性应急管理人才的新形式的探索,建立了“理论向实践”“单一向联合”“统一向分类”的应急人才培养协同体系,并进一步探索了实践性应急人才培养的新途径与方法.

参考文献

[1] 张海静,刘霞.应急管理人才培养:策略与体系[J].学习与实践,2009(2):132-136.

[2] 孙于萍,赵国敏,高天宝,等.我国应急管理人才培养现状研究[J].消防科学与技术,2020,39(6):872-875.

劳动教育与“碳核算与应用”微专业实践的融合探究[①]

杜瑞瑾

（江苏大学数学科学学院）

摘　要　“五育并举”育人理念的背景下，劳动教育是新时期培养祖国建设者与接班人的新要求．专业实践是人才培养的关键环节．本文以江苏大学“碳核算与应用”微专业为例，探索劳动教育与微专业实践有机融合的作用与意义，并总结协同发展的实践经验，促使微专业理论学习成果的转化应用，提升劳动育人的实效性．

关键词　专业实践　劳动教育　融合　人才培养

随着全球气候变化日益严重，碳排放和能源消耗已成为导致气候变化的主要原因之一．为了应对气候变化，各国政府和国际组织已经开始采取行动，推动实现“双碳”目标，即到2050年将碳排放量降至零．在这个背景下，江苏大学微专业“碳核算与应用”应运而生．对于任何专业的发展，将所学理论用以解决实际问题的能力培养都是非常重要的．专业实践是提升学生实践能力的最佳途径，也有助于学生在实践中发现并解决问题．

劳动教育是指能够促进学生劳动价值观（劳动观点、劳动态度等）与劳动素养（劳动习惯、劳动知识与技能、创造性劳动能力等）形成与发展的教育过程．2020年7月，教育部印发了《大中小学劳动教育指导纲要（试行）》的通知，明确各级教育部门与学校加快构建德智体美劳全面培养的教育体系，特别对劳动教育提出了新要求．新时期祖国建设的接班人，应是用科学文化知识和实践能力武装起来的心智健康的复合型人才．培养这样的人才是社会赋予高校的重要责任．本文旨在探讨大学生专业实践与劳动教育相融合的作用、意义及经验启示．

1　“碳核算与应用”微专业实践与劳动教育融合的作用及意义

（1）劳动教育与“碳核算与应用”微专业实践相结合是马克思主义“教劳结合”思想

①　本文系教育部产学合作协同育人项目（220605052025902）、江苏大学来华留学教育教学改革与创新研究课题（L202210）与2022年江苏大学课程思政教学改革研究课题（2022SZYB037）的研究成果．

的体现.

劳动是马克思主义理论体系的一个起始范畴,也是核心范畴.马克思主义教育思想认为“教育与生产劳动相结合”是“提高社会生产的一种方法,而且是造就全面发展的人的唯一办法”.教劳结合是相对于教劳分离而言的,“无论是脱离生产劳动的教学和教育,或是没有同时进行教学和教育的生产劳动,都不能达到现代技术水平和科学知识现状所要求的高度”.只有从马克思主义“教劳结合”思想出发,才能深刻理解劳动教育的深刻内涵,充分发挥劳动教育在大学教育与专业建设中的关键作用.因此,在“碳核算与应用”微专业实践教学过程中融入劳动教育的内容与实践正是对马克思主义“教劳结合”思想的继承与发展.

(2) 劳动教育与“碳核算与应用”微专业实践相结合是理论学习的补充与深化

在微专业课程教学过程中,只是一味地讲解理论知识,会使学生在课程学习中感到单调与枯燥,并且导致基础理论与实际应用相脱节.将微专业实践与劳动育人相结合,一方面能更好地深化大学生的劳动教育意义,另一方面强化了学生的实践体验,促使理论学习成果的转化应用,提升劳动育人的实效性.

例如,在讲授“生态系统碳汇”一课时,结合习近平总书记在2022年3月30日参加首都义务植树节时强调的“全社会都做生态文明建设的实践者与推动者,让祖国天更蓝、山更绿、水更清、生态环境更美好,森林是水库、钱库、粮库,现在应该再加上一个‘碳库’”,微专业组织了一次测算校园碳源碳汇的劳动育人活动.校园中碳源碳汇核算需要考虑碳排放量和固碳量两方面,校园中的固碳量主要指绿地、植被和湖泊的碳汇作用,碳排放主要来源于校园内电力、燃料消耗等.该专业实践活动是一场在劳动过程中应用数学模型与方法于低碳校园建设的实践活动,引导学生参与实地测量、动手动脑获取各度量指标,对校园碳源碳汇现状做出评判.一方面,在微专业实践中引入劳动教育,让学生参与碳排放实地测算和减排方案的制订,将勤劳美德与创新智慧相融合,有助于学生树立起身体力行、实事求是的劳动观;另一方面,通过实践活动,学生亲身感受到碳排放对环境的影响和危害,有助于增强学生的节能减排、环境保护和能源危机意识,为绿色校园建设作出贡献.

2 “碳核算与应用”微专业实践与劳动教育融合的启示

(1) 增强“劳动托起中国梦”的社会认同

“碳核算与应用”微专业的劳动实践是一种典型的实践教育.通过将专业实践与劳动教育相融合,有助于大学生更深入地理解理论知识,更好地掌握实用技能.在劳动实践中,学生为了测绘校园中“镜湖”的面积,架全站仪,装棱镜,找准中心点,整体过程对细节与精度有着十分严格的要求.这种注重细节、精益求精正是工匠精神的体现,与此同时,学生也体会到了因目标实现而产生的愉悦感,进一步激发了劳动热情.因此,在专业实践中融入劳动教育,有助于大学生在实践过程中充分认识到劳动是推动人类社会进步的根本力量,是实现中国梦的必由之路.大学生只有在学习与成长过程中脚踏实地地劳动,才能助力中国梦的实现.

（2）促进理论知识的补充、拓展与创新

课堂学习的理论知识只有通过动手实践，才能真正内化为专业技能与素养. 在“碳核算与应用”微专业实践过程中，引导学生身体力行地参与实地测量、动手动脑，这样的劳动形式使得劳动教育“专业化”. 学生只有经历了劳动，才能深刻地理解原理并验证过程，发现专业理论的社会价值，实现对基础理论知识的有益补充. 我国南宋诗人陆游教子诗中有云“纸上得来终觉浅，绝知此事要躬行”，可见，劳动过程云集了丰富的知识要素，学生只有亲身体验，才能发现课堂教学中的困惑，进而产生解决问题的创造力. 劳动正是检验专业学习是否符合社会发展需求的试金石. 此外，学生在劳动教育过程中越有收获感，对劳动的偏见就会越少，便会更加尊重劳动人民与珍惜劳动成果，使得自身在专业理论与劳动育人的有机融合中实现自我价值，在脑力与体力劳动的碰撞中激发更多潜能，促进专业的创新发展. 进一步将专业知识转化为人生价值的一部分，才能使学生真正做到热爱专业、热爱学习、主动求索、积极创新.

“五育”并举背景下，劳动教育在学科发展中的作用不可替换，专业实践离不开劳动教育的有机融合. 本文通过在江苏大学“碳核算与应用”微专业实践中融入劳动教育这一有益探索，发现其能够促使大学生在劳动实践中将基础理论融会贯通，在劳动过程中促使学生对基础理论进行拓展与创新，培养学生正确的劳动价值观、工匠精神并提升学生的专业水平，有助于学生个人价值的实现.

参考文献

［1］檀传宝. 劳动教育的概念理解：如何认识劳动教育概念的基本内涵与基本特征［J］. 中国教育学刊，2019(2)：82-84.

［2］刘佳，吴然. 加强大学生劳动实践教育 提升社会适应力［J］. 北京财贸职业学院学报，2017，33(2)：71-72，63.

［3］列宁. 列宁全集(第二卷)［M］. 北京：人民出版社，1984.

［4］郭金梅. 劳动实践对促进大学生劳动教育的重要性探讨［J］. 公关世界，2023(6)：144-146.

［5］赵晓伟，戴捷，朋子. 劳动教育融入风景园林专业实践的路径探索：以内蒙古工业大学为例［J］. 科技风，2022(29)：34-36.

以赛促学的多层次阶进互动培养模式探讨

华　静
（江苏大学数学科学学院）

摘　要　目前，一些大学生学习数学时常常出现“学而无趣”“学而无用”的心理，导致学习兴趣不足、成绩不佳，更不会应用数学，缺乏用数学知识解决实际问题的能力. 本文旨在以培养学生的数学实践能力与创新能力为目标，探讨如何在现有的工科数学课程教学中，在保持以严密逻辑推理为主的数学理论知识讲授的同时，融合数学建模思想，构建建模思想贯穿始终的“案例教学—竞赛培训—实践创新”多层次数学创新能力培养新模式，层层进阶，利用以数学建模为主导的各类课外创新科技活动，在各工科专业科研工作者和数学教育工作者之间形成互动连接，实现多专业多学科交融渗透，构建提升大学生创新能力的以赛促学的多层次阶进互动培养体系.

关键词　数学建模　创新实践能力　阶进互动

1　引言

数学教育是一切教育的基础. 伽利略曾说过，自然界最伟大的书是用数学语言书写的. 德国著名数学家格拉斯曼曾说过，数学除了锻炼敏锐的理解力、帮助人们发现真理，还有另一个功能，就是训练全面考虑科学系统的头脑的开发功能. 当今社会已经进入大数据时代，数学方法以空前的速度、广度和深度渗透到金融、经济、社会科学、交通、环境、生物、地质等领域，成为高新技术的重要组成部分. 用数学方法解决实际问题的能力成为社会高科技人才不可或缺的一项基本素质.

然而，在大多数面向应用技术的工科类院校中，数学基础课程的教学不能满足时代发展的需求. 很多数学类基础课程教学时只停留在理论层面，缺少实践环节，这使得学生对数学的学习过于固定化、单一化、公式化、理论化、高深化，一定程度上阻碍了学生综合创新实践能力的提升. 此外，由于大学授课面较广，不同专业间缺乏更深入的交流，数学课程教学为数不多的实践环节，一般也不能紧密联系各个工科专业的实际应用，这造成学生在面对实际问题时不能将已经学过的数学知识与专业问题相结合，及时有效地解决问题.

数学建模教学和竞赛活动能够帮助学生将学过的知识与周围的现实世界联系起来，

从而培养创新意识、创新思维、创新精神和实践能力. 数学建模竞赛给学生创造了一个自我学习、独立思考、认真探讨的实践全过程,为学生提供了发挥创造才能的条件和氛围. 全国大学生数学建模竞赛已具有很大的规模和影响力,这项竞赛强调“重在参与、重在普及、扩大受益面”,是促进大学生未来可持续发展的重要的社会实践. 近年来,在培训和组织大学生参与数学建模竞赛的过程中,我深深体会到了数学建模和数学实验对培养学生的思维能力、想象能力、自学能力尤其是创新能力和创新意识所起到的作用. 在常规数学教学下,开展以“数学建模和数学实验”为主线的系列教学活动,形成三种教学形式(常规教学、数学建模、数学实验)的有机结合和互动,使三者在内涵、外延、时空上互为补充和渗透,促进大学生创新能力和创新意识的培养,对于学生将来参加工作、解决实际问题具有非常重要的意义. 以“建模竞赛课题组”为龙头,以大学生数学建模竞赛为激励和以创新能力培养为目的的科研活动有机结合,促进了专业教师和实践部门深入合作,能够为学生提供实际应用数学的良好机会.

本文将大学生数学建模竞赛作为创新型人才培养的一条有效途径,构建了以数学知识学习为第一层次,以动手能力、实践能力和体验数学工具为主的数学建模培训为第二层次,以使用数学、培养创新能力的综合数学素质的提高为第三层次的多层次阶进互动培养体系(见图 1).

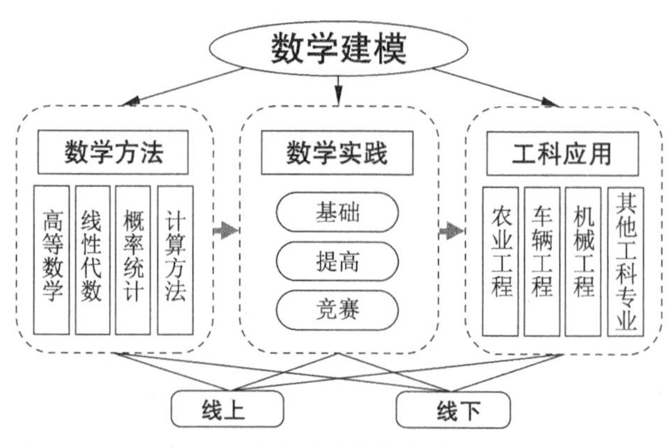

图 1　阶进互动培养体系结构

2　提升大学生创新能力的多层阶进互动培养体系

2.1　第一层次:数学知识学习

教师将数学建模的思想融入数学类主干课程的教学中. 如在大学数学基础课程的教学中,融入数学建模的实际应用案例. 通过对案例的分析求解,帮助学生认识到数学在工程应用中的重要作用,实现建模思想和大学数学基础课程的有机融合.

(1) 以数学建模思想为助推器,提升数学课程建设的内涵

在大学数学课程教学中,从基础知识学习到方法实践,再到工科专业的应用实践,始终贯穿数学建模思想,筛选适合各类数学基础课程的实际问题,精心设计有工科专业背

景的实际教学案例,层层进阶,提升数学课程建设的内涵和教师教学水平.

基于“量力性”“实用性”“开放性”“趣味性”原则,进行大学数学建模融入的教学案例设计. 量力性原则就是建模融入要符合大学生的知识水平,在进行数学课程教学时适当补充一些知识,学生就可上手;实用性原则就是所处理的问题都具有工科专业背景和较好的应用价值;开放性原则就是提倡教师与学生、学生与学生相互讨论,形成解决问题的方案;趣味性原则就是实际问题能引起学生思考,引导学生钻研,启迪学生思维,进一步提高学生学习数学的积极性. 每门课程都应从教学大纲和教学计划开始重新设计,在每个知识单元结构设计数学建模案例,建立完整的线上线下教学网络模式(见图2).

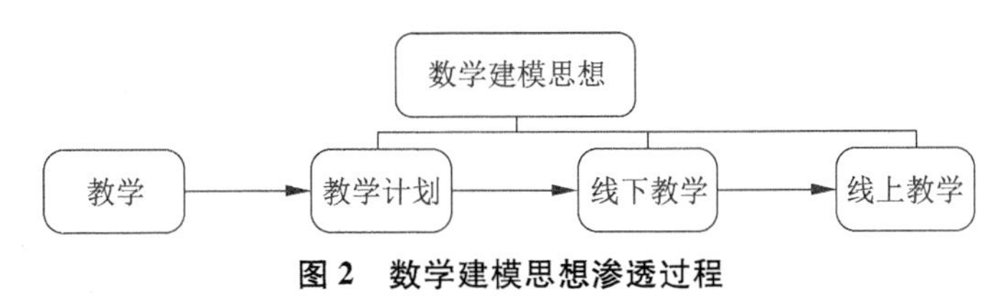

图2 数学建模思想渗透过程

(2) 以融入建模思想的案例教学,提升学生自主学习的积极性

将适合的数学建模案例融入数学类各主干课程的课堂、作业、考核中. 教学过程中,将教师主导与以学生为主体相结合,通过对数学建模案例的分析和求解,帮助学生认识到数学在工程应用中的重要作用,教会学生在实践中应用数学知识,激发学生的学习兴趣,充分调动学生学习的主动性和积极性,让学生更好地掌握数学知识.

2.2 第二层次:数学建模竞赛

数学建模竞赛能使大学生更好地了解数学知识的重要性和实际应用价值,培养他们的创新实践能力. 通过数学建模竞赛培训,能够促成学生参与数学建模竞赛、完成赛题、获得奖项,更好地激励学生学习掌握数学应用知识,提升他们学习数学类课程的兴趣,提高利用数学建模的思想和方法解决实际问题的能力.

根据学生掌握知识的规律,以及对数学建模竞赛赛题的研究分析,建立线上线下相结合的多层次大学生数学建模培训体系,先让学生进行基础班的课程学习,然后进行提高班的培训,包括文献阅读、算法提升等,最后选拔优秀学生参加数学建模竞赛.

第一阶段,针对全校报名参与的学生,教师先进行数学建模基础知识的课程教学. 教师从数学建模的意义、基本方法和步骤等基础知识开始讲起,逐步过渡到数学建模的初等模型、简单的各类模型,再到经典的数学建模竞赛问题,由浅入深递进式完成基础课程的教学,这类课程人人可以学习并参与实践.

第二阶段,教师根据学生的接受情况,制订提高班的培训计划,包括文献阅读、算法提升等. 这一阶段,学生将自由分组,通过教师引导性的教学,自主地解决竞赛类问题.

第三阶段,选拔优秀学生参加数学建模竞赛. 这一阶段,选拔优秀的学生组队,并在竞赛规定的要求下进行多轮的赛题训练.

2.3 第三层次:学生实践创新能力培养的延续与升华——赛完“不解体”

虽然数学建模竞赛只有短短的3天时间,但前期准备和后期的总结及科研活动更有意义.仅仅通过建模竞赛并不能解决学生创新能力不足的所有问题,因此我们特别注重对建模能力的培养和对竞赛成果的升华,以在更高的层面培养人才.在数学建模竞赛结束后,利用阶进式互动培养体系平台,组织学生研讨竞赛问题,引导学生深入思考,对具有科研潜质的学生进行以数学思维和方法为引领的专门训练,进而有效地挖掘学生的思维潜能,提升他们的创新能力.数学建模竞赛的赛前培训和竞赛过程是学生拓宽知识面、开发创造性、提高知识的综合应用能力的过程.赛完"不解体",可以使竞赛团队变成一个经常性的跨系跨专业的学生科研团队.

提倡教师设计全方位的"微科研"模式,将研究性学习的思想和方法体现在数学建模课程教学之中,通过对教材内容的处理,把教学内容转化成科研课题.如以课题为核心,对教材进行补充与更新,引导学生自主探索完成"课题"的学习,使教学过程变成一种"科研"或"微科研"的过程,让学生在获得数学建模知识的同时,参与研究性学习过程,拓宽他们的认知视野,促进创新思维的形成,培养创新能力.

赛完"不解体"的人才培养模式,可提高学生独立提出研究课题和解决问题的能力,使学生具备进行科研立项申报、科技论文撰写的能力,积极参与挑战杯、星光杯申报,层层进阶,为大学生创新能力提升作有力支撑(见图3).

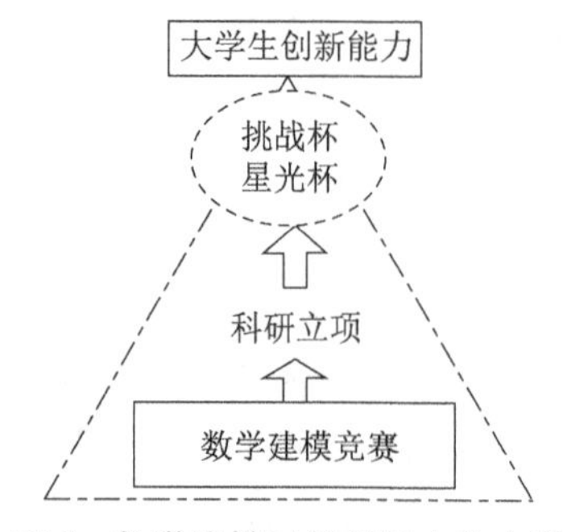

图3　数学建模对创新能力的支撑

3　结语

"数学建模"不是单纯的竞赛,它可以培养学生坚强的意志力,综合测试和检验学生运用数学工具解决实际问题的意识和能力.数学建模能帮助学生建立起一种学习数学的良性循环,学而后知不足,从而激发学生学习的兴趣.

在教学中建立融入数学建模的多层阶进互动培养体系,有利于:

(1) 融赛于学,调动学生学习数学的积极性

数学建模竞赛赛题都来源于生产生活实际,在数学基础知识的教学过程中,融入这样的实际问题,有助于调动学生的学习兴趣.

(2) 以赛促学,培养学生学习数学的自主性

通过案例教学和实践教学,促进学生自主学习,培养学生的学习能力;促进学生自主探索,培养学生的创新能力;促进交互式教学、反馈式教学,让学生真正成为学习的主体.

(3) 学优而赛,提升学生的创新实践能力

通过基础数学知识的培养,鼓励学生参加创新实践竞赛,可进一步提升学生利用数学知识解决实际问题的实践能力.

(4) 赛学相长、以赛促研,引导学生积极参与科研活动

赛后,指导学生对赛题及相关的科研问题进行更深入的研究和讨论,可营造良好的科研氛围.

综上,融入数学建模的多层阶进互动培养体系,能够更好地以赛促学,让学生在学习知识的同时觉得数学有用、有趣,促进他们坚定吃苦耐劳、刻苦钻研的学习精神和科研意志,也可为国家培养更多积极向上、意志坚强、具有较强创新实践能力的综合性人才.

参考文献

[1] 谢强军,杨建芳,张花荣.数学建模竞赛助推研究生创新能力的培养[J].教育现代化,2016,3(18):16-17.

[2] 陈孝国,朱捷,王新霞,等.以数学建模思想为载体的研究生网络平台构建研究[J].价值工程,2017,36(27):150-151.

[3] 刘凤秋,毕卉,陈东彦,等.数学建模集中培训模式的研究与实践[J].黑龙江教育:理论与实践,2017(6):46-47.

[4] 姜启源,谢金星,叶俊.数学模型[M].5版.北京:高等教育出版社,2018.

关于高等院校数学竞赛培训的一些思考

钱骁勇

（江苏大学数学科学学院）

摘　要　近年来我校数学竞赛(专业组)的培训工作在遵循客观规律的基础上，强调发挥师生的主观能动性，在实践中摸索出一套“面线点”模式，通过长期坚持，取得了一些成绩. 数学竞赛培训的最终目的是让学生保持学习数学的热情，提高自身的数学水平，促进学生考研并提高考研成功率.

关键词　高等院校　数学竞赛　“面线点”模式

笔者从事高校数学教学 20 余载，一直关注全国大学生数学竞赛(专业组)的相关比赛，同时也参与到专业组的竞赛培训中，近 4 年来所培训的学生有 5 人次从初赛突围进入全国总决赛，取得了一定的成绩.

成绩的取得得益于整个教练团队背后所做的扎实的工作. 我们将在实践中摸索出的经验称为“面线点”模式，下面简单介绍一下该模式.

1　大面积推广，全面撒网

大一学生刚进校，就在他们学习数学分析和高等代数等专业课程的过程中普及竞赛的概念，也定期给他们统一布置一些竞赛难度的题目. 很快，新生中就会涌现出一大批对数学非常感兴趣、经常问问题的学生. 经过调查发现，这一批学生有一个共同的特点：高中阶段的数学成绩较好，高考成绩大多在 130 分以上，他们的数学基础和学习能力都是没有问题的，这为我们后面工作的开展奠定了坚实的基础. 我们将这一阶段的工作称为“面”模式，目的是从面上筛选.

本阶段的工作目标是激发学生的学习热情，通过学院有目的地组织任课教师制订详细的工作方案，布置统一的课外习题，对学生进行引导，进而让学生形成参加竞赛的自主意识，同时对学生进行长期的课程学习指导.

2　过程性指导，长期坚持

面上筛选结束后，任课教师就将这些学生汇总起来，建立课程群，竞赛培训教师会利用周末和寒暑假的时间，对他们进行定期免费竞赛辅导，同时布置任务，让学生定时完成并反馈,每个竞赛培训教师负责一部分学生的试题批改和答疑等工作.这项工作一般从学生大一的寒假开始,一直坚持到学生首次参加数学竞赛.这一阶段的战线比较长,我们称之为“线”模式,目的是长期坚持竞赛辅导,让学生保持学习数学的兴趣和热情.

本阶段的主要工作目标是建立长期有效的机制,帮助学生保持学习热情与学习动力.各项工作需要课程组牵头进行统一的安排,作业答疑等任务需要提前布置到位,为学生提供良好的学习保障,让他们抓住寒暑假时间进行课程外难题的学习和训练.

3 针对性教学,重点培养

初赛成绩出来以后,竞赛团队对获得奖项的同学及进入决赛的同学开展一对一、点对点的辅导,师生一起研究竞赛试题,定期线上线下探讨,这一期间研究的题目之难对师生都是极大的挑战,需要师生投入较大精力,我们称之为“点”模式,目的是对优秀学生加大投入,从而让这一部分学生取得更好的成绩.

本阶段的工作目标是加强对优秀学生的培养与指导,需要3~5位长期从事竞赛培训的数学分析、高等数学、解析几何等专业课教师举行不定期讨论班,讨论的目的是提升学生的认知水平,促进学生对重要知识点的学习,提高学生的解题能力.

4 成绩与反思

这些年的实践证明,我们所设计的“面线点”模式是行之有效的.2020年江苏大学首次有学生(李栋梁)进入第十一届全国大学生数学竞赛决赛并获得三等奖;2021年有学生(苏洋)进入第十二届全国大学生数学竞赛决赛并获得二等奖;2022年有两位同学(顾展诚,郭雨阳)进入第十三届全国大学生数学竞赛决赛并获得三等奖;2023年有学生(陈涛)进入第十四届全国大学生数学竞赛决赛.由此可见,大一、大二打下的基础很重要,而真正取得成绩可能要到大三、大四,正好与学生考研复习同时进行.我们的模式对学生的考研复习也有极大的促进作用,因为他们已经养成了学习、研究数学的习惯,从而真正实现以赛促学、以赛促研的目的.

“面线点”模式执行起来还是有一定难度的.

首先,从学生方面看,比较困难的是让学生充分认识到竞赛的意义,激发他们的学习积极性,并长时间保持学习热情,这需要学生和教师两方面共同努力,营造积极向上的学习氛围.

其次,从教师方面看,比较困难的是专业水平的提高。教师要坚持长期自我学习,同时甘愿付出时间和精力去给学生做辅导,师生不能仅满足于解题,还要一起研究出题,研究方法的推广.

最后,难度在于整个团队的协调.一两个人是做不好这件事情的,因此需要从上到下一起努力.在此,感谢学院领导的大力支持及竞赛培训团队教师们的辛勤付出,下一步我们将在此基础上优化细节,争取把工作做得更细,让更多的同学投入竞赛中来,取得更好的成绩.

参考文献

佘志坤. 全国大学生数学竞赛参赛指南[M]. 北京:科学出版社,2022.

江苏大学大学生数学竞赛的回顾与展望

朱荣平　陈文霞　钱丽娟　徐传海
（江苏大学数学科学学院）

摘　要　大学生数学竞赛活动（省赛、国赛）对高等学校强化人才培养和数学教学改革都有积极作用，各高校都非常重视. 本文在介绍江苏大学学生参加的各类数学竞赛的内容和意义的基础上，全面总结了学校学生近几年参加省赛、国赛取得的成绩，分析了“校赛—省赛—国赛”的竞赛工作机制和行之有效的竞赛工作经验及存在问题，并对进一步做好学校数学竞赛工作进行了思考和展望.

关键词　大学生数学竞赛　竞赛组织

大学生数学竞赛活动已开展 30 多年（江苏省高等数学竞赛始于 1991 年，全国大学生数学竞赛始于 2009 年），其作用是巨大的. 大学生数学竞赛活动对服务人才培养和教学、促进高等学校数学改革和建设都有积极作用，不仅有利于激发大学生学习数学的兴趣，培养学生分析问题、解决问题的能力，推广及应用数学思维方法，也有利于发现和选拔数学创新人才，并为青年学子提供一个展示自我的舞台. 大学生数学竞赛旨在培养学生分析问题和解决问题的能力，从而发现具有扎实数学基础和灵活思维方式的创新型人才，也是各高校教学成果的展示和教学实力的体现. 因此，很多高校都非常重视数学竞赛工作，江苏大学也高度重视大学生数学竞赛工作。2015 年以来，学校结合实际，成功举办了第一届江苏大学大学生数学竞赛，逐步探索形成了“校赛—省赛—国赛”的竞赛工作机制，积累了行之有效的竞赛工作经验，取得了可喜的成绩. 为进一步发挥学校大学生数学竞赛在人才培养中的积极作用，我们从以下方面对竞赛进行了全面总结、分析、回顾与展望.

1　校赛、省赛、国赛的简单介绍

江苏大学高等数学竞赛（简称校赛）：该赛事自 2015 年开始由江苏大学教务处主办、数学科学学院承办，至 2023 年 3 月已经成功组织了 8 届竞赛. 校赛分专业组和非专业组，其中非专业组赛事面向大一学生，考核高数上册内容，对接省赛本科一级 A 组（多学时）、本科一级 B 组（少学时）. 竞赛同时为上半年的省赛和下半年的国赛选拔学生，也是大学生获得创新学分的途径之一.

江苏省普通高等学校高等数学竞赛（简称省赛）：该赛事从 1991 年至 2022 年已举办

了19届,最初两年一届,目前已经调整为每年一届,是非常受江苏高校学生欢迎的有影响力的省级赛事.该赛事由江苏省教育厅委托江苏省高校数学教学研究会主办,每年由省内一所高校承办.赛事面向所有在读的大一到大四学生,考核高数全部内容,分本科一级A组、本科一级B组、本科二级及专科组4个级别.省赛举办时间一般为每年5月下旬.江苏大学学生参加了历届所有赛事,江苏大学也承办过赛事,在生源不占优势的情况下,通过精心组织和学生努力,近6年来学校学生的省赛成绩屡创新高.

全国大学生数学竞赛(简称国赛):该赛事从2009年至2022年举办了14届,每年一届,是相当有影响力的正规大规模赛事,受到全国高校学生的欢迎.该赛事由中国数学会主办,每年由国内一所高校在中国数学会的指导下承办.赛事面向所有在读的大二到大四的学生,分专业组(A组、B组)和非专业组两大类.初赛时间一般为每年10月下旬,决赛时间为次年3月.具体信息及相关资料可以关注考研竞赛数学微信公众号及大学数学竞赛资源网(www.cmathc.cn)查阅或下载.江苏大学从第八届(2016年)开始组织学生参加该项赛事,成绩可圈可点,每年都有专业组或非专业组学生进入全国总决赛(决赛专业组、非专业组各300名左右),实属不易.

为组织好学生参加省赛、国赛,展示学子风采,江苏大学从2015年起组织了校赛,经过这几年的探索实践,目前已形成了“校赛—省赛—国赛”的竞赛组织、培训工作机制,数学竞赛组织团队为对数学学习有兴趣、准备进一步升学的同学,提供全年不间断、每年新提升的学习平台,助力学生的成长发展.

2 校赛、省赛、国赛的意义及学生参加省赛、国赛的成绩分析

(1) 大学生数学竞赛在人才培养、团队发展中起到积极作用

数学竞赛为师生提供了一个交流数学学习的平台,起到了宣传数学的价值、推广数学的理性思维方式、扩大数学的影响力的作用.对于积极参加数学竞赛的学生而言,其作用主要表现在激发他们学习数学的兴趣,帮助他们巩固数学基础知识,为数学能力的发展打下良好的基础,为成为创新型人才奠定数学基础.对于参与组织、指导的教师而言,其作用主要表现在提高自身的数学素养与教学水平,以及促进数学交流研讨、推动教学改革、凝练形成教学成果等方面.这几年我们团队中多名教师荣获全国、全省数学竞赛优秀指导教师称号;团队获2019—2020年度校党员示范岗、2020年度学院特别贡献提名奖;多名教师获批校教改课题并发表了相关教学论文,这些成绩的取得为我们进一步做好竞赛工作、形成有特色的教学成果积累了素材.

(2)学生参加省赛、国赛的获奖情况(见表1)

表1 江苏大学2016—2022年数学竞赛(不含数学建模)获奖一览表

非专业组获奖情况统计							
年份	江苏省普通高等学校高等数学竞赛			全国大学生数学竞赛初赛			全国决赛
	一等奖	二等奖	三等奖	一等奖	二等奖	三等奖	入围人数
2016	10	12	36	4	10	7	0
2017	15	23	48	5	10	13	1(陈泽洲 三等奖)
2018	22	37	75	13	12	25	1(曾宇 三等奖)
2019	12	35	86	10	20	41	0
2020	30	30	85	13	20	34	0
2021	26	44	100	15	33	34	0
2022	24	50	85	16	23	28	0

专业组获奖情况统计				
年份	全国大学生数学竞赛初赛			全国决赛
	一等奖	二等奖	三等奖	入围人数及获奖情况
2016	5	10	11	1(李亚男 三等奖)
2017	7	10	20	0
2018	5	8	21	1(张会会 三等奖)
2019	11	10	24	1(李栋梁 三等奖)
2020	9	9	22	1(苏洋 二等奖)
2021	7	5	18	2(郭雨阳、顾展诚 三等奖)
2022	2	11	13	1(陈涛 三等奖)

3 学生参加省赛、国赛的成绩分析

近7年来,江苏大学学生参与省赛、国赛获奖人数呈现逐年增加的态势,这得益于经过多年竞赛经验的积累,我们已形成稳定的指导和管理团队,逐步探索形成了较为成熟的“校赛—省赛—国赛”竞赛工作机制.这几年,新生和老生参赛人数基本各占一半,由此可见,大一学生参赛热情较高.下面以2021年江苏省第十八届高等数学竞赛为例(见表2)分析获奖学生分布情况,其他年份规律大同小异.

表 2　2021 年江苏省第十八届高等数学竞赛江苏大学获奖情况

本科一级 A 组获奖分析					本科一级 B 组获奖分析				
年级	一等奖	二等奖	三等奖	合计	年级	一等奖	二等奖	三等奖	合计
2018 级	2	8	9	19	2018 级	3	3	4	10
2019 级	0	0	9	9	2019 级	0	2	7	9
2020 级	9	18	51	68	2020 级	12	14	19	45
合计	11	26	69	96	合计	15	19	30	64

由表 2 可见,省赛大一学生获奖人数大约占 70%,是竞赛获奖的主力军;大二学生成绩一般,这和全省兄弟学校情况一样,学生知识点遗忘,自身也不重视了,这是以后要关注的方面;大三学生是取得好成绩的重要力量,以后可以进一步动员考研学生参加比赛,同时给予针对性指导. 大四学生参赛人数很少(表中未统计),但获奖率高,一般都是数学学习爱好者,以后要发挥他们的积极作用. 国赛情况类似. 从最近几年省赛、国赛获奖情况看,为进一步提升学校竞赛水平,在培训上要根据不同年级的特点,采用分类的方法加强指导,抓住大一,稳住大二,突破大三、大四.

4　学校在组织大学生数学竞赛方面的一些有益做法

(1) 学校层面对学科竞赛规范管理,比较重视

数学竞赛作为重要赛事,得到了学校、学院政策上的支持. 江苏大学数学竞赛在学校教务处的指导下、在数学科学学院教学副院长的统一领导下,由大学数学教学部、数学与应用数学系实行骨干教师负责制,骨干教师负责组建竞赛指导教师团队,并具体负责竞赛的报名、培训等各项工作. 学校对参加竞赛并获奖的学生在评奖评优、免推保研、创新学分认定等政策方面给予相应加分,调动了学生参与竞赛的积极性.

(2) 数学竞赛团队有组织地高效开展各项工作

① 数学竞赛组织指导团队由 11 名职称、年龄、性别结构合理的教师组成,其中中共党员 10 人,教授 4 人,副教授 5 人,讲师 2 人. 在大学生数学竞赛的组织和培训上,他们团结协作、爱岗敬业、乐于奉献,为学生成长成才和学校的亮点工程做出了贡献. 在多年的实践探索中,在教务处、学院领导的支持下,数学竞赛团队探索形成了校赛、省赛、国赛全年不间断的竞赛组织机制,他们经常组织教练集体备课,认真研究竞赛政策和发展趋势,形成了高效、稳定、务实的竞赛活动机制.

② 以课程教学为载体,实施人才培养的目标. 指导团队以课程竞赛为牵动,以人才培养为目标,在全校各类数学课程教学,特别是数学竞赛辅导课程中,大胆实施教学改革,探索创新型人才培养的有效方法,并收到了很好的成效,受到了学生的一致好评,为学校培养了一大批优秀的人才.

③ 以网络为平台、辅导讲座为辅助,助力学生的成长. 数学科学学院分类建立了全校学生的 QQ 竞赛学习交流群(国赛交流群、省赛一级 A 群、省赛一级 B 群、竞赛工作群),

全体竞赛团队教师利用业余时间,发扬奉献精神,用心管理这些学习、工作群,参与指导交流,通过这些群了解学生的学习动态,讲授分析解决问题的方法,及时传递数学竞赛的信息,为学生解决竞赛学习中的实际困难.这些在线群为师生交流互动、答疑解惑、竞赛组织等提供了便捷平台,发挥了重要作用.

④ 精心组织好校数学竞赛,发现优秀学生,为省赛、国赛取得好成绩奠定了基础.高等数学竞赛组织指导团队每年认真组织校赛,目前已经形成相对成熟规范的工作流程,主要由召开校赛准备会、起草校赛通知、向学院和教务处汇报、建竞赛 QQ 工作群(各班班长加入)、学校发布校赛通知、实践科微信平台推送宣传、QQ 工作群管理、命题、审题、考场安排、报名统计、编制考场、教务处与学院网站发布考场信息、试卷印制、试卷分发、监考教师落实、考场信息打印及布置、考试、组织阅卷、成绩处理、成绩公示、正式公布成绩、宣传报道、荣誉证书制作及盖章、发放证书、总结等一系列工作环节构成.最近几年,每年都有 1500 余名同学参与校赛,参赛人数逐年增加.

(5) 在校赛的基础上,认真组织学生参加上半年的省赛、下半年的国赛,认真做好组织报名和培训工作.数学竞赛组织指导团队根据竞赛要求,利用双休日集中培训学生,充分利用 QQ 群答疑和推送资料的方式,开展每日一题指导,教师们利用自己大量的休息时间帮助学生解决问题.这些富有成效的工作对学校竞赛成绩不断取得突破起到了积极作用.

(6) 加强对外交流,积极投身教育教学改革,形成教学成果.团队教师在教学中不断改进教学方法,参与各级教改项目,着力创新型人才的培养,相信经过积累、凝练可以形成特色明显的教学成果.

5 学校在组织大学生数学竞赛方面的不足

(1) 学校层面,政策支持力度还要加强,如学校把全国大学生数学竞赛初赛列为省级 B 类,这样的定位偏低,建议学校将其提高到省级 A 类赛事.

(2) 指导力量不足.担任竞赛教练的教师的正常教学任务重,没有更多精力研究竞赛,建议竞赛辅导工作量计入教师年终工作量考核;同时制定相应的激励政策,如评优考核、职称评定等方面的政策向数学竞赛辅导倾斜,吸引更多的教师参与到竞赛指导中来.

(3) 竞赛团队的竞赛研究不够深入,对外学习交流不够,标志性教学成果还没有形成等.

6 进一步提升数学竞赛影响力的思考与展望

6.1 进一步优化数学竞赛的组织工作

(1) 利用开学第一课,向大一学生宣传校赛、省赛、国赛,使新生初步了解这些赛事.

(2) 每年 12 月份启动校赛工作(发通知、建立竞赛教师和新生班长工作群).

(3) 每年度第二学期第一周周六上午举行校赛,选拔学生参加省赛(建议从 2023 年起分新生组和老生组).

（4）校赛结束后启动省赛培训，备战5月底的省赛.

（5）省赛成绩出来后，立即启动国赛报名工作，建立由省一等奖及国赛初赛一、二等奖获得者组成的精英群冲刺国赛一等奖，争取进入国赛决赛.

（6）利用暑假开展朋辈教学，选拔优秀学生在教练的指导下讲解历届国赛初赛题.

（7）每年9—10月举行国赛强化冲刺培训并组织人员参加比赛.

（8）认真做好一年一度的省赛、国赛颁奖仪式，扩大竞赛的影响力.

6.2 可以进一步开展的工作

（1）成立数学竞赛工作室，系统规范组织竞赛.

（2）赛研结合，开展与竞赛相关的创新研究，提高学生的数学创新能力. 定期开展数学竞赛团队教研活动，鼓励教师积极撰写与竞赛相关的教学论文，以竞赛系列成果培育校、省级教学成果.

（3）充分发挥竞赛教练、学生骨干的作用，开展竞赛每日一题活动，继续完善在线答疑.

（4）充分利用新媒体，做好竞赛宣传、服务学生发展的工作，可以建立依托江苏大学或数科院的关于数学竞赛的微信公众号.

（5）开设数学竞赛选修课，启动竞赛辅导教材的编写工作.

（6）走访竞赛成绩突出的高校，交流学习竞赛指导经验；积极参加与竞赛有关的学术与教学研讨会等.

数学竞赛是优秀学生成长发展的重要平台，目前已引起了广大师生的高度关注，相信江苏大学的数学竞赛工作在学校、学院领导的持续关心下，依托逐步健全的政策保障、组织保障、条件保障，在爱岗敬业、乐于奉献的竞赛指导团队的指导下，在广大学生的积极参与下，一定能不断取得新的突破.

研究生教育改革与实践

数学类硕士生专业课程的改革与实践

丁丹平
（江苏大学数学科学学院）

摘　要　研究生阶段在高端人才培养过程中十分重要，未来人才能达到的高度往往与该阶段培养中打下的基础的厚度与宽度紧密相关．本文依据作者20多年的硕士专业基础课程教学经历与实践，探讨如何在研究生课程教学中增加知识的厚度、拓展教学广度等相关问题．

关键词　研究生培养　课程教学　实践探讨

1　引言

就现代高等教育学位体系而言，本科是人才培养的通识阶段，其主要任务包括构建基本的知识体系与框架，培养与激发兴趣和爱好，发现和挖掘特长与天赋等人才培养的基础性内容；博士是高端人才培养的成型阶段，其主要任务涵盖构筑系统化、专门化的较完整的知识体系，锻造专门领域的能力，充分挖掘自身天赋，发挥特长，在专门领域内成为科学技术发展中的有生力量．硕士是从本科到博士的重要的中间成长阶段，也是专业人才培养的基础阶段．在硕士研究生阶段一方面要充实完善已初步形成的知识体系，另一方面要为进一步培养专门领域的能力打好基础．

本科阶段培养的主要手段与基本途径是课程学习，通过大量的课程学习（理论的和实践的）建立基础性的通识人才必须具备的知识体系与框架．博士阶段更多的是通过一系列相关联的系统性的科学研究与创造活动，在追踪本领域学术前沿的过程中成长为科研活动的重要参与者与有生力量．相比较而言，硕士生的培养目标不可能完全通过课程学习来实现，也不可能如博士阶段那样通过一系列的科研活动来完成，而是要通过课程学习与科学研究结合的模式来达成．这样的背景决定了硕士阶段的课程教学与本科阶段有着极大的差异，合理的课程体系设计、有效的课程教学活动在硕士人才培养中发挥着举足轻重的作用．

基于硕士生培养的特性，笔者结合自己执教数学类硕士研究生专业基础课程“现代分析基础”20余年的实践与体会，从教学目标和目的、课程特点、教学手段等角度探讨硕士生课程教学理念的改革与实践．

2 培养目标与人才特征

2.1 培养目标

与本科阶段主要为学生构建知识体系为教学目标的课程教学不同,学术型硕士阶段(以下称“学硕”)的培养目标是造就学术研究型人才,学术研究型人才除了具备合理的知识结构外,还应具备一定的从事科学研究活动的能力. 通常,硕士生毕业评价中出现的“初步具备独立从事科学研究的能力”正是基于此培养目标制订的. 因此,我们认为硕士生课程教学的目的除了完善其已形成的系统的专门知识体系,还要培养其具备独立的科研能力,也就是说要将课程教学从知识本身更明确直接地转变到能力培养上,课程教学目标的变化必然导致与教学活动相关的方法、策略等的改变. 为更好地提高课程教学的效果,合理设计相应的教学内容、方法和教学策略,我们需要从“科研能力”开始考察.

科研能力的核心内涵就是人们通常所说的“发现问题、表达问题和解决问题的能力”. 那么如何培养这种核心能力呢? 我们从构成这三个方面能力的一些要素来探讨学硕生科研能力培养中课程教学目标的实现途径和发挥的作用.

首先是对科学研究的兴趣与热情. 兴趣是最好的老师,兴趣同时也是驱动科研活动的内在动因之一. 培养与增强对科研的兴趣的有效途径之一就是不断激发学生的好奇心,如通过课程内容中重要知识的背景、相关内容的构建过程等,多方位多角度地唤起和强化学生的好奇心.

其次是对科学的信念与从事科学研究的信心. 只有保持对科学的坚定的信念,对自身从事科学研究强烈的信心,才能在将来的学术研究中坚持守正创新,才能穿破科研道路上的重重迷雾与黑暗. 前辈们在科学研究道路上的经历和经验是帮助学硕生树立信念与信心的最有效的“工具”.

最后,科学精神是每一位合格的科研工作者必须具备的基本素养. 实事求是的态度、独立判断与批判的精神是科学精神的主要构成. 课程教学活动可以通过各种手段宣传科学研究活动中的科学精神,让学生受到影响.

2.2 人才特征

从科学研究活动的基本特征来说,创新(或者说创造)是该活动的灵魂. 硕士阶段对创新能力的培养是至关重要的. 课程教学在促进学硕生保持开放心态、训练发散性思维与提升想象力等创造能力方面应该起到关键的作用.

科学活动与科学结果与人类其他非科学的活动及结论相比,最重要的特征之一就是其所具有的逻辑性. 科学的逻辑性充分反映了事物的因果与客观. 科学的逻辑性在数学学科中更是得到了淋漓尽致的体现,课程教学中可以将逻辑性与独立判断相结合并予以演示与表现. 同时,必须指出的是,科学是人类活动的结果,其过程和结论应该与人类认知规律和实践结果保持高度的一致性,也就是说科学应该具有现实合理性,这在课程知识体系中是司空见惯的,通常表现为概念与常识的一致性.

在数千年的人类历史进程中,文明(文化)的形成与发展总是反映出这样一种规律和特性,即从实践到认识再到实践,不断螺旋式上升. 人类对世界和自我的这种认知规律特性在科学的形成与发展,特别是在数学发展演化中常常表现为从具象到抽象再到具象的形式. 硕士生课程可以通过反复的问题的约化与类比研究,实现对学生从具象到抽象再到具象的能力培养锻造.

无论哪个学科领域,科学活动的结果都会以某种形式呈现在人们面前,但表达手段、表达形式等会对科学研究活动的结果能否被接受、接受的程度与范围产生重要的影响,有时甚至会产生决定性的影响. 人们常会有这样的体会:问题得到完美的表达,意味着它已被解决了一半. 这样的事例在数学学科领域比比皆是. 数学表达还有一个独特的标准,那就是美感. 爱因斯坦质能关系式

$$E = mc^2$$

欧拉复数公式

$$e^{i\theta} = \cos\theta + i\sin\theta$$

以及毕达哥拉斯定理(勾股定理)

$$a^2 + b^2 = c^2$$

在科学中的重要作用和影响有很大一部分源于它们的表达产生的美感. 而课程是训练表达、培养美感最好的媒介.

3 实践探讨

3.1 课程背景与概况

"现代分析基础"是数学专业硕士研究生课程体系中分析类的基础课程,课程的基本内容包括实分析、泛函分析、调和分析三个方向的最基础的部分,几乎所有培养数学类研究生的院校和研究机构都开设了这门课程,虽然在课程名称及部分内容上有可能不同. 笔者自 2000 年起一直在江苏大学任教该课程,每届研究生听课人数 30~40 人,主要的参考教材是 Rudin 的经典名作 *Real and Complex Analysis*,北京师范大学陆善镇老师的《实分析(讲义)》及东南大学王元明老师的《现代分析基础讲稿》(均为手稿讲义,未出版).

3.2 教学设计的总体思路

根究数学专业硕士研究生培养目标,本课程不以让学生掌握系统完整的知识为目标,而是以相应知识切入,围绕知识的产生背景、发端及发展应用等知识系统构建主线,将培育学生具备"提出问题,表达问题,解决问题"的能力作为终极目的.

在教学模式方面,改变由定义、性质到引理、定理及证明的常规的授课方式,从某一特定时期相关领域面临的挑战介绍人们所做的相关的尝试、探索.

此外,为了防止学生盲从,特意设计一些逻辑和表述上的缺陷,培养学生的判断能力和批判精神.

数学学科研究生培养的探索与思考

王　俊
（江苏大学数学科学学院）

摘　要　数学是典型的基础学科，其研究生培养工作对其他应用学科的发展，以及科技竞争中“卡脖子”问题的解决都具有重要的作用.本文分析了数学学科的独特性及其在人才培养方面的不同要求，论述了研究生基础性知识学习和创新能力培养的重要性，指出了当前数学研究生培养过程中存在的一些问题，最后基于教育学相关理论和工作经验，提出了关于数学学科研究生基础性知识学习和创新能力培养的一些建议，试图为数学研究生的培养提供新思路和新方法.

关键词　数学　研究生培养　基础学科

数学特别是理论数学是我国科学研究的重要基础，无论是人工智能还是量子通信等，都需要数学等基础学科作有力支撑.近年来，我国科学技术突飞猛进，但仍然缺乏重大原创性科研成果，“卡脖子”就卡在基础学科上.而基础学科的发展和突破，关键还在于人才培养.2022年2月，习近平总书记在主持召开中央全面深化改革委员会第二十四次会议时强调，要全方位谋划基础学科人才培养，科学确定人才培养规模，优化结构布局，在选拔、培养、评价、使用、保障等方面进行体系化、链条式设计，培养造就一大批国家创新发展急需的基础研究人才，这为高校开展基础学科人才培养提供了根本遵循.

研究生培养是人才培养的重要环节，其重要目标之一就是为社会的发展和进步培养高素质的专门人才.数学学科的研究生培养工作是一个宏观、中观、微观相结合的系统工程.宏观层面主要是国家的教育方针和政策，中观层面主要是各学校的具体政策，微观层面在于学生和教师的理念和具体的教、学行为.考虑到数学学科的重要性近年来得到广泛认同，我国教育部、科技部等部门也加大了对数学学科的支持力度，因此宏观层面的国家政策、教育方针是正确的方向引领和有力的支撑，本文重点聚焦中观、微观层面的分析和探讨，如分析与讨论研究生的具体培养模式、新时代研究生的个性特点等，进而对其培养目标、培养方案的调整提出建议，使之更好地适应社会需要.

因此，本文在探讨基础数学学科独特性的基础上，主要分析研究目前基础数学学科的研究生培养现状和存在的问题，并结合理论与近年来人才培养的现实经验，提出解决思路，以期更好地促进数学等基础学科的研究生培养工作的发展.

1 数学研究生培养的特征

基础学科是人类创新发展的源泉、先导和后盾，数学作为典型的、重要的基础学科之一，具有如下三个特点. 首先数学具有抽象性、概括性的特点，与形象性、具体性的应用学科成果的独占性不同，基础学科的研究结果具有公共产品属性，是属于全人类的共同财富. 数学的抽象性对学生学习的要求较高，不仅要求学生具有抽象思维能力，还需要学生有足够的学习兴趣. 其次数学研究具有长期性、连续性的特点. 数学等基础学科的研究艰苦而漫长，一个创新或突破，可能需要经过一代人甚至几代人在前人研究的基础上不断挖掘深入，才能发生. 因此，数学科研工作者要坐得住"冷板凳"，深耕数学领域. 最后数学学科作用的发挥具有深层次和隐蔽性特点. 数学学科的研究成果，通常商业价值不明显，较难产生直接经济效益，往往需要经过很多的中间环节，才能转化为生产力. 因此，数学科研人员相对清贫，很难将研究成果直接转化为经济价值. 这要求研究人员必须热爱数学.

综上，数学科研工作者只有具备完整的数学理性思维体系和较强的创新能力，才能用简洁的数学语言来描述和分析问题. 对于三年（四年）课程时限的数学硕士（博士）研究生而言，他们不仅要在很短的时间里掌握基本知识体系，还需要了解并追踪对应具体研究方向的理论前沿，开展研究并撰写毕业论文，这具有很大的挑战性. 数学研究入门较难，要实现培养目标，对研究生的专业基础知识和创新能力都有较高的要求，对教师的激励和指导方式也提出了新的要求.

2 数学研究生培养的现状及问题

近几年来，我国研究生招生比例大幅提高，数学类研究生规模也随之急剧扩大. 研究生规模的扩大一定程度上促进了研究生教育的快速发展，同时也对研究生培养工作提出了更高的要求. 诸多学校为了保证研究生培养质量，对研究生毕业的条件进行了明确、量化的规定. 例如，根据数学学科的特色和发展特点，部分学校的研究生培养方案要求硕士研究生在完成课程学习之后，在核心期刊上发表（或被录用）1 篇论文，博士研究生则需完成 2 篇 SCI 检索论文的撰写和发表工作. 在此基础上，学生完成学位论文撰写并通过论文答辩之后才能顺利毕业并获取硕士或博士学位. 这个规定的本意是确保批量化研究生培养的质量，但同时也带来了一些问题：

第一，学生专业基础不扎实. 由于研究生招生规模扩大，校园掀起了"考研热"，很多普通高校本科生从二年级甚至入校起就树立了考研目标，以应试的方式完成了本科阶段的学习. 进入研究生阶段后短板就显现出来了，主要表现为基础课程学习不扎实，专业基础课程学习不够深入和全面. 对于数学这种基础性和抽象性很强的学科而言，如果前期基础不牢，研究生期间很难有较好的创新思维，可能要花费较长的时间补课，才能进入科研的大门. 而研究生学制有限，既要学好课程，又要在核心期刊以上发表论文、完成学位论文并通过答辩，时间紧迫，基础薄弱的学生就会遇到一系列困难. 目前来看，诸多学校的研究生由于面临论文发表的压力,在入学之后多将重心放在论文发表上,这与打好专业基础形成矛盾,而专业基础不扎实,在阅读外文文献和跟踪前沿进展时又显得十分吃力,反过来限制了学生科学研究的深度.

第二,研究生论文水平整体不高.与其他学科方向相比较,数学学科的论文具有投稿周期长等特点,另外,数学学科期刊又较少,这加大了研究生在规定学制内发表论文的难度.再加上基础研究的过程长,更强调知识的积累和长期的思考,对学习期限短暂的研究生而言,能够有一小步的创新都十分困难,因此一些研究生难以在规定时间内完成科研任务,有些即便完成了科研任务但限于论文发表周期长、投稿具有不确定性等因素,难以确保在毕业前论文被录用或发表,毕业压力较大.有的学生为了能顺利毕业,会挑选简单、应用性强的课题,而回避那些有研究难度、理论性强的课题,这样即使完成了科研任务,但研究质量和论文质量也不高.

第三,自身科研动力与科研热情不足.随着就业竞争压力日趋增大,近年来就业市场普遍出现学历"内卷",研究生文凭成为大城市就业的"标配",研究生也成为考公、考编的主力军.因此,目前校内研究生并非都是热爱研究、有科研追求的学生,其中有很大一部分学生只是为了获得学历学位,增强就业、考编的竞争力.而之前,就业市场的敲门砖是大学本科文凭,选择继续深造的多是那些喜欢科研、愿意投入学术研究的学生.这使得当下部分研究生处于被动学习状态,学生对科学研究缺乏追求,仅仅满足于达到顺利毕业的硬性指标要求,没有主动进行科研创新的热情和冲劲,很少有学生能达到兴趣学习的境界,较少能扎扎实实打基础,为将来从事科研工作做准备.

3 数学研究生培养工作的对策建议

新时代经济社会发展对人才的质量提出了更高的要求,而随着代际更替,学生自身的发展和成长需要也有了变化,培养目标、培养方式应根据实际需要和不同层次的定位灵活调整.鉴于以上问题,本文拟从培养计划改革和质量监督等方面对数学学科研究生培养模式改革进行探讨.

第一,设立课程指导小组.针对目前研究生专业基础不扎实的特点,本课题组进行了培养方式的探索,即由课题组的教师、博士后和博士生组成基础课程指导小组,在研一学生进校之前帮助其梳理和复习本科阶段的重要课程;进校后,对新生进行研究生阶段基础课程学习指导,使学生尽早熟悉研究生阶段科研工作需要掌握的一些基本知识点.实践证明,该方式效果较为明显,大部分研究生在第一学期末基本上可以看懂本方向前沿论文.在基础课程学习的过程中,对于一部分想继续攻读博士学位从事基础数学研究的学生,指导小组有针对性地进行个性化指导和培养.课程指导小组在此过程中,常规性与研究生进行沟通,了解他们的需求和困难,并且有针对性地去解决,在研一课程结束后学生可以根据自己的兴趣选择研究方向、准备接下来的科研工作.

第二,尊重数学学科的特点和价值观,放宽或取消论文发表要求,加强研究生学习的过程管理.针对数学学科(特别是基础数学)的特点和价值观,即前文分析的研究周期长、研究成果具有公共性等特点,建议放宽或取消数学硕士研究生阶段论文发表的要求,注重研究生学习和培养的过程管理.学校鼓励学生将科研成果以论文形式发表,但不作为学位申请的必要条件.取得代之的是资格考试,可以从基础课程中任选几门对学生进行测验,测试优秀者可以优先作为优秀毕业生人选或推荐攻读博士.通过过程学习和测验,让学生理解基础数学中抽象的概念和基本知识点,培养学生的科研兴趣.

第三,结合导师的科研项目,培养一批能坐"冷板凳",潜心科研的学者.研究生的基本要求是能够在导师指导下独立开展学术研究,因此,科研素养和科研能力是研究生培养的重点.导师可以结合自己的科研项目,以问题为导向,帮助研究生选定一个研究方向,教会研究生如何发现问题、分析问题和解决问题,在这个过程中要注重对学生学习兴趣的培养,让学生发现数学的美,爱上数学,而不是功利地追求文凭.当学生对数学产生兴趣后,应该鼓励和引导学生结合自己的基础知识进行创新性思维,在师生互动中将数学严谨的科研精神传承下去,让更多的青年人才致力于基础学科的研究与创新.

参考文献

[1] 余同普,邵福球,银燕,等.基础学科"FIRST"五位一体人才培养体系的构建与实践[J].学位与研究生教育,2019(8):42-46.

[2] 朱一心,王赫楠,何朋,等.国内部分师范大学数学教育研究生培养方案调研[J].数学教育学报,2016,25(6):66-75.

[3] 周少波,孙祥,徐晟.工科研究生数学能力的培养研究:基于科技创新的视角[J].研究生教育研究,2013(4):42-47.

[4] 李玉兰.研究生教育课程设置的质量内涵与标准探讨[J].研究生教育研究,2011(5):44-48,64.

[5] 周长城,任传波,高松,等.创新数学思维与研究生创新能力培养研究[J].高等工程教育研究,2008(S2):26-28.

[6] 王哲,刘明柱.上海交通大学数学学科硕博贯通培养研究生的改革试点[J].学位与研究生教育,2007(1):49-51.

[7] 张仲选,茹少峰,张文鹏,等.深化研究生教育改革 提高研究生培养质量[J].高等理科教育,2003(S2):60-63.

研究生数学课程建设的现状及发展探讨

张正娣
（江苏大学数学科学学院）

摘　要　研究生数学课程在研究生培养中起着重要的作用，不仅要让研究生掌握数学的核心知识理论，而且要培养研究生独立思考问题和解决实际问题的数学应用能力. 目前各校研究生培养方案中的学分规定、毕业条件规定等各方面导向使得研究生课程建设被忽视. 本文就目前我校研究生课程设置、教学内容等方面的问题进行探讨，分析原因并给出课程建设思路.

关键词　研究生培养　数学课程　课程建设　培养质量

1　引言

研究生教育肩负着培养高层次人才和增强社会创新力的重要使命，是国家发展和社会进步的重要基石. 改革开放以来，我国研究生教育实现了历史性跨越，为国家培养了一批又一批优秀人才. 习近平总书记强调，研究生教育在培养创新人才、提高创新能力、服务经济社会发展、推进国家治理体系和治理能力现代化方面具有重要作用. 党的二十大报告第五部分专门阐述了“实施科教兴国战略，强化现代化建设人才支撑”，把教育、科技、人才作为全面建设社会主义现代化国家的基础性、战略性支撑进行统筹谋划，报告特别指出要全面提高人才自主培养质量，着力造就拔尖创新人才. 研究生教育位于国民教育的顶端，是高水平、高素质、高层次人才培养的高地，决定了我国创新型人才培养的高度.

江苏大学是全国首批具有博士、硕士学位授予权的高校，研究生教育规模和质量在同类高校中名列前茅. 学校各专业研究生培养方案中都将增强研究生实践能力、创新能力作为目标之一. 数学专业硕士研究生培养方案明确提出了培养学生的要求：具备正确的人生观、价值观和世界观；具有较强的事业心和开拓进取精神；能够勇于承担责任，致力于解决科学技术难题；在数学学科领域内掌握坚实的基础理论和系统的专门知识；形成终身学习的习惯；具备独立从事科学研究及教学工作的能力，在本领域内能有新见解；能够应用所学数学知识分析和解决现代经济建设和交叉学科中涌现出的新课题. 为了实现这样的目标，我们在培养方案中设置了能力拓展学分，以及学术活动、文献阅读等实践培养环节，但是课程方面对目标达成的贡献度不足，学生对于毕业要求的理解是课程方面拿到规定的学分就可以,于是把精力都放在论文发表上,课程学习的获得感偏低.

2 课程设置现状及存在的问题

2.1 课程设置现状

江苏大学研究生数学课程分为两大块,一块是数学专业研究生设置,另一块是非数学专业研究生设置.数学专业研究生开设的数学课程包括代数基础、现代分析基础、最优化计算方法、动力系统基础、泛函分析等5门学位课程,以及微分流形、微分方程定性理论、微分方程数值解、种群动力学、索伯列夫空间与偏微分方程、现代控制理论基础、算法设计与机器学习7门非学位课程.非数学专业研究生开设的数学课程包括数值分析、矩阵论、数理统计、工程数学、数学模型及应用.

2.2 存在的问题

首先是课程门类少.这个主要是受研究生培养方案中关于学分规定的限制,以江苏大学数学专业为例,培养方案规定硕士研究生课程总学分不低于26学分,其中学位课不低于14学分,除去公共必修课(新时代中国特色社会主义理论与实践、自然辩证法概论、第一外国语)所占7学分外,数学类学位课程只需要7学分即可,学生只需选择3门课即可达到要求;非学位课不低于12学分,其中数学类课程的专业选修课规定不少于5学分,学生一般也只需选择3门课即可达到要求.

其次是课程内容陈旧.这个体现在课程体系和具体课程内容都落后于新时代对研究生创新性能力培养的要求.目前开设的课程大都是传统的数学理论课程,缺乏方法工具类数学课程、提高类数学课程、现代数学思想类课程.有的课程只有一位任课老师负责,教学计划的制订没有经过充分的论证,教学内容由任课老师自己决定,具有一定的随意性.

最后是教学方式单一.受目前学校考核体系的影响,教师的科研成果决定着他的学术地位及经济待遇,而课程的教学质量难以量化到考核指标中,导致教师"重科研、轻教学"的倾向比较严重,不愿意把时间精力花在教学中.目前,大多数教学仍采用传统的以知识传授为主的填鸭式教学,忽略了在教学过程中对学生思维的启发、创新能力的培养,消极应付的教学状态极大地影响了教学质量的提升.

3 课程建设思路

首先是课程体系改革.应进一步优化数学课程设置,对数学专业的学生,增设选修课程门数,针对不同的研究方向开设课程.对全校其他的理工类专业,根据不同的培养目标和不同层次研究生对数学知识的需求,分类进行课程梳理.同时,面向所有研究生,增设现代数学理论与常用的现代数学方法等课程,使学生能够将学到的数学知识应用到新时代背景下的专业研究中去.为了培养学生的数学思维和创新能力,面向全校学生开设数学模型、建模方法、数据挖掘等选修课程.

其次是课程内容建设.第一,壮大教师队伍,充实研究生课程团队,集体制定课程大纲.第二,以现代教育思想和理论为指导,充分考虑新时代对研究生创新能力的新要求,大力开展教材建设,打造高质量教材.一方面,对现有的教材内容进行补充和改善,比如在数理统计教材中增加统计软件实操,在数值分析教材中增加数值计算法的相关实验等;另一方面,组织编写一系列新教材,特别是编写一些大数据背景下的数学类相关课程教材.

最后是课堂教学改革.课堂教学是课程建设的实践主阵地,要改变"满堂灌"的课堂现象,激发教师的上课激情和学生的听课兴趣,最大限度地提高学生的课堂获得感.以教改项目申报、案例编写、精品课程建设、示范课堂等多种举措推进课堂教学改革.定期组织教师进行现代教学方法的研讨,探讨启发式教学、案例教学、翻转课堂等教学模式,鼓励教师将教学改革研究成果应用到实际教学中去,培养研究生提出问题、解决问题的能力,以高效的课程教学支撑高质量的研究生培养.

参考文献

[1] 江苏大学数学学科硕士研究生培养方案(2022 版).

[2] 江苏大学控制科学与工程学科硕士研究生培养方案(2022 版).

融合信息技术教学改革

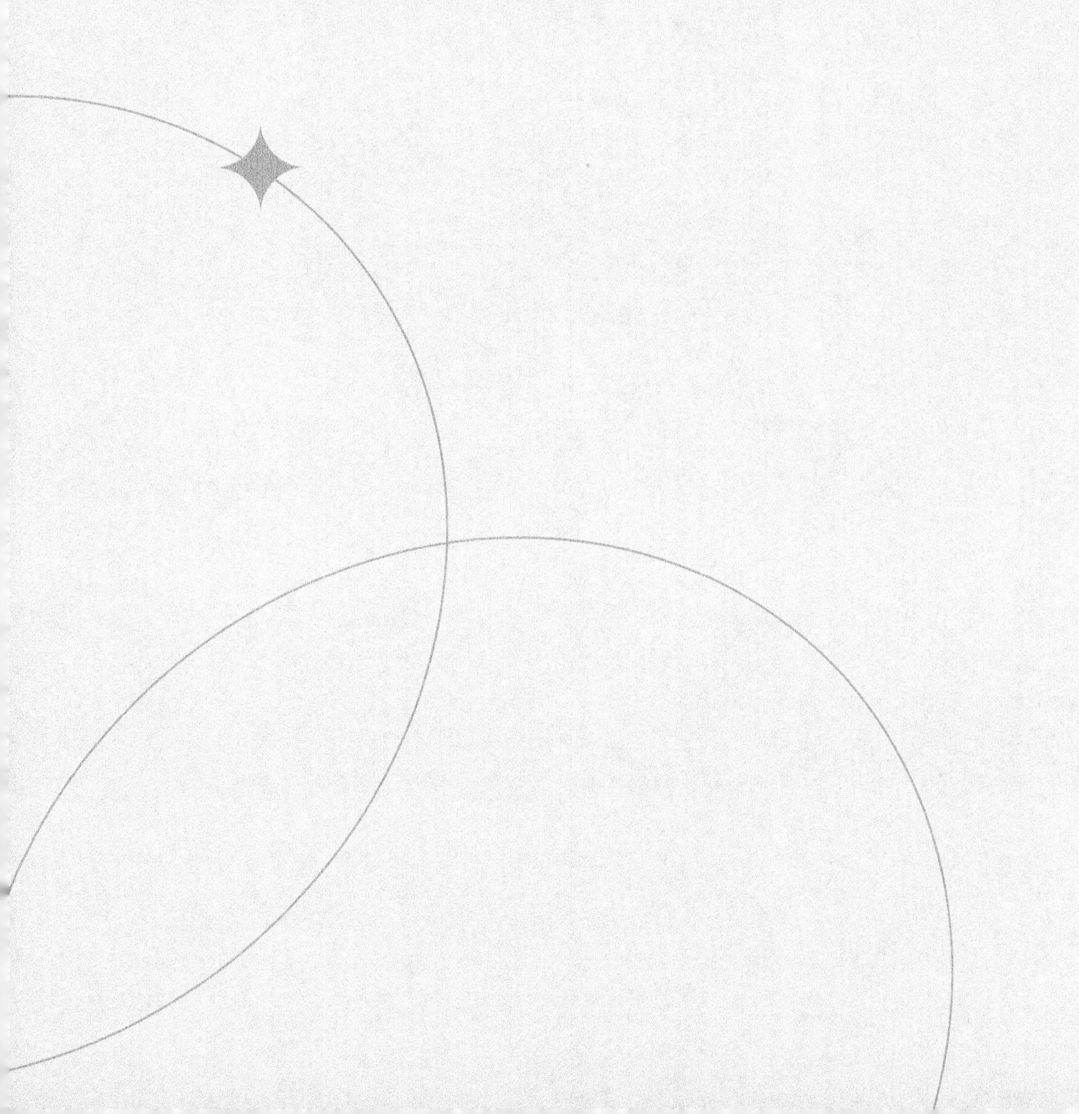

智能优化算法课程教学案例设计

——以旅游线路规划为例

朱　峰

(江苏大学数学科学学院)

摘　要　智能优化算法是借助现代计算工具模拟生物的智能机制而进行信息获取、处理、利用的理论和方法. 本文以旅游线路规划为例,给出了蚁群算法的教学案例设计,并进行了案例推广. 案例设计可对本课程及数据计算及应用专业建设起到一定的推动作用.

关键词　智能优化算法　蚁群算法　TSP 问题

1　引言

智能优化算法通过模仿人类或者生物智能的某一个(某一些)方面达到模拟人类或生物智能,实现将生物智慧、自然界的规律用计算机程序化,进而设计最优化算法的目的. 它是借助现代计算工具模拟人或生物的智能机制、生命的演化过程和人的智能行为而进行信息获取、处理、利用的理论和方法. 智能优化算法课程的教学目标是使选修该课程的学生了解和掌握最优化问题的概念、基础理论和基本解法,通过对智能优化方法中的禁忌搜索算法、遗传算法、神经网络算法、群智能算法等的基本原理和算法实现技术的学习,理解与掌握这些算法的基本流程、基本应用技能、系统设计的思想和智能优化算法在经济金融和工程技术中的典型应用,进而掌握智能计算所涉及的编程技术和过程,掌握智能计算收敛性分析、程序设计的思路和方法. 因此,本文以基于蚁群算法的旅游线路设计为例,对智能优化算法这一课程的实践教学案例进行探讨与研究.

2　教学案例设计

2.1　案例描述与分析

疫情平稳后,大学生的出游意愿高涨,利用假期结伴出游成为一种时尚.

案例背景:某大学生社团计划暑假从扬州出发,游玩位于苏北地区的国家 5A 级景区,每一个景区都游览到且仅游览一次,游玩结束回到扬州. 请利用所学知识,给出最佳的旅游参观线路.

原问题的旅游线路最优规划问题实际就是旅行推销员问题(travelling salesman problem,TSP),即给定一系列城市和每对城市之间的距离,求解访问每一座城市一次并回到起始城市的最短回路,它是组合优化中的一个NP(non-deterministic polynomial)难问题,在运筹学和理论计算机科学中非常重要.本案例采用智能优化算法中的蚁群算法进行计算求解.

2.2 案例实施过程

2.2.1 景区数据收集与模型构建

查询江苏省文化和旅游厅公布的全省各城市5A级景点景区的数据可知,全省共有25个5A级景点景区,其中苏北地区8个,具体数据见表1.

表1 苏北地区5A级景点景区

编号	城市	景点景区名称	级别
景点1	扬州	扬州瘦西湖风景区	5A
景点2	宿迁	宿迁泗洪县洪泽湖湿地公园	5A
景点3	徐州	徐州市云龙湖景区	5A
景点4	南通	南通市濠河景区	5A
景点5	泰州	泰州姜堰溱湖旅游景区	5A
景点6	淮安	淮安市周恩来故里旅游景区	5A
景点7	盐城	盐城市大丰中华麋鹿园景区	5A
景点8	连云港	连云港市花果山风景区	5A

利用百度地图查找这8个景区所在位置,并利用地图中的测量工具,按照高速道路优先原则,获得这8个5A级景区任意两两间的距离,见表2.

表2 8个5A景区任意两两间的距离 单位:km

编号	景点1	景点2	景点3	景点4	景点5	景点6	景点7	景点8
景点1	0	179	343.3	167.5	79.4	191.9	173.6	279.7
景点2	179	0	169.3	343.2	255.1	146.3	315.3	238.4
景点3	343.3	169.3	0	493.6	392.8	229.9	398.9	222.5
景点4	167.5	343.2	493.6	0	127.1	287.2	127.9	367.5
景点5	79.4	255.1	392.8	127.1	0	181.9	99.4	290.4
景点6	191.9	146.3	229.9	287.2	181.9	0	187.9	140.2
景点7	173.6	315.3	398.9	127.9	99.4	187.9	0	268.1
景点8	279.7	238.4	222.5	367.5	290.4	140.2	268.1	0

根据表2,以各5A景区为顶点,景区间的道路作为边,高速优先的交通距离作为边权,绘制出抽象加权图如图1所示.

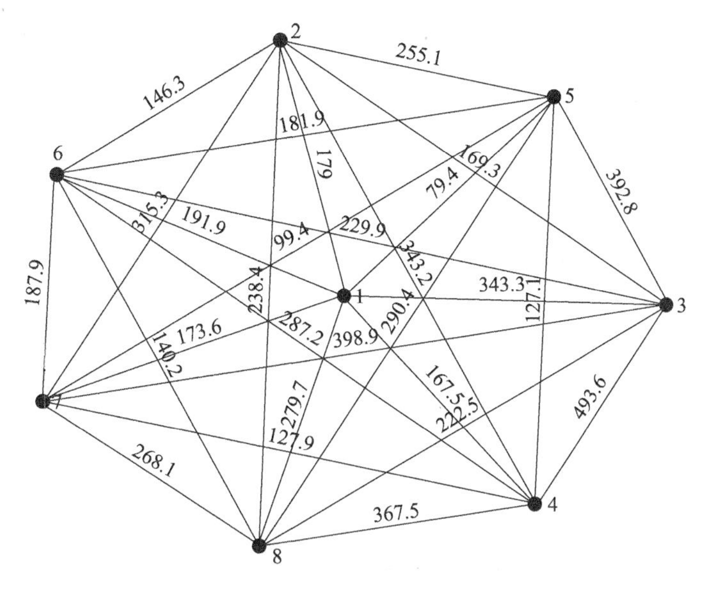

图 1　8 个景区加权图

求解最佳旅行路线就是要在图 1 中找一条经过所有顶点,并且每个顶点只经过一次的回路,使得该回路的边权之和最短,其数学描述如下:

$$\min \sum_{i \neq j} d_{ij} x_{ij}$$

$$\text{s.t.}\quad \sum_{j=1}^{n} x_{ij} = 1, i = 1,2,\cdots,n\text{(每个点只有一条边出去)}$$

$$\sum_{i=1}^{n} x_{ij} = 1, j = 1,2,\cdots n,\text{(每个点只有一条边进去)}$$

$$\sum_{i,j \in s}^{n} x_{ij} = |s| - 1, 2 < |s| < n - 1, s \subset \{1,2,\cdots,n\}\text{(除了起点和终点外,各边不构成圈)}$$

2.2.2　基于蚁群算法的模型求解

群蚁算法由意大利学者 Dorigo、Maniezzo 等人受到对蚂蚁群觅食行为研究的启发而提出. 生物学家研究发现,蚂蚁在行走的过程中,释放一定量的信息素与其他蚂蚁进行交互,随着时间的推进,较短的路径上累积的信息素浓度逐渐增高,选择该路径的蚂蚁也愈来愈多,最终,整个蚂蚁群会在正反馈的作用下集中到最佳路径上,此时对应的便是待优化问题的最优解. 蚁群算法中包含两个核心步骤:路径选择和信息素更新.

(1) 路径选择

每只蚂蚁都随机选择一个城市作为其出发城市,并维护一个路径记忆向量,用来存放该蚂蚁依次经过的城市. 蚂蚁在构建路径的每一步中,按照一个随机概率规则选择下一个要到达的城市,该随机概率表达式为

$$P_{ij}^{k}(t) = \begin{cases} \dfrac{[\tau_{ij}(t)]^{\alpha} \cdot \eta_{ij}^{\beta}}{\sum\limits_{s \in \text{allowed}} [\tau_{is}(t)]^{\alpha} \cdot \eta_{is}^{\beta}}, & j \in \text{allowed} \\ 0, & \text{else} \end{cases}$$

式中：α 为信息素重要度因子；β 为启发函数重要度因子；$\tau_{ij}(t)$ 为 t 时刻边(i,j)上面的信息素浓度；$\eta_{ij}=1/d_{ij}$ 表示边(i,j)权值的倒数；allowed $=V/\{\text{tabu}\}$ 为蚂蚁 s 下一步允许访问的节点集合；tabu 为蚂蚁 s 访问过的节点集合，即路径禁忌表.

（2）信息素更新

当所有蚂蚁完成一次周游后，各路径上的信息素将进行更新，公式为

$$\tau_{ij}(t+n)=(1-\rho)\,\tau_{ij}(t)+\sum_{k=1}^{m}\Delta\tau_{ij}{}^{k}(t)$$

$$\Delta\tau_{ij}^{k}(t)=\begin{cases}\dfrac{Q}{L_k}, & \text{蚂蚁 } k \text{ 在本次周游经过边}(i,j)\\ 0, & \text{else}\end{cases}$$

式中：$\rho(0<\rho<1)$ 表示路径上信息素的蒸发系数；Q 为信息因子常数；L_k 表示第 k 只蚂蚁在本次周游中所走过回路的长度.

综上，蚁群算法求解 TSP 问题流程如图 2 所示.

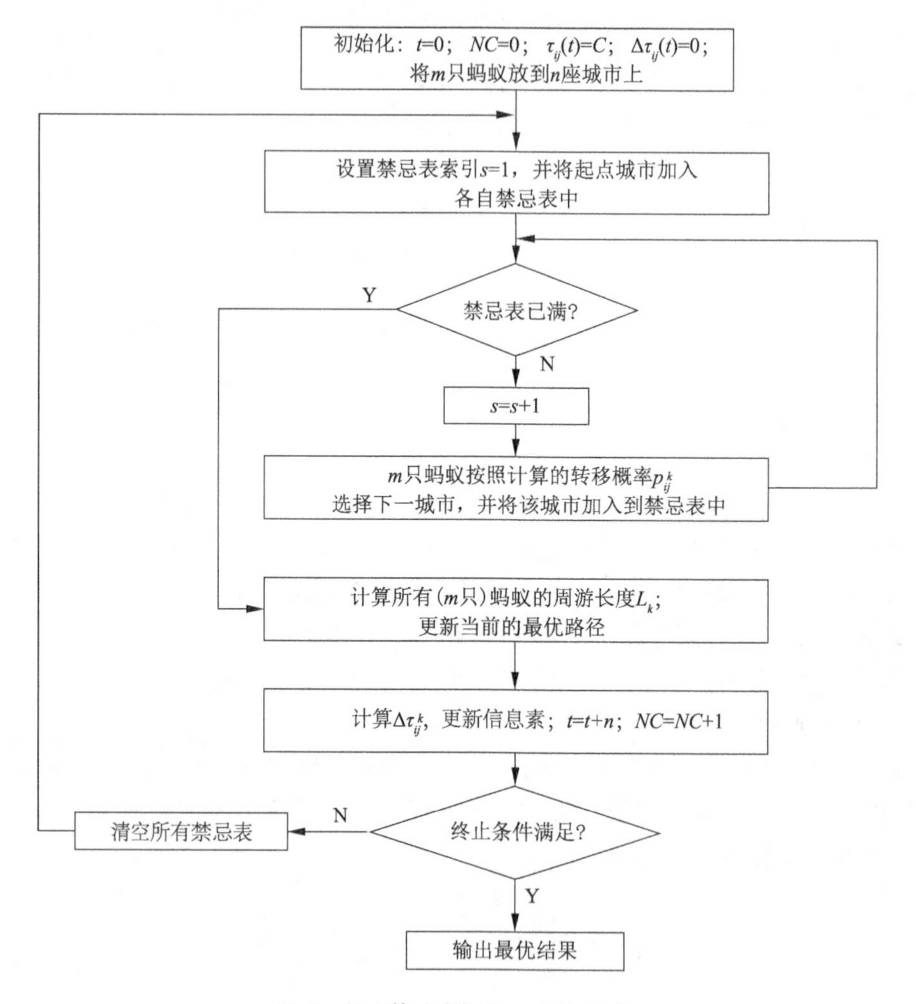

图 2　蚁群算法求解 TSP 问题流程

2.2.3 求解结果与分析

在蚁群算法中,若设蚂蚁数量为 $m=10$,信息素重要度因子 $\alpha=1$,启发函数重要度因子 $\beta=5$,信息素蒸发系数 $\rho=0.1$,信息因子常数 $Q=1$. 最终求得最短距离为 1233.3 km,游览苏北所有 5A 级景区的最佳线路如下:扬州瘦西湖风景区—泰州姜堰溱湖旅游景区—南通市濠河景区—盐城市大丰中华麋鹿园景区—淮安市周恩来故里旅游景区—连云港市花果山风景区—徐州市云龙湖景区—宿迁泗洪县洪泽湖湿地公园,最后回到扬州. 迭代收敛过程如图 3 所示.

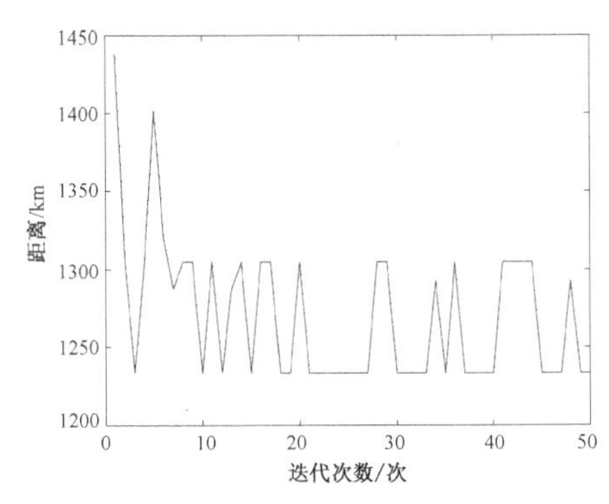

图 3 迭代收敛过程

2.2.4 案例的推广

本案例可推广到全国所有的 5A 级景区游览,但是受限于旅游时间,一次性游览全国所有的 5A 级景区是不现实的. 假设旅游爱好者每年有不超过 60 天的外出旅游时间,每年外出旅游的次数不超过 4 次,每次旅游的时间不超过 15 天. 试确定游遍 318 个 5A 级景区至少需要几年? 给出每一次旅游的具体行程(每一次的出发地、行车时间、行车里程、游览景区).

正文案例分析显示,可以利用蚁群算法求解出一个省的局部最优路线规划,推广的案例研究目标是得到全局最优路线. 该问题可以进一步抽象为一个多旅行商问题,如旅行爱好者多次从常住地省会城市出发,前往各省市地区旅游,最后回到常住地省会城市.

3 结语

本文以基于蚁群算法的旅游线路设计为例,通过对案例的描述与分析,以及数据准备和模型构建、算法实现和结果分析、案例的推广等内容,阐明了蚁群算法在实际应用中的方法与思路,能够有效引导学生理解蚁群算法并学会应用. 对于智能优化算法课程,课程团队将会在未来的实际教学中针对不同专业方向和应用需求,设计不同的教学案例,促进课程教学质量的提升.

参考文献

[1] 邢文训，谢金星. 现代优化计算方法[M]. 2 版. 北京:清华大学出版社,2005.

[2] 包子阳,余继周,杨彬. 智能优化算法及其 MATLAB 实例[M]. 3 版. 北京:电子工业出版社,2021.

[3] 杨斌鑫,王希云. 数据计算及应用专业的建设与实践:信息与计算科学专业在大数据时代下的内涵式发展[J]. 教育教学论坛,2020(53): 382-384.

[4] 高超,廉小亲,吴静珠. 机器学习课程实践教学案例设计与分析:以 PM2.5 预测为例[J]. 电脑与信息技术,2022,10(5):39-42,63.

[5] 李汝佳. 基于蚁群算法的旅游路线规划问题研究[J]. 电脑知识与技术,2019,5(8):137-140.

基于《教师数字素养》教育行业标准的数学师范生教育数字化转型研究

代国兴[1] 戴辉俊[2]

（1. 江苏大学数学科学学院；2. 江苏省丹阳市第三中学）

摘 要 数字素养是现代人应该具备的重要素养. 在教育信息化背景下，师范生应具备相应的数字素养，这既是信息技术发展的必然要求，也是我国高等教育培养高素质人才的重要目标. 本文以“培养师范生数字素养”为切入点，探讨师范生数字化意识、数字技术知识与技能、数字化应用、数字社会责任、专业发展形成过程中可能出现的问题，并从理论和实践两个方面提出了师范院校、中学教育教学实践基地协同合作下师范生数字素养培养体系搭建与优化路径.

关键词 师范生 数字素养 培养策略 元技术教学

1 引言

随着数字经济飞速发展，数字教育也迎来了快速发展的机遇. 传统的大学教学模式受到了巨大的冲击，因此，高等教育必须根据社会发展的新现实做出相应的调整. 为适应社会发展，教育部于 2018 年 4 月印发了《教育信息化 2.0 行动计划》（以下简称《行动计划》），明确指出要加强人才数字素养教育和培养，促进教师数字化教学能力提升，加快构建适应数字化学习环境的新型人才队伍. 2022 年 11 月 30 日，《教育部关于发布〈教师数字素养〉教育行业标准的通知》明确“教师数字素养”是指教师适当利用数字技术获取、加工、使用、管理和评价数字信息和资源，发现、分析和解决教育教学问题，优化、创新和变革教育教学活动而具有的意识、能力和责任. 互联网、大数据、人工智能等现代信息技术的高速发展及其与教育教学的深度融合，加速促进了教师角色的转变.

据调查，目前与江苏大学签订的实习基地合作学校（2020—2022 年度）已经较充分地将信息技术与中学教育教学进行整合，成为推行数字化教学的前沿阵地，这些学校与政府部门合作投入相当的人力和物力进行课程基地建设. 例如，“初中数学云学习”课程基地建设项目提出：注重结合数学学科特色开发具有“主题”与“融合”特点的数学课程资源，依据学生个性特点挖掘和开发多层次、多功能、交互式的云下环境和云上环境，从而建构大数据驱动下的数学“体验”与“探索”学习空间.

利用信息技术推进数学师范专业特色课程、实习教学、教育教学研究一体化发展，即基于EDF（图1）着力打造“基于在线课程资源数字化开发的教学教研模式”，通过在线课程平台的建设与应用，打造校本课程体系，整合共享学校现有教学资源，积淀校本教学资源，再通过主题式教研空间和移动听评课工具的应用，促进师范专业常态化教研工作的高效开展及教与学模式的创新，实现数字化学习环境下课程、教学、教研一体化发展. 通过项目建设，打造一支信息观念新、教学业务精、创新能力强的优秀教师团队. 聘请具备一定的数字化教育教学意识、数字技术知识与技能，善于发现、分析和解决教育教学问题，优化、创新和变革教育教学活动能力强的一线中小学教师参与教育教学实习基地的指导工作. 从教师发展角度来看，培养师范生的数字素养是一项十分重要的工作，而如何培养师范生数字素养成为当前急需解决的问题之一.

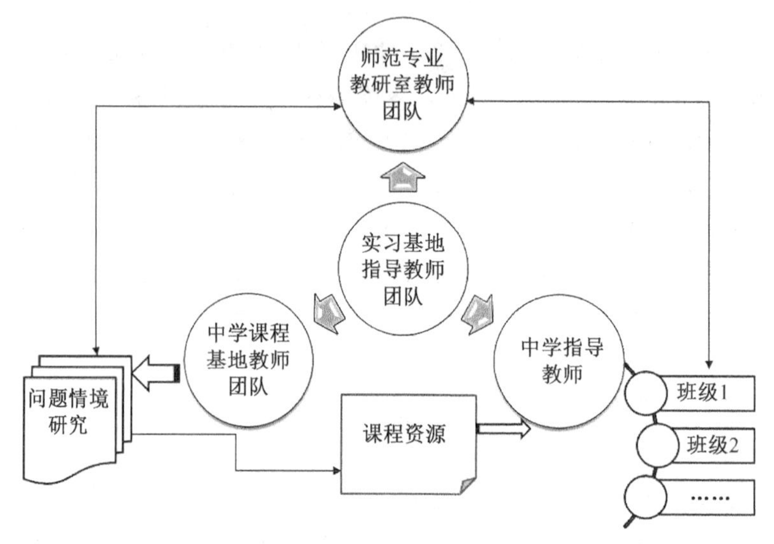

图1　师范院校教研室教师团队、实习基地指导教师团队和中学课程基地研究团队之间的工作组织(EDF)

2　数学师范生数字素养的内涵与特征及数字化转型途径

教育信息化建设离不开数字教育资源的支撑，数字素养作为一种认知能力、实践能力，其内涵也随着社会发展而不断丰富. 数字化素养就是人们在信息化时代所具备的综合素养，主要体现在自主学习、合作学习和创新学习三个方面. 其中：自主学习包含数字化教育教学手段、数字化教师等方面；合作学习包含学习者之间建立起友好关系，学会合作和分享，并通过合作与分享提高创新能力等各个方面；创新学习是指具备数字化素养的人才能够通过数字化工具和平台，创造性地解决问题，获得创造性成果. 目前，部分教师在利用互联网进行教学活动时，存在以下一些问题：对教学资源的获取、加工、使用和管理不够重视；对开展的各种教学活动的设计不够细致，没有充分发挥学生的主体作用；教学内容以及方法缺乏创新；不能很好地处理数字信息与教育教学活动之间的关系. 因此,国家适时发布教师数字素养行业标准,这为数学师范生教育数字化转型培训与评价指明了方向、确定了路径.

首先,师范生数字素养具体指的是一种“信息技术知识、技能和意识”,它们是在社会发展的大背景下形成的.例如,数字素养出现在信息学科的课程标准中,强调落实立德树人根本任务,发展学生的数字素养,其核心在于让学生了解数字技术以及如何利用这些技术促进教育发展.教育现代化是中国现代化的重要组成部分,而教育数字化战略关乎“两个大局”.

数字化素养培养是指培养学生具备一定的数字知识与技能,提升数字道德与价值观等综合素养.目前许多教师在培养数字化素养时存在诸多误区.例如,一部分教师认为数字化素养就是掌握一种技能,不需要对其进行深入的探究、挖掘.又如,一部分教师认为数字化素养是由计算机技能、算法程序分析、网络应用等构成的.其实,这些仅仅属于数字技能,而且是一些比较简单的操作技能.素养不是技能,而是能力,师范生教学技能训练是使其具备数字化教育教学意识的基础性工作,培训中应加强专业领域理论学习与案例分析,逐步形成数字化教学资源建设的意识和方法,有序适时参与中学数学课程基地的课程资源建设,如可参与开发具有“主题”与“融合”特点的数学课程资源,利用数字技术资源学习所得经验解决中学数学课程项目(图2)面临的问题:① 数学学习资源较为局限和零碎;② 数学学习方式较为单一和被动;③ 数学学习负担超重和超负;④ 数学学习能力缺乏和不足.

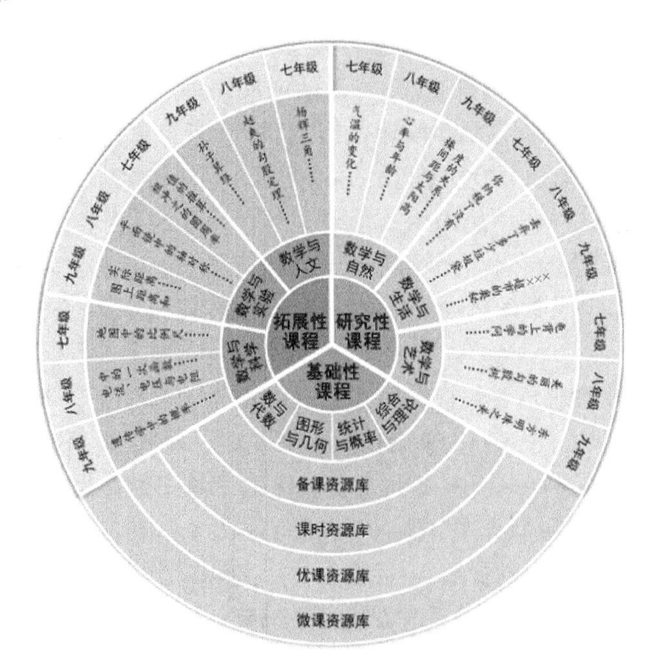

图2　初中数学云学习课程基地建设项目

为适应数学师范生教育数字化转型而创设的教学训练工程(EDF),将研究和教学联系起来,以开发数学教学资源为任务,以数学教师的培训与评价为工作目标(图3).

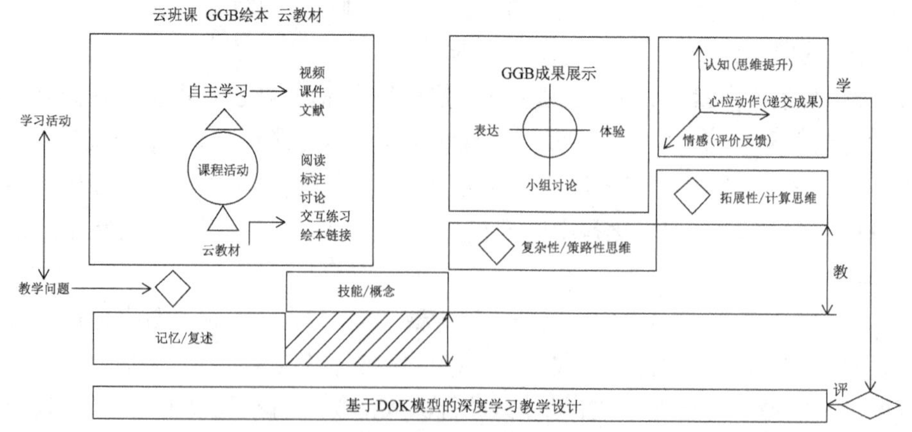

图3　EDF为数学师范生设计教学资源和教师技能训练的方法

建构性学习是EDF研究采用的教学方法. 学习过程从一个触发问题开始,然后配合脚手架任务,协助学习者完成行动、表达、验证和归纳过程,使他们能够发展自己的知识.

其次,“应用能力”具体包括数字资源收集与处理能力、移动学习能力等. 在师范生教学训练项目中,有目的地设计教学资源,用于如“直圆柱体体积”“指数函数可加性”等概念或原理的探究性教学. 作为数字化教学训练工程(EDF)的重要组成部分,GeoGebra软件及其构建的课程平台(绘本、课程、活动)为所有在线的学习社区提供免费的数字工具等,其资源组织方式为教师提供了一种鼓励学生参与的方法. 例如,运用GeoGebra开放资源平台进行基于DOK模型的课堂深度学习教学设计,利用数字化的绘本资源构建思维层级不同的系列学习情境、学习任务、学习活动来推动学习过程,实现深度学习. 动态数学软件相比于其他课堂工具对学生学习的影响更大,因为它允许学生可视化(2D/3D)点、线、多边形、圆和其他几何概念之间的几何关系,具备可观察、可操作、可评价的数字化教学工具,有利于促进概念的结构化和数学思维的发展. 在使用GeoGebra软件进行教学时,教师可以通过创设与教学内容相匹配的问题情境来引导学生理解、思考、探究相关知识,掌握相关技能. 动态数学软件制作的数字化教学资源动静结合,能起到激趣启思的作用.

EDF设计认为抽象的学习目标需要通过具体的学习活动来体现,教师识别核心概念,并使这些概念在课堂上可视化,能帮助学生深度理解知识. 绘本资源内容可保证学生学习活动顺利进行,同时GeoGebra软件提供关键的学习问题作为学习探究、理解的“脚手架”,清晰明了地展示课前、课中、课后不同教学环节的学习任务与学习活动. 动态数学软件不仅能为学生提供学习的资源,还可以为教师提供开展教学活动所需的工具. 此外,EDF还表现为一种教学方法,这种教学方法可用于教育资源设计,以及学生学习、师范生或新教师培训.

再次,“实践能力”具体包括使用数字化工具及平台进行交流、协作和沟通等.

数字化素养培养的关键在于运用动态数学软件工具,帮助学生更好地掌握数学知识,加深其对数学概念的理解. 综合而言,数字素养包含多个维度的内容,具体包括学习者对数字技术和数字社会的认知、对他人和社会发展的关注、参与协作与沟通的意愿以及信息安全意识等方面.

3 EDF 培训案例设计示例——指数函数可加性

动态数学软件可以分为三种类型:图形化动态数学软件、可视化动态数学软件和可视化模拟动态数学工具(几何画板、GeoGebra、Maple 等). 教学训练工程将动态数学软件应用于数学课程与教学之中. 师范课程中“教学环节”被修订整合到教学训练工程中,开发出中学数学教学和数学师资培训的教学资源. 使用几何画板、GeoGebra 进行问题的教学转换,不仅有利于学生克服几何概念理解和使用中固有的困难,还有利于其进行在线的学习、测试和研究. 学生的知识原本是由单独的问题构成的. 将问题转换为用动态数学软件设计的深度教与学的课程活动资源后,可促进学生在解决问题时所需要的数字化能力的提升.

在深度学习导向的协同知识建构模式中,可能会出现一些变量,这些变量主要表现为两种情况:

第一种情况是师生在游戏情境下的互动,只要教师有发展学生学习的意图,这种互动就会发生,可通过动态数学软件中的图形来演示. 这种互动可以帮助学生们更好地理解概念和理论.

例如,图 4 为细菌培养的一个简单的指数模型,使用按钮和滑块可探索问题.

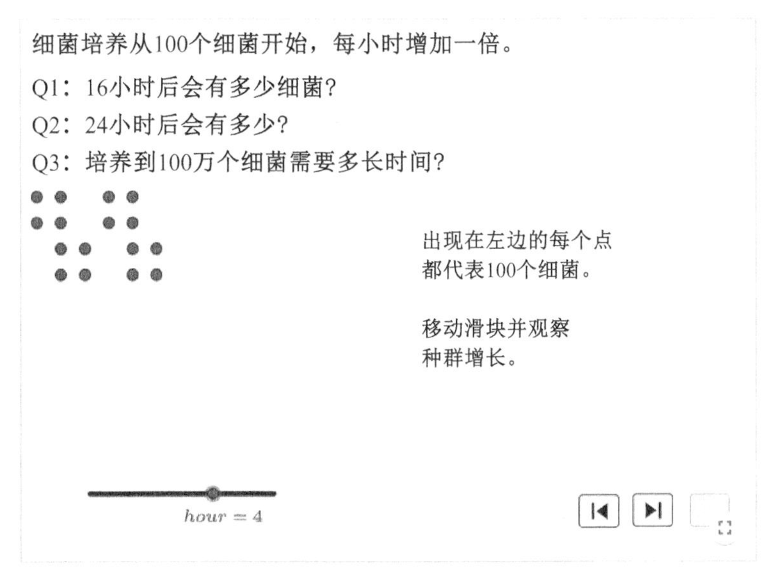

图 4 细菌培养的一个简单的指数模型

第二种情况是学生在尝试获取知识的过程中,遵循游戏规则,根据自己的优点发展,而教师必须制订方法,使学生能够以创造性的策略来解决问题. 在动态数学软件中,学生通过操作图形和表格的方式来探索,通过与其他人合作解决问题,因此这是一个有效的学习过程. 例如,教师提供一组练习,这些练习通常涉及一些图形或符号的解释,这些符号有助于学生理解几何图形，以及掌握如何在几何证明中使用抽象的符号. 在分析数学知识的教与学活动之间的关系时，EDF 将教学情境分为 4 个阶段，即行动阶段、表达阶段、验证阶段和归纳阶段，见表 1.

表 1　EDF 中教学情境 4 个阶段的设计

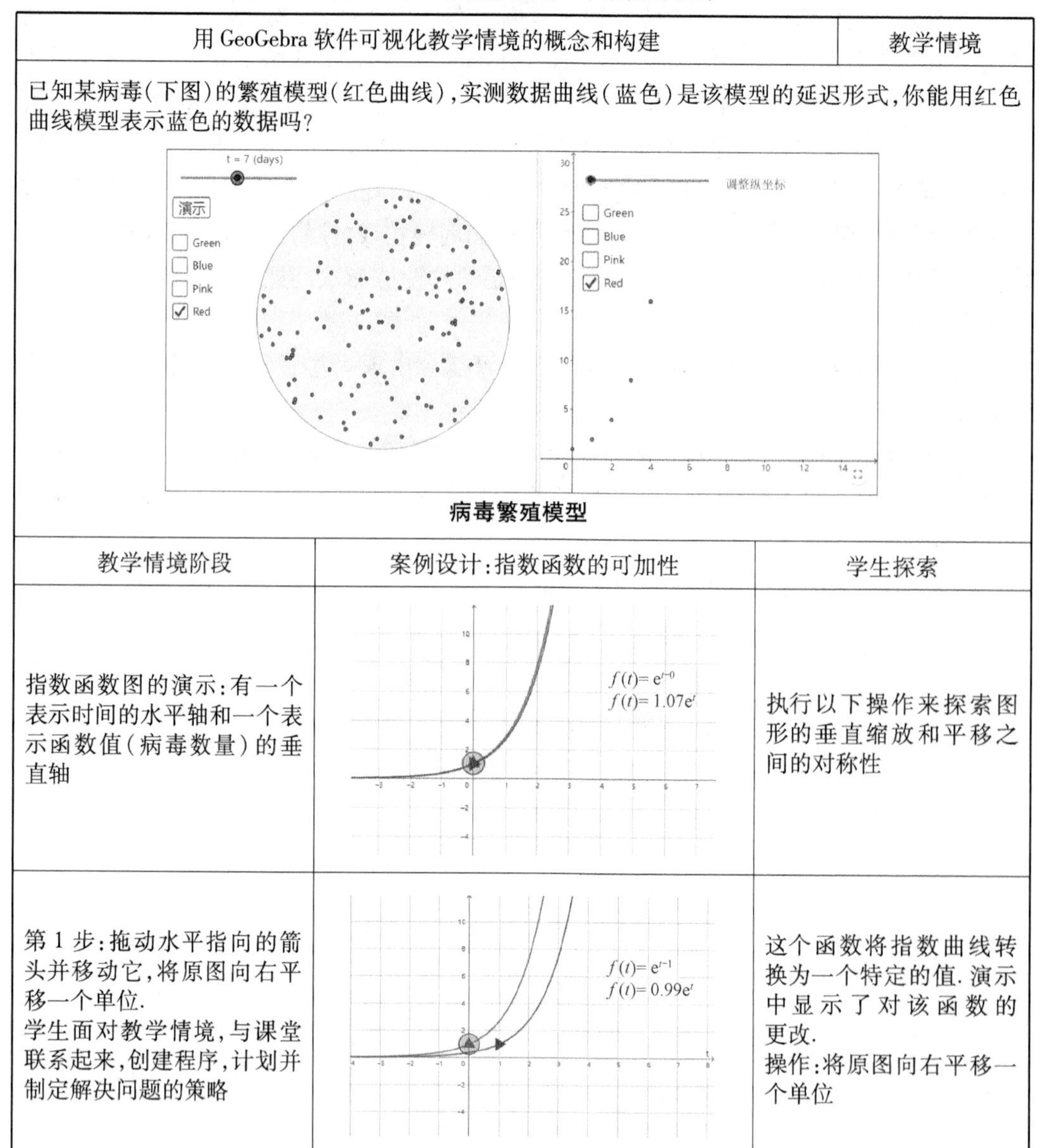

用 GeoGebra 软件可视化教学情境的概念和构建		教学情境
已知某病毒（下图）的繁殖模型（红色曲线），实测数据曲线（蓝色）是该模型的延迟形式，你能用红色曲线模型表示蓝色的数据吗？ 病毒繁殖模型		
教学情境阶段	案例设计：指数函数的可加性	学生探索
指数函数图的演示：有一个表示时间的水平轴和一个表示函数值（病毒数量）的垂直轴	$f(t)=\mathrm{e}^{t-0}$ $f(t)=1.07\mathrm{e}^{t}$	执行以下操作来探索图形的垂直缩放和平移之间的对称性
第 1 步：拖动水平指向的箭头并移动它，将原图向右平移一个单位. 学生面对教学情境，与课堂联系起来，创建程序，计划并制定解决问题的策略	$f(t)=\mathrm{e}^{t-1}$ $f(t)=0.99\mathrm{e}^{t}$	这个函数将指数曲线转换为一个特定的值. 演示中显示了对该函数的更改. 操作：将原图向右平移一个单位

续表

教学情境阶段	案例设计:指数函数的可加性	学生探索
第 2 步:拖动垂直指向的箭头并移动它,使图形垂直拉伸一个正因子. 演示中显示了对该函数的更改. 在这一阶段,学生之间有知识交流,他们试图修改数学语言,将其背景化,以实现之前计划的目标	$f(t)=e^{t-1}$ $f(t)=4e^{t}$	表达:你能估计出使垂直拉伸图和移位图相同的比例因子吗? 学生:我认为水平平移可以获得纵向伸缩因子,因为……
第 3 步:指数函数满足:$e^{t-t_B}=e^{-t_D}e^{t}$,构建新知识		验证:方程的左边是函数 e^{t} 经过水平平移 t_0 单位的函数.
第 4 步:如果将图形水平平移一个单位,我们可以将原始图形垂直压缩,通过将其缩放一个因子来生成相同的图形. $e^{-t_0}=e^{-1}\approx 0.37$,教师在创设教学情境时揭示了他的意图	$f(t)=e^{t-1}$ $f(t)=0.38e^{t}$	归纳:这与你在第 2 步中发现的结果一致吗?

4 师范生数字素养的培养策略

首先,师范院校应积极推进相关课程改革,使其符合当前教育发展的需求.

其次,师范院校和实习基地学校应积极鼓励师范生走出传统课堂进行校园社会实践. 通过参与各类数字化活动以及相关培训或讲座等,掌握各种实用技能和方法.

在教育数字化背景下,以师范院校为基础,以实习课程基地与政府为支撑,以师范生为主体的培养模式已经成为必然趋势. 这既是时代发展与教育发展的需要,也是我国高等师范教育发展的方向,可为师范院校数字素养建设提供有力的支持.

5 结语

在我国基础教育信息化快速发展的背景下,师范院校应主动适应教育数字化转型发展新形势. 为培养具有数字素养的高素质人才,师范院校应注重师范生数字素养培养目标的提出与定位、内容选择与构建、方法体系与路径搭建.

此外,师范院校应通过开展教师教育课程改革和教师数字化教学技能培训,增强学生的数字意识和能力;通过建设专业课程和开发高质量教材或进行 EDF 训练,帮助学生建立起相应的数字能力;通过搭建专业的师范生数字化学习平台、提供更多资源支持师范生开展学习.

社会与政府则需要在教育数字化转型发展中提供政策支持,鼓励社会各界共同参与到师范生数字素养培养中来.

线上作业系统 WeBWorK 在高校数学教学中的应用[①]

谭易兰　蔡彦豪　李嘉淳　徐　熠
（江苏大学数学科学学院）

摘　要　作业练习是高校教学过程的一个重要组成部分，是学生学会应用知识的重要环节. 如何有效地激励大学生按时完成作业和如何对错题进行及时反馈是高等数学教学的两个难点. 本文通过介绍线上作业系统 WeBWorK，探讨大学生数学作业练习的新模式，说明使用该系统可提高学生的学习成绩.

关键词　线上作业　高等数学　混合式教学

1　引言

新冠疫情期间，高校各科目网上教学成为教育教学主阵地. 如何保证线上教学的高质量和高水平，成为社会广泛讨论的话题. 教师充分调动学生的积极情绪，学生在课外保质保量地完成作业练习是保证教学高质量的途径之一.

在作业练习中，完成纸质作业是学生知识完备化和系统化的重要途径之一. 然而，纸质作业存在布置频率低与反馈差两大问题. 学生完成一两次作业后上交，教师批改这些作业需要一周左右的时间. 当学生收到教师批改后的作业时，可能已经忘记了所做的题目. 在高等数学教学快节奏的情况下，学生忙于完成新的作业，往往会忽视订正作业，从而将“完成作业”变成了“应付作业”. 从教师的角度来看，即使他们知道批改作业和及时反馈有利于学生学好数学，但批改数量众多的作业需要耗费他们大量的时间，他们很难完成这项工作.

随着互联网技术的不断发展，为本科教学开发的网上作业系统逐渐成熟，比如 WebAssign、WileyPLUS、MyLab 等平台都提供了优秀的线上作业服务. 本文第一作者在美国和加拿大有过教学经历，据她了解，这些平台在北美都有专门的销售人员为教师提供技术服务. 具体服务包括创建课程、设置作业、添加学生等. 学生可通过支付一定的费用获取使用该平台的权利.

---

① 本文作者感谢江苏大学科研启动基金的支持，基金号码：5501190011.

我国高校要引入和使用这些收费系统存在很大的困难.作为技术爱好者和教育工作者,我们在数学国际班高等代数的教学中,引入了一个开源的线上作业系统——WeBWorK.经过一年多的使用,发现该系统可以很好地帮助我们解决数学作业练习中存在的诸多问题.

2 线上作业系统 WeBWorK

WeBWorK 是一款基于计算机 Perl 语言,在 1995 年由罗切斯特大学数学系 Pizer 和 Gage 教授共同研发,通过互联网交付个性化作业的在线作业系统,现在有 1000 多所高校使用该系统.值得一提的是,其最新版本加入了中文语言.

WeBWorK 在线作业平台可有效利用学生学习数学课程的时间,进而提高学生学习数学课程的效率.

该系统具有以下优势:

(1) 系统无授权费,可免费使用.系统可方便地加入学生、创建作业、设置作业开始和结束时间、确定公布答案时间.

(2) 自带题库.题库中有 37 000 多道习题,以填空或选择题为主,覆盖 40 余门大学数学课程.

(3) 题目个性化.不同学生获得相似但不相同的题目,有效防止抄袭作业的情况发生.

(4) 实时反馈.学生答题情况可实时反馈,鼓励学生多次回答同一问题直到做出正确解答.

(5) 数据反馈功能强.教师可依据全体学生答题情况的大数据更有效地安排教学和指导.

(6) 自带激励系统.教师可开启激励系统,学生回答问题即可获得各类徽章,提高学生的积极情绪.

当然,在使用 WeBWorK 的过程中,我们也遇到了一些困难:

(1) 需自建服务器,并在服务器上安装 WeBWorK.虽然该系统可提供一年免费有条件试用,但考虑到连接国外网站的网络连接速度不理想,所以架设自己的服务器才是最优的方式.在服务器上安装 WeBWorK 成为困扰普通数学教师的一大难题.经过大量实践,本文的第一作者在阿里云服务器成功安装了该系统.想要尝试使用该系统的教师查找我们的系统镜像后简单安装即可使用,这极大地降低了使用本系统的难度.

(2) 服务器的配置要求高.最初我们购买了阿里云 2 核 4G 共享性(最高 20%CPU 性能)5M 带宽的轻量应用服务器,为 27 位同学提供线上作业服务.系统卡顿和假死的情况常常发生,服务器每周至少需要重启一次.在 2020 年初,我们升级服务器配置至 2 核 8G(100%CPU 性能)的阿里云服务器 ECS(Elastic Compute Service),27 位同学在使用 WeBWorK 进行日常练习的过程中,没有出现系统卡顿或假死的情况.必须指出的一点是,在使用 WeBWorK 的单元测试功能时,27 位同学并发访问,导致系统假死.总体来说,服务器配置越高,系统运行就越稳定.

(3) 中文习题库. WeBWorK 提供了海量的题目供教师选择,但题目均为英文. 虽然在最新的系统中加入了对中文语言的支持,但如何创建中文习题并形成一定的数量规模是一个很棘手的问题.

3 建议

由于服务器配置与系统运行的稳定性成正比,在使用的过程中,应当尽可能地提高服务器的硬件设施配置.

笔者根据经验,对个人使用和集体使用该系统分别提出以下建议:

(1) 假设一位教师负责一至两门英文授课课程的教学,想使用 WeBWorK 系统进行作业练习,我们建议购买一台云服务器,内存设置为 8G,尽可能地选择高带宽. 考虑到目前 WeBWorK 系统安装的复杂性, 我们推荐购买更容易上手的阿里云服务器.

(2) 假设学院范围内使用该系统,为全校学生提供线上作业服务,我们建议使用学校服务器来满足高并发、高运算、高带宽的需求. 学院可组织编写配套课程练习供学生使用,这样不必受系统自带题目和题目语言的限制.

4 结语

使用线上作业系统可激发部分学生的积极性、提高部分学生学习的自信心. 实时反馈和允许多次尝试是在线作业系统最受欢迎的功能. 如果答错了一个题目,学生会倾向于通过检查解题过程或查阅资料来解决该问题,从而激发积极情绪. 这是传统纸笔作业无法实现的. 学生可以方便地在系统中查到该次作业的整体答对率,获得该章节的学习情况的反馈,帮助学生建立自信心.

参考文献

[1] HALCROW C, DUNNIGAN G. Online homework in calculus I: Friend or foe? [J]. PRIMUS, 2012,22(8): 664-682.

[2] KUMAR A, KUMARESAN S. Use of mathematical software for teaching and learning mathematics[C]. ICME 11 Proceedings,2008: 373-388

[3] SANGWIN C C. Computer aided assessment of mathematics[M]. New York: Oxford University Press, 2013.

[4] 乔·博勒. 这才是数学[M]. 陈晨,译. 北京:北京时代华文书局, 2017.

国际化课程改革与实践

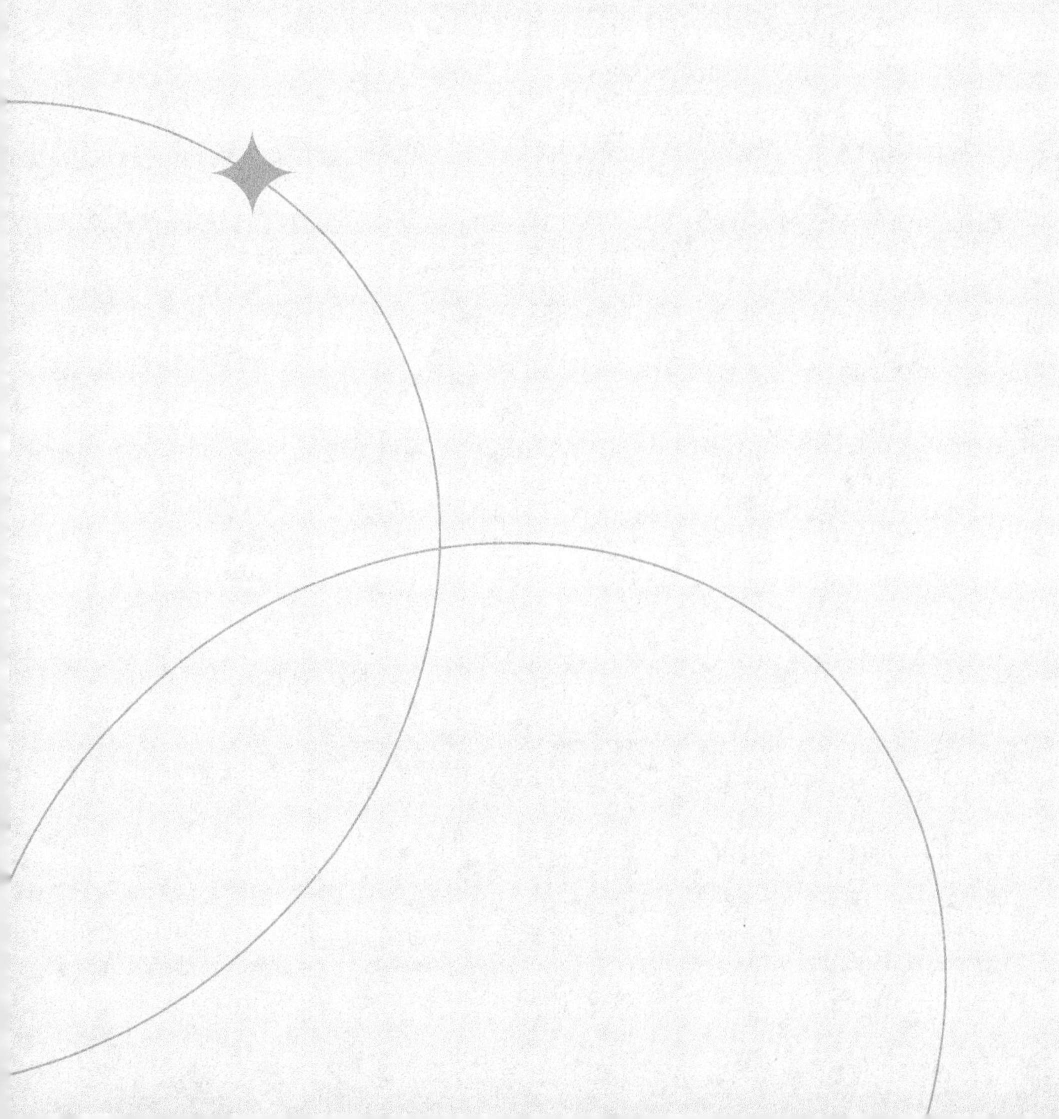

新时代数学与应用数学专业中外合作办学培养路径的优化[①]

房厚庆　王　俊　陈文霞

（江苏大学数学科学学院）

摘　要　中外合作办学是我国高等教育的重要组成部分.本文以数学与应用数学专业中外合作办学为对象,从办学层次、办学模式、合作的国家或地区、合作的院校等方面梳理了中外合作办学的现状,分析了当前存在的问题,如外方优质教育资源没有被有效利用、教学评估监管不力等,并从学生管理、师资队伍建设、教学评估监管等角度提出数学与应用数学专业中外合作办学的人才培养优化路径.

关键词　数学与应用数学　人才培养　路径优化　中外合作办学

为贯彻落实《加快推进教育现代化实施方案(2018—2022年)》文件精神,教育部于2019年启动一流本科专业建设“双万计划”.根据任务安排,2019—2021年,拟建设一万个左右国家级一流本科专业点和一万个左右省级一流本科专业点.2020年6月,《教育部等八部门关于加快和扩大新时代教育对外开放的意见》印发.教育部国际司负责人说:“教育对外开放是教育现代化的鲜明特征和重要推动力.要以习近平新时代中国特色社会主义思想为指导,坚持教育对外开放不动摇,主动加强同世界各国的互鉴、互容、互通,形成更全方位、更宽领域、更多层次、更加主动的教育对外开放局面.”这对我国中外合作办学的发展提出了新的要求,中外合作办学不仅承载着教书育人的教育使命,也承载着我国新时代教育对外开放的时代使命.随着经济全球化的深入发展,世界各国之间的交流越来越密切,我国作为世界第二大经济体,国际影响力越来越大,特别是在“一带一路”倡议的推动下,我国开展对外合作交流的范围更广、层次更深,因此,具备国际视野、熟悉国际规则的国际化复合型人才备受青睐.在此背景下,通过中外合作,整合国外优质教育资源、加强国内外交流,对于培养复合型国际化人才、推动数学与应用数学专业乃至我国中外合作办学高质量发展具有重要的意义.

---

①　本文得以江苏大学教改研究重点项目“国际化人才培养模式研究与实践——以江苏大学数学中外合作办学为例”[2015JGZD016]基金项目支持.

1 数学与应用数学专业中外合作办学现状

中外合作办学监管工作信息平台显示，截至2023年1月17日，数学与应用数学专业中外合作办学共有25个机构和项目（参照中华人民共和国教育部中外合作办学监管工作信息平台，本文所述中外合作办学含内地与港澳台地区合作办学机构与项目），其中，合作办学机构19个，合作办学项目6个，涉及上海、江苏、浙江和重庆等11个省和直辖市，主要分布在经济发达省份或直辖市.

1.1 办学层次

中外合作办学涵盖了本科、硕士和博士三个层次，以本科层次居多，硕士和博士层次的培养单位全部集中在合作办学机构.

其中，数学与应用数学硕士学位合作办学机构有宁波诺丁汉大学、杭州师范大学哈尔科夫学院、北京师范大学-香港浸会大学联合国际学院、香港中文大学（深圳）、深圳北理莫斯科大学、广东以色列理工学院等6所；数学与应用数学博士学位合作办学机构有上海纽约大学、西交利物浦大学、宁波诺丁汉大学、北京师范大学-香港浸会大学联合国际学院、香港中文大学（深圳）、深圳北理莫斯科大学、广东以色列理工学院、大连理工大学白俄罗斯国立大学联合学院等8所.

1.2 办学模式

本科层次有“4+0”、“3+1”、“2+2”3种模式，其中“3+1”是主流模式. 学生毕业颁发的证书类型分为如下几种：只有中方毕业证和学位证（如北京航空航天大学中法工程师学院）；中方毕业证和学位证+外方学位证（如江苏大学与美国阿卡迪亚大学合作的项目）；只有外方学位证（如上海纽约大学）. 一般而言，要获得国外学位证，至少要赴国外学习一年.

硕士研究生学制有1~2年[如宁波诺丁汉大学、香港中文大学（深圳）]、2年（如广东以色列理工学院、北京师范大学-香港浸会大学联合国际学院）和3年（如杭州师范大学与乌克兰哈尔科夫国立大学合作的项目）等三种情况，颁发的证书有外方学位证、中方+外方学位证两种模式. 博士学制一般为4年，只颁发外方学位证，如西交利物浦大学等.

1.3 合作的国家或地区、院校

目前，共有11个国家和地区与中国开展数学与应用数学专业合作办学. 其中，参与的美国院校有7所，英国有6所，法国、澳大利亚、俄罗斯和中国香港均为2所，白俄罗斯、以色列、新西兰和乌克兰均为1所. 从合作院校看，中方和外方资质均比较高. 中方院校大多数是“双一流”大学. 外方高校均可在教育部中外合作办学监管工作信息平台公布的“国外教育资源”中查到，其中不乏数学与应用数学专业排名靠前的世界名校.

2 数学与应用数学专业中外合作办学中存在的问题

2.1 充分发挥外方优质教育资源的优势的能力有待加强

中外合作办学的外方优质教育资源多指外方优质的教学思想、内容、方法、实施过程等教育资源.我们要在充分吸收外方优质教育资源的基础上有所创新.部分中方院校存在只是被动引进,没有很好地融合这些优质教育资源的现象,也没有充分发挥好示范、辐射其他专业的作用.

根据教育部对中外合作办学项目的监管要求,引进并由外方院校教师授课的专业必修课门数和教学时数应当占项目全部专业必修课门数和教学时数的三分之一以上.但在具体实施过程中,受师资力量、授课时段、生活习惯、生活条件等诸多因素限制,外方选派足够数量的外教来华授课存在困难.此外,外教通常是由外方院校直接选派的,中方往往是被动接收方,对外方教师的思想道德修养水平与教育教学能力缺乏足够的了解,会出现外方教师教育教学能力低于中方的预期水平的现象.

而出于办学经费和授课时段的考虑,有些学校外教授课安排过于密集,但学生的理解和消化能力毕竟有限,如果外方教师没有及时、有效处置课堂教学反馈,那么,教课效果会大大降低.一些外方教师对中国文化、行业发展了解不够,在教学设计中,采用的教学案例往往脱离我国具体国情,与学生在情感上不能共鸣,导致引进的优质师资与教材资源难以真正发挥其优势作用.

2.2 师资队伍国际化教育教学与管理水平有待提升

根据国家中外合作办学监管的刚性约束要求,三分之一以上的专业课教学任务由外方教师承担,中方也需要承担一些双语或全英文课程教学,这就要求中方教师团队必须具备较高的国际化教育教学水平.

但一些中方高校国际化师资队伍建设薄弱,没有结合新时代特色在教学方式上不断创新,具有国际化教育背景、英语表达能力强同时对国际化教育教学感兴趣的教师数量少,难以形成高水平的国际化师资团队,不利于国际化人才培养.

此外,项目或者机构的管理人员需要具备较高的外语水平,其语言能力不能停留在日常交流、文字翻译以及公文写作层面.在管理过程中,还涉及中外院校文件材料的管理、中外教师的管理等内容,这就要求中外合作办学的管理人员不仅要有丰富的管理经验、专业的业务知识、较强的国际交往能力,还要具有坚定的党性修养.然而,在实际管理工作中,一些管理人员所具备的管理技能、专业素养以及国际化教育程度无法满足实际需求.

2.3 学生全英文课程学习能力有待提高

数学与应用数学中外合作办学专业高考招生分数线一般比中方学校的数学与应用数学专业录取分数线低,有时候还会出现降档录取的情况,导致生源质量良莠不齐.在全英文课程学习中,教材或者课堂上会出现大量的英语专业术语,这对学生的课程学习形成了巨大的挑战,导致一些英语基础薄弱的学生难以理解、消化、吸收教师上课所教授的专业知识,学习进度缓慢,对全英文课程的学习有抵触情绪.

2.4 教学质量评估监管体系有待完善

由于存在教育理念、思想文化差异,外方教师在课堂教学组织、课程考核方法、评分方式等方面可能有自己的想法.比如,在考试中引入附加题制度,导致出现有的学生课程考试总评成绩高于100分的情况等.而中方学校的教学质量评估监督体系对于外教来说适用性不强,中方院校对外籍教师的教学质量缺乏有力的评估监管.

3 优化路径的探索

或多或少受到以上诸多问题的困扰,江苏大学数学与应用数学专业在中外合作办学的10年实践中认真探索,不仅委派了大量学生赴美方学习,而且双方的教师互动、互访也很频繁,这极大地促进了双方优质教育资源的融合.双方精诚合作,不断探索人才培养最优路径,该合作办学专业毕业生中涌现出一批优秀学子,有一半以上被美国加州大学伯克利分校、哥伦比亚大学、宾夕法尼亚大学,英国伦敦大学学院,瑞士联邦理工学院,国内的北京大学、香港大学等世界知名高校的研究生院录取,超过20位学生在国外高校继续攻读博士学位.

3.1 加强对学生的全方位管理,帮助学生做好学业规划

无论是选择"2+2"还是"3+1"双校园模式,总有部分学生要到外方院校学习.从学生入学的第一天起,就要将外方的教学管理规定、学习任务要求与国内的学习生活要求融合起来,为学生未来出国留学打好基础、创造条件.中方高校可以开设学业规划类课程,向新生介绍数学与应用数学中外合作办学专业的人才培养方案、出国留学基本要求、往届优秀学长的留学经验、未来继续深造方案、国内外求职前景等,让学生在入学之初便明确四年及更长时间内的学习历程,明确发展方向以及奋斗目标.由于出国留学对于每个学生的家庭来说都是一项重要决策,因此,它离不开家长参与和支持.学校应定期召开家长会,让家长知晓学生在校学业情况,一起帮助学生做好出国留学的学业规划.

3.2 创新国际化教学方式,为学生打造多元化学习平台

在新的历史条件下,我们要借力网络化和智能化手段,组织实施个性化教学与自主探究学习,让人工智能赋能课程教学;积极引入并因地制宜改造好外方智能化学习系统和作业反馈系统,加强对学习过程的监管与评价,尽量多采用可视听、可互动的寓教于乐的教学模式,增强学生的学习兴趣,激发其学习动机.

除了在国际化教育教学方式上不断创新,我们还需要根据本专业的人才培养目标要求,借助互联网平台打造全新智能多元化学习平台,这些智能平台的应用可以让学生更好地融合学习场景,获取最前沿的科学技术和生活资讯,进而开阔国际视野,成为国际社会所需要的高端复合型人才.

3.3 加强师资队伍国际化建设

一是不断完善外教授课助教制度,搭建外教与中方学生、教学管理部门之间的桥梁.中方应在校内遴选具有相同学科背景、有海外访学经历、英语听说读写译能力强的青年教师担任引进课程的助教,同时健全助教全过程闭环管理制度.比如,要求助教提前熟悉教学内容、教学大纲、教学重难点;在外教授课过程中,要求助教随堂听课,及时了解学生对教学内容掌握的情况,学习外教优秀的教学经验,提高自身的国际化教学能力;课外,要求助教帮助外教批改作业、答疑,更进一步了解学生对课程内容的掌握情况,及时向外

教反映，以便外教更好地规划课程教学.

二是组织同行听课、海内外培训，提高校内师资队伍国际化教育教学能力. 一方面，定期选派教师和管理人员赴外方院校进行为期 3 个月以上的教学或者管理能力培训，通过随堂听课、现场交流，了解外方院校核心专业课的教学模式和管理特点，吸收和借鉴其各方面优点，扬长避短，提高自身教育教学水平. 另一方面，对于经外方授权的外教课程，组织院内教师旁听外教授课，并制定相关考核办法. 这两方面举措都可以打开中方教师的视野，提高其全英文教学水平.

3.4 建立健全教学质量评估监管体系

一是健全教学管理质量评估体系. 在新时代要推动中外合作办学人才培养模式的持续优化改进，就需要建立现行课程评价标准和评估体系，对学生的学业水平、道德情操、创新实践能力与人文素养等进行考核与评价，从而促进人才培养质量不断提高. 持续完善“学校国际交流处—教务处—学院分管领导—系合作办学项目负责人”这种自上而下的教学质量管理机制，严格执行培养方案和教学计划，确保双语、全英文课程的教学大纲、教学日历等常规性教学文件的完整性和规范性. 外教进校后，及时组织外教系统学习中方教学管理制度，督促其遵守并执行相关规定，确保教学秩序良好. 伴随人工智能、大数据技术的不断发展，中外合作办学教学质量综合评估需要持续向智能化和自动化转变. 这要求教育决策者在提供相应信息资源的同时，建立一套完整的中外合作办学教育督导评估体系，保证学生健康成长，并对学生的身体、心理、学习情况进行综合评估.

二是健全中外合作办学教学质量监督体系. 成立由学校教务处、教学督导、院系负责人组成的教学督导组，定期对中外合作办学专业的教学运行情况进行监督检查，在学期期初、期中和期末组织学生座谈会和任课教师座谈会，及时发现教学过程中存在的问题隐患，并与授课教师进行交流，帮助其解决存在的问题. 对于重大教学问题，还需要同时上报给学校中外合作办学项目委员会.

总而言之，高校中外合作办学人才培养质量的持续提升不仅是现实需求，更是高等教育促进国际化人才发展的新时代要求. 面对新时代的机遇与挑战，中外合作办学要积极探索国际化人才培养最优路径，实现人才培养模式的变革，培养符合新时代要求的国际化高端人才.

参考文献

[1] 吴岩. 新工科：高等工程教育的未来：对高等教育未来的战略思考[J]. 高等工程教育研究，2018(6)：1-3.

[2] 韩炬，Sylvia Schneider，李耀刚. 中外合作办学国外留学阶段学生教育管理探索[J]. 华北理工大学学报(社会科学版)，2019，19(4)：90-93，98.

[3] 陈瑜，唐宏敏，秦卫星. 中外合作办学背景下国外优质教育资源的引进、消化与吸收：以长沙理工大学为例[J]. 教育教学论坛，2019(15)：4-6.

[4] 江红莉，丁国平，房厚庆. “双万计划”下金融学专业中外合作办学路径的优化

[J]. 现代教育,2020(3):47-48.

[5] 张烁. 加快和扩大新时代教育对外开放[N]. 人民日报,2020-6-23 (16).

[6] 厦门大学中外合作办学研究中心. 第十二届全国中外合作办学年会隆重召开[EB/OL]. (2021 - 12 - 03) [2022 - 08 - 15] https://cfcrs. xmu. edu. cn/2022/0225/c4042a447815/page. htm.

[7] 董俊峰,倪杰. 我国高校中外合作办学的新走向[J]. 江苏高教,2020(11):120-124.

[8] 汤术峰. 合理利用世界一流教育资源[N]. 中国教育报,2021-06-18(10).

[9] 樊兆峰,张克军,代月明,等. "互联网+"背景下中俄合作办学中优质教学资源融合研究[J]. 教书育人(高教论坛),2021(30):78-80.

[10] 马瑞华,张彩芸. 普通高校中外合作办学引进优质教育资源的路径探索与研究[J]. 大学教育,2022(8):260-262.

课程思政与中外合作办学项目协调机制研究[1]

——以江苏大学数科院中外合作办学项目为例

范　艳　石志岩　房厚庆　樊　倩

（江苏大学数学科学学院）

摘　要　中外合作办学是我国高等教育的重要组成部分，能够有效培养具有国际化视野的综合性人才．本文以江苏大学数学科学院中外合作办学项目为例，分析了课程思政在中外合作办学项目中的重要性，探讨了中外合作办学项目人才培养过程中面临的困局，阐述了课程思政在中外合作办学项目中的具体实践，为深化新时代的教育教学改革，促进高校中外合作办学项目与课程思政协同共进提供了思路．

关键词　中外合作办学项目　课程思政　思想政治教育

随着时代的发展，虽然教育的形式、方法在不断发展、不断变革，但是教育的目的始终未变，教育的根本任务是传授知识、启迪智慧，而核心是价值引领、立德树人．"课程思政"是与时代发展同步的教学理念，是全体系的学科思政教学知识系统，深入挖掘通识教育教学和专业课程中的课程思政元素，可形成协同效应，以实现全面教育的目的．中外合作办学项目是中国现代教育的重要组成部分，承担着培养具有全球眼光、善于跨文化交流、积极参与社会主义建设的优秀人才的重大任务．因此在中外合作办学的实施过程中，不但要搞好思想政治教育工作，还要协调好教学与思政的关系．本文分析了课程思政在中外合作办学项目中的重要性，探讨了中外合作办学项目人才培养过程中面临的困局，阐述了课程思政在中外合作办学项目中的具体实践，为提高办学质量，促进高校中外合作办学项目与课程思政协同共进，促进中外合作办学项目健康发展提供了思路．

1　课程思政在中外合作办学项目中的重要性

在中外合作办学项目中，中国学生在外语使用上会遇到不少障碍，因此用外语教学的专业课占用了学生大量的时间．与此同时，中国学生在学习外语和以外语授课的专业课时，还会面临国外意识形态、价值观的渗透．当今世界正经历百年未有之大变局，西方

[1] 本文得到江苏大学2021年高等教育教改研究课题(2021JGYB082)，2022年江苏大学课程思政教学改革研究课题，一流课程(概率统计)培育项目，以及江苏大学应急管理学院教育教改研究(JG-01-04)支持．

的敌对势力想尽各种办法在对中国学生进行价值观的渗透,中外合作办学项目成了他们渗透的目标媒介.为了应对这样的形势,我们必须全方位认识课程思政在中外合作办学项目中的重要意义,做好人才的价值引领,只有这样,才能保证中外合作办学项目培养的人才能为社会主义建设做出贡献.

1.1 "课程思政"是中外合作办学的需要

中外合作办学是近年来流行的一种教学模式,通过不断的发展,现已经成为我国高等教育的重要组成部分.以江苏大学数学科学学院中外合作办学项目为例,其培养规模呈现出持续发展的态势.2022年,江苏大学数学科学学院中外合作办学项目招收学生60名,与该项目最初的招生人数相比增长了1倍.目前,已有20余名毕业生就职于华为、阿里巴巴、中国人保等著名公司.随着现代经济社会的高速发展,中外合作办学项目的开展不仅满足了人民群众对于接受高质量国际化教育的需求,同时也培养了一批具有家国情怀,立志于服务社会主义建设的具有国际化视野的优秀人才.

1.2 "课程思政"是增强意识形态的重要保证

虽然中外合作办学是中国教育重要的一部分,但全球化的办学模式、多样化的教学方式、跨文化的课程体系等,使其产生了特殊性,也产生了更大的意识形态风险.如中国教育主权风险、西方文化渗透风险等.课程思政是预防意识形态风险的重要保证.目前,大学生正处在社会主义核心价值观建立的关键期,中外合作项目需要与课程思政协同,努力把学生培养成为有理想信念、有责任担当、有国际化视野的人才,这就需要高校重视课程思政的改革创新,协调好教育开放和国家安全的关系.

1.3 "课程思政"是实现立德树人的根本遵循

新时代,中国的高等教育与传统教育的使命始终是一致的,以传授知识为根本,以立德树人为核心.中外合作办学项目尽管与普通的教学模式存在显著的差异,但其都承担着立德树人、培养建设社会主义人才的使命.就目前的中外合作办学的实际情况来说,在与课程思政协同方面仍然存在着不足.例如,在专业课授课过程中,一些与我国文化习惯、国情社情等不符的信息可能会混入课堂中,严重影响大学生对于世界与国家发展的认知.这就需要中外合作办学项目把牢办学方向、坚定办学目标,加强课程思政创新,确保立德树人目标的实现.

2 中外合作办学项目人才培养过程中面临的困局

中外合作办学项目,是中方母体方高校与国外合作方高校共同培养人才的一种教育活动.通常来说合作方高校并没有"政治思想教育"这一概念.因此,对学生进行思想政治教育的重担落在了母体方高校身上.思想政治教育贯穿教育教学的全过程,如果中方母体高校的主体意识不够,即使开展了课程思政建设,也无法达到提升思想政治教育效果的目标.

2.1 合作方高校的教学内容与方式使得课程思政元素缺失

教学的方式与内容是思想政治教育创新的重中之重.各科教师需要结合课程内容的

特点,将思想政治元素融入教学活动中,重点关注教学计划与教学设计环节,努力实现专业授课与思政教育协同. 在现阶段的中外合作项目中,大多选择合作方高校的原版教材授课. 另外,外籍教师本身的授课方式就具有鲜明的特点,在短时间内,很难使其教育理念与中国特色社会主义教育理念保持一致. 因此,在中外合作办学项目中,挖掘符合社会主义核心价值观的思想政治元素存在困难.

2.2 教师队伍结构使得课程思政人才队伍建设存在困难

教师是学生成长过程中的思想引领者、知识传授者. 教师是课程思政建设的关键要素,教师自身的价值观直接影响到人才培养的效果. 按照规定,中外合作项目的外方课程及外方教师数量需要占到三分之一以上,有海外留学背景的中国籍教师人数不断增多,这样的教师队伍有着鲜明的文化背景与价值观的差异,导致教师思想政治素质参差不齐,课程思政人才建设存在困难.

2.3 人才培养方案使得课程思政实施存在困难

课程思政建设有赖于人才培养方案所做规划. 目前中外合作项目在课程安排方面,更注重语言能力与专业核心能力,思想政治教育的重要性没有得到足够重视. 在教材选择方面,也是优先选择国外的教材,这些教材与我国的文化背景或多或少存在一定的差异. 在教学方面,为了维持教学过程的完整性,常常忽略文化背景与当今社会发展的适应性. 这样的人才培养方案,一定程度割断了专业知识与社会生产实践的联系,导致思想政治教育与专业教育教学相分离.

3 课程思政在中外合作办学项目协同机制中的具体实践

作为发展中国高等教育的一种方式,中外合作办学的主要目标是通过引入世界优秀的教育资源,培育服务于中国社会主义现代化建设的优秀人才. 课程思政是中国高等教育改革的内涵之一,是实现“为党育人,为国育才”伟大历史使命的有效途径,可增强中国高等教育的核心竞争力. 江苏大学数学科学学院中外合作办学项目已开展 10 年,成效显著,培育了一批掌握坚实数学理论的高层次国际化人才. 站在国家长远发展的战略高度,江苏大学数学科学学院中外合作办学项目将根据中国目前发展的实际状况,探索出一套与课程思政协同的发展策略.

3.1 以党的领导为核心,加强课程思政建设管理

在中外合作办学项目中,中方母体高校思想政治教育的主要工作就是课程思政,校党委是课程思政的责任主体. 一方面,坚定党在课程建设中的核心地位,江苏大学校党委、数科院党委将牢牢把握意识形态的领导权与话语权. 例如,在培养体系建设方面,数科院党委与合作方高校通过联合培养管理委员会协同制定符合中国特色的培养方案;根据中国当前的经济发展情况,选聘教师、调整课时安排、创新教学模式等,不断融合教学过程与目标,增强合作办学协同机制. 另一方面,加强党委对课程思政建设的领导. 江苏大学校党委、数科院党委将充分发挥主观能动性,给予课程思政充分的指导与监督. 例如,组织教师深入挖掘专业课程中的思政元素,建立专业知识与社会主义核心价值观的

内在联系；针对不同的课程提出具有针对性的教学改革措施，在实施的过程中加强监督，了解可能存在的问题，结合实际情况，给予有效指导，提供制度保障.

3.2 以师资合理安排为手段，提升育人效果

教师是思想政治教育的关键，因此要充分发挥教师在思政教育方面的积极性、主动性和创造性. 江苏大学数科院对于外籍教师、海外留学归来教师、本土教师这些有着不同文化背景的教师，在课程思政方面的要求是有区别的. 对于外籍教师，严格选聘符合办学需要的教师. 首先，要求他们了解中国国情，对学生态度友善；其次，在教学过程中持续监督其价值追求；最后，为外籍教师配备本土助教，充实课程思政内容. 对于海归教师，要坚定其社会主义理想信念. 这类教师，具有国内、国外的生活经历，其对于学生的价值观影响往往更大. 因此，需要坚定其理想信念，让他们起到模范带头作用. 对于本土教师，充分发挥其育人优势. 这类教师的思想素质相对较高，是思想政治教育的主力军. 对于不同文化背景的教师有不同的要求，目的是充分发挥其育人优势，提升育人效果.

3.3 以立德树人为目标，增强课程思政的实效性

与合作单位深入探究人才培养模式，积极开设能实现我国人才培养目标的课程，敢于拒绝不符合我国人才培养实际的课程. 江苏大学数科院中外合作项目努力将教学内容、教学形式与课程思政相结合. 例如，更新协同发展的课程体系，深入挖掘符合中国价值观的课程思政元素，提升课程思政的实效性；构建协同发展的实践平台，联系我国经济发展现状，设计实践活动激发学生的爱国情怀和学习热情.

4 结语

在多元的文化背景之下，中外合作项目要重视课程思政的重要性. 课程思政既是合作办学的需要，也是增强意识形态凝聚力的一种途径，更是实现立德树人的教育目标的根本遵循. 但目前中外合作项目面临着课程思政元素缺失，思政人才队伍建设与教学实施困难的问题. 近年来，江苏大学数科院的中外合作办学项目办学效果显著，形成了一套以党的领导为核心，以立德树人为目标，以师资合理安排为手段，加强课程思政建设管理、增强课程思政实效性的协同育人机制.

参考文献

[1] 马骥，刘元媛. 中外合作办学课程群背景下的课程思政教学研究[J]. 湖北开放职业学院学报，2022，35(24)：67-69.

[2] 季守成，赵李媛，陆俊杰. 新时代中外合作专业导入课程思政的实践探究：以数控机床课程为例[J]. 现代商贸工业，2023，44(2)：28-30.

[3] 马水仙，夏沙. 课程思政与思政课程的协同育人前提及途径研究[J]. 湖北开放职业学院学报，2022，35(23)：76-78.

[4] 杨先永，田现旺. 高校“思政课程”与“课程思政”协同育人的行动路向探究[J]. 齐鲁师范学院学报，2022，37(6)：1-10.

[5] 杜林,张丽军,包启明.高校课程思政助推铸牢中华民族共同体意识教育的内在机理与行动逻辑[J].民族教育研究,2022,33(5):12-19.

[6] 徐俊增,刘笑吟,杨士红,等.涉农高校专业教育、耕读教育与课程思政的协同研究:以农业水土工程专业研究生节水灌溉课程为例[J].高教学刊,2022,8(32):106-109.

[7] 徐静.新时代思政课程与课程思政协同育人机制构建的困境及对策[J].辽宁农业职业技术学院学报,2022,24(6):41-45.

[8] 胡佩瑶,肖玥.课程思政背景下中外合作办学项目教师队伍建设问题研究[J].教师,2022(31):15-17.

[9] 朱彦彦,赵加强.中外合作办学与课程思政协同育人的发展进路[J].河南师范大学学报(哲学社会科学版),2022,49(5):144-149.

[10] 刘言正,孙灵通.中外合作办学背景下高校党建工作面临的问题及对策探析[J].思想理论教育导刊,2022(9):155-159.

[11] 吴靓,史炜灿.中外合作办学中辅导员开展大学生党建工作的对策思考:以贵州财经大学为例[J].产业与科技论坛,2020,19(13):254-255.

来华留学教育教学改革与创新研究

董高高　田立新
（江苏大学数学科学学院）

摘　要　全球化大浪潮下,发展留学生教育已经成为一种世界性的潮流和趋势,但其中也存在许多挑战.“双一流”建设背景下,高校留学生教育的提质增效既需要有国际化的发展视角,也需要有本土意识.本文分别从留学生教育的前瞻性谋划、改革教学模式与方法的创新性和差别化、构建多元化的教学评价体系和制定多元化的教学目标三个方面开展研究,推动学校留学教育的发展、助力于学校的“双一流”建设.

关键词　来华留学生教育　教育教学改革　多元化教学　弹性学分制

1　引言

近年来,来华留学教育由规模扩张开始向内涵发展迈进.习近平总书记指出,教育对外开放,关键是提高质量,而不是盲目扩大规模.质量是教育对外开放的生命线.随着全球经济一体化的发展,越来越多的留学生来到我国接受高等教育,这对于推进我国高等教育的国际化进程有着极大的促进作用.

从来华留学生教育现状来看,这些学生来自不同的国家,不同的生源国在教育理念、教育模式、教学方法、教育投入和教育制度等方面存在多元化的特征.同时,前几年新冠疫情给高等教育国际化带来巨大冲击,为积极应对疫情对来华留学教育产生的不良影响,进一步推动来华留学生教育服务的转型升级,提出留学生教育提质增效的对策有着重要的现实意义.

2　留学生教育发展态势

受新冠疫情的影响,国际形势变得日益复杂,全球范围内的国际教育格局已经悄然发生改变.我国在疫情防控方面取得的巨大成就以及不断凸显的民族文化魅力,吸引越来越多的国际学生来华留学.我国对后疫情时代教育变革的预判以及对留学教育的理性看待日益加深,未来的教育国际化将不再仅仅依赖于跨境流动,而是通过学生来源的多元化,实现本土的国际化.

习近平总书记在给北京科技大学全体巴基斯坦留学生的回信中表示:“在抗击疫情

期间,很多留学生通过各种方式为中国人民加油鼓劲.患难见真情.中国将继续为所有在华外国留学生提供各种帮助.中国欢迎各国优秀青年来华学习深造,也希望大家多了解中国、多向世界讲讲你们所看到的中国,多同中国青年交流,同世界 各国青年一道,携手为促进民心相通、推动构建人类命运共同体贡献力量."

党的十八大以来,我国坚持对外开放不动摇,不断开创教育对外开放新格局,全面提升教育国际合作交流水平,形成了更全方位、更宽领域、更多层次、更加主动的教育对外开放局面,增强了中国教育的国际影响力和亲和力.

2022年统计结果显示,中国已同181个建交国普遍开展了教育合作与交流,与159个国家和地区合作举办了孔子学院(孔子课堂),与58个国家和地区签署了学历学位互认协议.据统计,在2012—2022年,我国新增本科以上中外合作办学机构和项目中,理工农医类占比达65%.除此之外,在这10年里,教育部共举办中外高级别人文交流机制会议37场,签署300多项合作协议,达成近3000项具体合作成果.教育部于2018年启动国际产学研用合作会议以来,累计吸引70多个国家超过1.4万名专家学者参会,开展部门间和专家"一对一"科研合作2300多项,中外导师联合培养研究生4000多人.

可见在全球化大浪潮下,发展留学生教育已经成为一种世界性的潮流和趋势,但在此同时我国也正面临着前所未有的挑战.

《国家中长期教育改革和发展规划纲要(2010—2020年)》强调了优化来华留学人员结构的必要性,尽管我们在这方面已经取得了一些进展,但仍然存在一系列亟待解决的问题.首要问题是来华留学生中高层次人才的比例相对较低.2018年数据显示,来华留学生中非学历生和本科生占比超过80%,而硕士和博士留学生仅占17.3%.相比之下,同期美国国际学生中硕博士占比高达35.1%.其次,来华留学生的生源国分布相对过于集中.来华留学生主要来自中国周边国家和美国等,而非洲、东欧和南美等地区的留学生占比相对较低.这种集中分布可能会影响留学生群体的多样性和文化交流的广度.最后,来华留学生的专业分布相对单一.其中,主攻传统人文社科专业的留学生占据主体地位,而理工类专业的占比较低且规模相对较小.这种专业结构的单一可能会限制我国在科技和创新领域吸引国际高端人才的能力.

近年来,我国教育主管部门对提升来华留学生教育质量提出了更为明确的要求,特别强调了培养高质量留学生的重要性.《来华留学生高等教育质量规范(试行)》要求高校不仅要不断完善来华留学教育的质量保障体系,还要积极推动建设留学生质量认证体系.在留学招生方面,一些高校因留学生入学门槛偏低而受到批评,引起了社会的广泛关注.这一问题出现的根本原因是一些高校过分注重经济效益,对留学生的生源质量缺乏严格筛查,导致入学学生整体素质相对较低.这种现象不仅使得毕业时部分留学生面临"降格以求"的境地,也为"国际高考移民"现象提供了滋生的土壤.为解决这一问题,高校需要审慎调整招生政策,确保留学生的入学标准与学校的教育水平相匹配.在教育内容方面,一些学者指出来华留学生在思想教育方面得到的关注相对不足.过去,来华留学教育主要注重语言和专业教学,而对中国国情和法治教育的关注较为有限,有时甚至流于形式.这导致留学生对我国法律法规的了解不足,缺乏足够的敬畏之心,因此,有必要在留学生课程设置中加入中国国情和法治教育的内容,确保留学生在中国学习期间全面了解我国的法治建设成果和社会风貌.此外,在学生管理方面,一些高校对留学生疏于监管.尽管教育部多次表示要推动中外学生趋同化管理,对违规违纪的留学生要严肃处理,但仍然存在留学生违法违纪的报道,甚至引发了相关舆论关注.

因此,为了应对留学生教育领域当前面临的复杂形势,必须充分考虑来华留学生在教育背景方面的差异,制定相应的应对策略.在处理这些多元化的情况时,需要着重关注教育国际化所面临的挑战,并以创新的思维方式对教学模式和方法进行全面改革,以提高留学生教育的质量和水平.

3 留学生教育发展的机制优化

留学生教育的发展,在促进各国文化知识自由交流的同时,也影响着国与国之间的互动与合作.我国政府始终重视来华留学生的培养工作,也将此视为对外交流中的一项重要内容.我国以构建人类命运共同体为宗旨,加快和扩大后疫情时代教育对外开放格局,多元化推进高校来华留学生教育管理治理体系构建,提高高校来华留学生教育管理水平,促使来华留学生教育向内涵式纵深发展,这将是当前乃至今后很长一段时间应对“现实冲击”、推动我国国际教育可持续发展的时代命题.

近年来,我国来华留学生的教育事业发展迅速,与此相关的各项配套政策与改革措施也需要逐渐完善.

3.1 前瞻性谋划留学生教育的新布局

随着全球化的加深及国际化理念的深入贯彻,我国更加注重实施能凸显民族性与本土化的来华留学生教育方案,在聚焦人文素养教育的同时,着力于促进本土化与国际化的融合.在教育中,我们应以足够的底气和对文化的理解力与全球不同的民族文化碰撞,引导来华留学研究生体会中国传统文化的价值性与世界性,并了解不同文化间异同,建立起文化同理心,实现跨文化有效交流.

为此需要切实做好人文布局与战略布局.人文布局是指通过创新高级别的人文交流机制、加强人文交流综合传播能力建设、参与人文领域全球治理等,为我国教育逐步向世界教育中心迈进绘制发展蓝图.在战略布局方面,2020年6月教育部等8个部门印发了《关于加快和扩大新时代教育对外开放的意见》,为继续加深我国与世界各国在教育领域的交流合作与互联互通,持续加大中外合作办学改革力度提供了政策导向,并从教育对外开放的表现形式、核心动能、具体目标及长远规划等方面作出了战略部署,有助于实现留学生教育高质量内涵式发展的目标.

3.2 完善来华留学生教育制度

实施多元化和差别化来华留学生培养是打造国际高端人才培养品牌的现实需要.我们需要设计出一套针对来华留学生的多元化、差别化教学方法和模式,根据学生兴趣及天赋差别的不同,有目的、有计划、有组织地开展人才培养和教育工作,引导学生自觉学习,促进学生特殊才能和个人素养迅速提高,使其具备较高的理论修养、业务知识和道德品质,同时助推来华留学生的教育改革创新,打造国际化人才培养的知名品牌,揽纳国际高层次人才服务于国家建设大局.

参与来华留学生教育的教师应根据所开设课程的现状,结合教学团队成员的研究成果,在自编教材的基础上,参考国外优秀的课程教材,以丰富的教学内容,提升所授课程的科学性、趣味性及实用性.同时,采用因势利导的方式,让留学生尽快了解相关专业的最新国内外研究成果.

在教学方法上,应积极采用现代化教学手段,通过引入先进的技术工具,如在线教学平台、虚拟实验室等,提升教学效果.此外,可以通过线上线下相结合的方式,鼓励学生参与课堂互动,开展深度学习.

为了创造更具学术氛围的教学环境,可以引入小组讨论、学术沙龙等形式,鼓励学生在课外进行学习交流与合作.这种方式有助于培养学生的团队合作意识和创新能力,同时提高他们在学术领域的综合素养.

构建多元化的双向评价体系,提高形成性评价在整个评价体系中的比重,不但能使课程评价更加科学、客观,而且对于培养学生的知识应用能力、信息获取和选择能力、动手实践能力、创新能力有促进作用,是监督和检查学生学习效果及应用能力,提高实验教学质量的有效手段,值得全面推广.

总体而言,通过完善来华留学生教育制度,能够使来华留学生更好地融入国内专业学术环境,加深对所学专业的理解,提高学术水平和知识应用能力.此外,多元化、差别化的教学方法和模式的核心概念为认同差异,从而引导学生自觉学习,促进学生特殊才能和个人素养迅速提高.

4 留学生教育发展面临的挑战

留学生教育市场竞争日趋激烈,世界各国都在想尽办法争夺留学生资源,因此发展留学生教育已然成为当今世界高等教育发展的一种必然趋势.因此,后疫情时代,我们要站在全球发展的高度和人类命运共建的大局上,重新定位高校来华留学生的教育管理工作,深刻理解加强高校来华留学生教育管理的现实意义.

目前,我国对来华留学生教育框架的构建尚不成熟,需要改革和创新,以适应新时代的节奏和趋势.我国要扩大留学生规模,提高留学生教育质量,就必须转变观念,树立“以学生为本”的思想,深入了解留学生的想法,同时紧跟时代步伐,掌握世界各地区教育体系的更新情况,促进来华留学生教育质量的提高.

目前,来华留学生教学与管理方面还存在诸多问题,要提高教育教学质量,就必须提高教学与管理工作的针对性、实用性和适应性,提出适合留学生教学与管理的具体方案.针对外国留学生的知识结构与应用需求特点,为留学生提供启发性教学,形成行之有效的留学生教育模式,才能切实保障教学质量,促进留学生教育与国际接轨.

4.1 构建来华留学生教育提质增效体系框架

随着全球留学生规模的迅速壮大,越来越多的国家,特别是发达国家,对留学生教育的观念开始从强调扩大规模转向注重提质增效,即不再仅仅满足于招收更多的国际学生,而更注重如何采取措施确保较优秀的学生进入他们的高等教育系统,并将其培养成更出色的研究者,以显著提高留学教育的服务与质量.

目前,我国在培养来华留学生的过程中,对留学生教学的评价方式比较单一且较为主观,需要进一步结合实际构建教育教学提质增效体系框架.

4.2 变革来华留学生的教育模式

目前,国内高校对来华留学生的住宿、教学设施等硬件与课程建设关注度相对较高,但对国际化人才培养理念和培养模式的研究和实践尚显不足.部分高校将来华留学生教育简单等同于英文专业建设或汉语培训,对来华留学生教育直接套用国内研究生的学术型培养模式,并未考虑到来华留学生教育基础、文化背景和留学动机的差异性,间接造成部分留学生学习成绩落后,甚至出现挂科、休学、退学现象.此外,在国际化培养方面,由于英文课程缺乏有效的激励和监督机制,部分英文授课课程选课留学生人数较少,执教教师只提供英文 PPT 供学生自学或者采取双语教学的方式,这严重影响了国际化教学质量.

所以,我们应该设计形成与学生的专业背景紧密结合、以应用研究为导向的来华留学生全英文讨论式教学模式.鉴于留学生的文化背景不同,学术基础不同,可以创建一系列的讨论群组,鼓励学生根据自己的兴趣与所开设课程的核心内容,开展特定的小型研究课程设计.同时,在教学过程中,除正常的课堂讲解之外,为留学生提供与研究内容相关的学术资料与最新文献,培养他们的学习热情与学术研究的方法与技巧,提升其专业能力与学术水平.

4.3 探析并增强评价体系的科学性

招收来华留学生已经成为国内高校走向国际化的重要途径,在来华留学生数量激增的背景下,高校留学生管理部门组织开展留学生综合素质评价工作,全面及时地掌握留学生综合素质状况,有利于来华留学生综合素质的全面提高.

多年来,高校来华留学生教育服务于国家战略和发展方向,为提升中国国家形象和国际影响力做出了突出贡献,来华留学教育已经成为高校国际化战略不可或缺的一部分.然而来华留学生质量评价体系尚不成熟,在评价体系构建的过程中,也遇到了诸多不便,如跨部门管理带来的限制,跨文化管理带来的冲突以及趋同化管理带来的挑战.

因此,在完成整体教学目标的前提下,实施多元化评价举足轻重.所谓"多元化评价"是指对于不同层次、不同地域的学生,评价主体、评价内容以及评价方法有所不同.

多元化评价体系以留学生能力的培养与提升为根本,以问题与应用研究为导向,结合学校的工科背景,强调学以致用.此外,以学生的能力素质为指导确定评价目标,可以兼顾教育评价内容的整体性和综合性,同时注重发展性评价机制的运用,并且体现教育评价主体的多元化.

5 留学生教育发展趋势

随着新时代的发展,“在地国际化”是我国高校推进国际化教育提质增效的一条行之有效的实施路径,“在地国际化”具体包括教育理念的变革创新、师资队伍建设、教育教学改革与人文素养提升等.

江苏省各高校在实施“在地国际化”教育策略中的基本遵循是坚持社会主义办学方向,彰显“四个自信”,通过坚持以学生为中心的导向,凸显国际化育人成效;通过增强国际协同效应,提升国际化育人能力;通过做好省、校级层面统筹谋划,推进江苏省留学生教育国际化的可持续发展.

6 致谢

本文系教育部产学合作协同育人项目(220605052025902)、江苏大学来华留学教育教学改革与创新研究课题(L202210)与 2022 年江苏大学课程思政教学改革研究课题(2022SZYB037)研究成果.

参考文献

[1] 彭婵娟. 全球留学生教育现实图景与发展趋势研究[J]. 比较教育研究,2021(10):104-112.

[2] 王尧美,谢娜. 高等教育国际化背景下的来华留学生教育[J]. 中国成人教,2017(24):64-66.

[3] 余子侠,王海凤. 近代来华留学生教育的演变历程及特点[J]. 湖北大学学报(哲学社会科学版),2021,48(5):111-119.

[4] 马健云. 我国来华留学生教育政策的变迁逻辑与发展走向. 研究生教育研究,2022(3):31-37.

[6] 胡善贵,洪成文. 来华留学生教育的逻辑理路[J]. 中国高等教育,2021(5):59-61.

[9] 卢鹏. 来华留学生向世界讲好中国故事的议题方略与实践路径[J]. 思想教育研究,2022(2):154-159.

[10] 朱虹. 留学生教育高质量发展路径研究[J]. 江苏高教,2020(1):64-71.

[11] 赵新,韦建刚. “一带一路”视角下高校留学生教育发展对策探讨[J]. 黑龙江高教研究,2018,36(6):150-153.

[12] 宋旸,Angel M Y L. 来华留学生教学语言的超语实践研究[J]. 语言战略研究,2021(2):56-66.

[13] 程立浩,刘志民. “一带一路”倡议对来华留学的影响效应评估:兼论来华留学生教育高质量发展[J]. 高校教育管理,2022,16(2):110-124.

[14] 王春刚,刘卫财. 来华留学生教育过程中的矛盾及应对之策[J]. 黑龙江高教研

究,2017(2):65-67.

[15] 徐蓓佳.国情教育视域下如何向来华留学生讲好中国故事[J].湖南广播电视大学学报,2022(1):91-96

[16] 刘桂宇.后疫情时代加强高校来华留学生教育管理的思考[J].高教学刊,2022(3):10-13.

[18] 郭玉华.来华留学生跨文化适应的国家战略价值和对策[J].高教学刊,2021(32):8-11.

[20] 赵鑫.来华留学生教育最新进展及政策分析[J].世界教育信息,2021(9):22-26.

来华留学本科生“高等数学”课程改革的探索与实践

钱丽娟　程悦玲
（江苏大学数学科学学院）

摘　要　“高等数学”作为工科类、经管类、医学类等专业的基础课，不仅为学生提供了解决专业问题的工具，而且是培养学生理性思维的重要载体．“一带一路”倡议实施以来，来华本科留学生规模突增．针对这类留学生的课程教学，虽然经过几年的摸索和探究，有了一定经验的积累，但是还有很多有待优化改革之处．本文着重探讨了如何进行留学生高等数学教学理念、课程内容设置、教学模式及考核方式等方面的改革，以期提高高等数学课程教学国际化水平．

关键词　来华留学本科生　高等数学　课程设置　教学模式优化

2013 年 9 月和 10 月，中国国家主席习近平分别提出建设“新丝绸之路经济带”和“21 世纪海上丝绸之路”的合作倡议．自“一带一路”倡议提出以后，我国和共建国家开展了广泛的合作，携手共建命运共同体和责任共同体．在此宏观背景下，2017 年教育部发起推进共建“一带一路”教育行动，作为国家《推动共建“一带一路”愿景与行动》在教育领域的落实方案，为教育领域推进“一带一路”建设提供支撑．在这一倡议下，中国高校吸引“一带一路”共建国家学生力度增大，来华留学发展的学生逐年增加．来华留学生的学习内容不再局限于汉语，还涉及理工、医学、人文等其他学科．留学生群体的教育教学问题也随之出现．如何规划设置课程，如何设计教学模式，如何在信息化发展日新月异的当下跟随时代步伐，开展符合时代发展需求的教学改革，怎样引导学生主动学习、自主学习、应对时代的挑战，成为当前需要我们思考和解决的问题．“高等数学”是高等院校理工、农医专业学生培养过程中极为重要的一门基础课程，是保障高校人才创新能力的重要课程．该课程不仅能为学生今后深层次专业知识学习打下基础，而且对学生理性思维与良好素质的培养起着十分重要的作用．为了更好地开展此课程，大学数学教育应从数学教育理念、课程内容设置、教学模式及考核方式等各方面进行教学改革．

1　求同存异，树立新的数学教育理念

传统的高等数学课程教学采用“数学知识+例子说明+解题”的模式，这可以在一定

程度上使学生掌握基础知识,提高学生的计算能力、逻辑推理能力和应用能力,但这一传统方式很难在基础比较薄弱的海外本科生中开展. 近年来,来华留学生群体多数来自“一带一路”共建国家和东盟国家,学生的数学基础差异性较大,总体水平偏薄弱. 因此我们不能将对国内本科生的教学目标和要求照搬到留学生教育中,而是要求同存异,因材施教. 在正式开始大学数学课程教学之前,可通过摸底测试等方式了解学生的数学基础. 根据测试结果安排一定的课时帮助学生巩固好基础知识,加强练习,提高学生的运算能力,为后续的学习打下扎实的基础. 同时,在高等数学课程教学中采用多维的立体式教学,教师在教学过程中将“教”转变为“导”,从课堂的主导者转变为学生学习的服务者,使学生在主观能动性的驱使下进行自主学习,注重学生学习能力的培养,努力提高学生的数学素质.

2 优化课程设计,不断改革教学方法

2.1 课程内容的设计

在基于通识教育的高等数学的教学大纲框架下,针对留学生的数学基础特征,在国内本科“高等数学”课程的教学内容和教学要求的基础上,做合理的、有针对性的调整与设计. 例如,在教学内容上适当降低理论深度,避免复杂的计算和证明,着重培养应用型思维;多以实际问题为导引,引入新概念和新方法,力图使教学内容覆盖全面,使学生尽量了解课程的全貌,坚持理论性与实用性相结合,因材施教.

2.2 教学方法的改革

建立以留学生为中心的“教与学”全英文体系. 在传统的教学模式的基础上,积极探索多维的立体式教学,教师在教学过程中将“教”转变为“导”,使学生在主观能动性的驱使下进行自主学习,注重对学生学习能力的培养. 同时,充分利用现代化教学手段,积极探索“互联网+”背景下的教学模式改革,让教学活动全方位、更立体. 例如,采用线上线下相结合的方式,线下开展课堂教学,面对面讨论交流,为学生答疑解惑;线上建立课程群,并录制知识点微课、典型例题微课,将所学内容科学合理地碎片化,确保学生在自主学习过程中遇到困难可以快速找到相应的内容重新学习.

2.3 有机融入中国文化

我国历史悠久、文明璀璨,在高等数学课程中适当地融入中国文化,可以增加留学生对中国文化的了解,激发其认同感和在中国学习的自豪感. 例如,在讲解常数项无穷级数的概念时,可以引用春秋战国时期我国哲学家庄子在《庄子 · 杂篇 · 天下》中的一句名言“一尺之棰,日取其半,万世不竭”;在讲解数列极限时可以引用魏晋时期数学家刘徽首创的割圆术;在讲解微分方程的求解这一章时,可以介绍《九章算术》,让留学生了解中国古代的数学成就等. 这样既可以让抽象严谨的数学课堂变得鲜活生动,也能让留学生更加深刻地了解华夏历史的源远流长和中华文化的博大精深.

3 突破常规,改革考核模式

考核是检验教和学两个方面的重要手段. 对教师的考核包括教学大纲制订和教案、

讲稿的编写,多媒体课件的制作情况,对学生分析问题能力的培养等.对学生的考核包括观察问题和分析、解决问题的能力等.传统的考核是对学生的试卷进行批阅并给出成绩,期末测试成绩在学生的总评成绩中所占比例很大,这不能充分发挥学生自主学习的积极性和主动性,无法真正衡量教学的质量.为了科学、真实、全面地检验教师和学生教和学这两个方面的情况,考核方式由单一的期末考试试卷"一锤定音"模式,改为平时作业、小测验和课堂表现与期中期末成绩相结合的综合测评模式,考试内容体现课程教学大纲的要求和改革的精神,体现"讲一学二考三"的思想,加大对学生综合运用知识能力的考核.

"一带一路"倡议提出十年来,对留学生高等数学课程教学模式的探讨和研究一直在摸索中前进.面对日益壮大的留学生群体,我们需要不断进行教学改革、积累教学经验.笔者从事留学生高等数学课程教学近十年,每完成一轮教学,都会有新的收获和感悟,在教学内容、教学方法、课堂管理与教学评价等方面也做了许多有益的尝试,在线上资源建设方面也积累了一些经验.今后,仍将不断探索和实践,不断提高留学生高等数学课程教学的效果,为其他留学课程的国际化建设提供借鉴.

参考文献

[1] 张丽俊,许言庆.留学生高等数学课程教学设计研究与实践[J].浙江理工大学学报(社会科学版),2015,34(12):524-528.

[2] 方益.留学生高等数学课程教学的实践与思考[J].安徽工业大学学报(社会科学版),2019,36(4):2.

[3] 陈兴荣,苗秀花,刘鲁文.关于留学生高等数学课程教学的若干思考[J].当代教育理论与实践,2012,4(12):72-74.

[4] 史悦.留学生高等数学教学的实践与思考[J].教育教学论坛,2018(44):132-133.